W0253850

SERIES ENTOMOLOGICA

EDITOR

E. SCHIMITSCHEK, GÖTTINGEN

VOLUMEN 7

DR. W. JUNK N.V. - THE HAGUE - 1971

ISBN-13: 978-94-010-3152-3 e-ISBN-13: 978-94-010-3151-6
DOI: 10.1007/978-94-010-3151-6

Softcover reprint of the hardcover 1st edition 1971

REVISION DER MUSCINAE DER ÄTHIOPISCHEN REGION

von

EBERHARD ZIELKE

DR. W. JUNK N.V. – THE HAGUE – 1971

Aus der Entomologischen Abteilung des
South African Institute for Medical Research, Johannesburg
(Abteilungsleiter: Dr. Dr. F. Zumpt)
und dem
Bernhard-Nocht-Institut für Schiffs- und Tropenkrankheiten, Hamburg
(Direktor: Prof. Dr. med. H.-H. Schumacher)

INHALTSVERZEICHNIS

EINLEITUNG

Die Fliegenfamilie der Muscidae (Diptera) umfaßt etwa 4000 bis 5000 Arten und ist über alle Erdteile verbreitet. In vielen Lehrbüchern der medizinischen Entomologie (z.B. MARTINI 1952, PIEKARSKI 1954, WEYER & ZUMPT 1966, ZUMPT 1966, 1968) wird auf die medizinisch wichtige Bedeutung der Unterfamilie der Muscinae (wie auch der Stomoxyinae und Fanniinae) hingewiesen. Die Muscinae besitzen im Gegensatz zu den Stomoxyinae keinen Stechrüssel, vielmehr zeichnen sie sich in der Regel durch leckend-saugende Mundwerkzeuge aus, mit deren Hilfe sie gelöste Stoffe aufnehmen.

Für die Muscinae der paläarktischen Region lieferte HENNIG (1963a, 1963b, 1964) eine zusammenhängende Bearbeitung mit Bestimmungstabellen. Die Muscinae der äthiopischen Region sind dagegen noch nicht monographisch bearbeitet worden. PATTON (1932, 1933a, 1933b, 1936) und VAN EMDEN (1939) befaßten sich ausführlicher mit der Gattung *Musca*, SNYDER (1951) mit der Gattung *Orthellia*, und PERIS (1961) lieferte eine Bestimmungstabelle für die Gattung *Morellia* sowie eine Liste der äthiopischen Muscinae-Arten mit einigen Bestimmungstabellen (PERIS 1967), die aber teilweise rein paläarktische Arten mit einbezogen, andererseits aber äthiopische Arten gar nicht oder mehrere unter einem Bestimmungsmerkmal erfaßten. Um experimentelle Untersuchungen oder gar Bekämpfungsmaßnahmen durchführen zu können, ist eine sichere Identifizierung der Arten als wichtige Grundlage unerläßlich. Für die äthiopischen Muscinae ist zwar in den letzten 70 Jahren sehr viel Material zusammengetragen worden, die Artbeschreibungen vieler älterer Autoren sind jedoch für die heutigen Anforderungen der Taxonomie völlig unzureichend; zahlreiche Arten wurden in unzutreffende Gattungen eingeordnet.

In der vorliegenden Arbeit wird versucht, alle bekannten Muscinae der äthiopischen Region in Bestimmungstabellen und neu entworfenen Artbeschreibungen zu erfassen und dabei die zahlreichen, bisher ungelösten taxonomischen und nomenklatorischen Fragen, soweit z.Z. möglich, zu entwirren und zu beantworten. Hierzu werden Merkmale der peripheren Gestalt und auch Genitalpräparate herangezogen. Außerdem wird auf die bisher bekannte Verbreitung und Biologie der Arten eingegangen. So ist diese Arbeit als eine zusammenfassende Bestandsaufnahme und als Revision des bisher Bekannten unter Einbeziehung der Biologie und Verbreitung zu betrachten, die als Grundlage für weitere Arbeiten auf dem Gebiet der äthiopischen Muscinae dienen mag.

E. ZIELKE

Bernhard-Nocht-Institut
für Schiffs- und
Tropen-Krankheiten
Entomologische Abteilung
2 Hamburg 4
Bernhard-Nocht-Straße 74

ehemals
South African Institute
for Medical Research
Johannesburg
Südafrika

METHODE

MATERIALBESCHAFFUNG

Das Gebiet der äthiopischen Region im engeren Sinne erstreckt sich nach HOLDHAUS (1929) und SÉGUY – schematisiert – vom Südrand der Sahara bis zur Kapspitze, während Madagaskar mit den Komoren und Seychellen als madagassische Subregion abgegrenzt werden. Da die äthiopische Region naturgemäß für eigene Fangexpeditionen viel zu umfangreich ist und außerdem aus politischen und finanziellen Gründen solche Unternehmungen nicht durchführbar sind, war ich im wesentlichen auf die Hilfe verschiedener Museen und Institute angewiesen, die mir auch bereitwillig gewährt wurde. So wurde mir durch Herrn Dr. R. J. GAGNÉ (Smithsonian Institution, Washington) neben einigem Vergleichsmaterial und einigen Typen ein aus rund 1200 unbestimmten Exemplaren bestehendes Material zur Verfügung gestellt. Die Tiere waren 1968 vorwiegend in Uganda, Kenya und Rhodesien gesammelt worden. Weiterhin arbeitete ich mit folgenden Museen und Instituten zusammen, die mir mit Informationen, z.T. ebenfalls mit zahlreichem unbestimmten Material, Vergleichsmaterial oder sogar mit Typen bereitwillig halfen:

Deutsches Entomologisches Institut (Berlin-Friedrichshagen), Zoologisches Museum der Humboldt Universität (Berlin), Staatliches Museum für Naturkunde (Stuttgart), Zoologisches Sammlung des Bayerischen Staates (München), Naturhistorisches Museum (Wien), British Museum (Nat. Hist.) bzw. Commonwealth Institute of Entomology (London), U.S. National Museum (Washington), American Museum of Natural History (New York), Musée Royal de l'Afrique Centrale (Tervuren), Museum, National d'Histoire Naturelle (Paris), Department of Agriculture (Pretoria) Transvaal Museum (Pretoria), Natal Museum (Pietermaritzburg), Universitetats Zoologiska Institution (Lund).

Allen Herren, die mir behilflich waren und Material dieser Institutionen zur Verfügung stellten, möchte ich meinen verbindlichsten Dank aussprechen. Außer diesen erwähnten Materialquellen stand mir durch das freundliche Entgegenkommen Herrn Dr. F. ZUMPTS die ausgezeichnet geordnete und sehr umfangreiche Musciden-Sammlung des South African Institute for Medical Research (Johannesburg) zur uneingeschränkten Verfügung. Diese Sammlung war zum größten Teil von Herrn Dr.

H. E. PATERSON aufgebaut worden. Leider war es nicht möglich, Material von Herrn Prof. Dr. S. V. PERIS (Madrid) zu erhalten.

Weiter hatte ich während meines Aufenthaltes in Südafrika mehrfach selbst Gelegenheit, Fliegen zu fangen. Hierbei benutzte ich zwei verschiedene Fangmethoden:

1. Hohes Gras oder die Umgebung von ausgelegten Ködern (z.B. Kuhdung oder menschliche Faeces) wurden mit einem Netz abgestreift.
2. Fliegen, die Menschen oder Tiere anfliegen, sind schwer mit dem Netz zu fangen. Hier bewährte sich ein Reagensglas mit größerem Durchmesser, das über die Tiere gestülpt wurde.

Ein Saugrohr, wie es z.B. beim Fang von Mücken Verwendung findet (ZIELKE 1970a) erwies sich beim Fangen von Musciden im allgemeinen als unzureichend, da diese Insekten kräftigere und gewandtere Flieger sind.

PRÄPARATION

Die getöteten Fliegen dürfen nicht allzu lange in der Tötungsflasche bleiben, da sie durch das im Gelände unvermeidbare Schütteln der Flasche gestoßen werden und dadurch leicht die feine Bereifung und mitunter auch die Beborstung leiden. Deshalb erwies es sich als zweckmäßig, die gefangenen Exemplare schichtweise in mit Papiertaschentüchern ausgelegte Schachteln zu legen (wobei je eine Lage Fliegen mit 1-2 Taschentüchern abgedeckt wird, so daß die Tiere fest liegen). Wird darauf geachtet, daß die Tiere seitlich liegen, können meist Quetschungen des Körpers und Abbrechen von Extremitäten vermieden werden. Auf diese Weise können Insekten ohne größeres Risiko längere Zeit aufgehoben oder transportiert werden.

Im Institut werden die inzwischen getrockneten Insekten zum Aufweichen in einen Behälter mit hoher Luftfeuchtigkeit gebracht. Benutzt wurde ein Exsikkator in dessen untere Hälfte Wasser gefüllt war, in die obere Hälfte wurden die Fliegen in kleinen Glasschälchen hineingestellt. Dem Wasser war Essigsäure zugegeben, um Bakterien- und Pilzentwicklung zu verhindern. Nach rund 24 Stunden können die Tiere dem Exsikkator entnommen und weiter verarbeitet werden.

Musciden können nur trocken konserviert werden, da bei der Naßkonservierung mit Alkohol wichtige Bestimmungsmerkmale wie Farbe und Bestäubung verändert werden. ZUMPT (1956a) spricht sich gegen das Nadeln von kleineren Fliegen aus und zieht das Kleben von Fliegen bis zur Größe einer Stubenfliege seitlich auf einen Spitzenzettel (WEYER & ZUMPT 1966) vor. Diese Methode hat meines Erachtens den Nachteil, daß häufig ein großer Bereich, wenn nicht sogar eine ganze Seite des Thorax für die

Bestimmung unbrauchbar ist, da die Borsten verklebt sind und zusätzlich durch den Spitzenzettel verdeckt werden. Insbesondere ist zu bedenken, daß bei einigen Arten der Muscinae für eine sichere Bestimmung beide Seiten betrachtet werden müssen. Deshalb erscheint eine saubere Nadelung kleinerer Arten mit Minutien aus rostfreiem Stahl vorteilhafter, da sich bei den Muscinae ventral zwischen den Coxen der Vorder- und Mittelbeine keine Bestimmungsmerkmale befinden. Beim Nadeln oder Kleben der Tiere sollten die Extremitäten gleich in eine Lage gebracht werden, in der sie selbst und der Körper ohne Schwierigkeiten zur Erleichterung der Bestimmung zu betrachten sind.

Mitunter wird man feststellen können, daß z.B. rein gelbe Abdomen bei einigen Fliegen nach einiger Zeit einen braunen mittleren Längsstreifen zeigen oder daß sogar die letzten 2 Segmente fast ganz braun werden. Das beruht auf Verwesungsvorgängen, die innerhalb der Fliege ablaufen, da bei diesen nicht wie bei größeren Insekten (Heuschrecken, Libellen) das Darm- und Genitalsystem entfernt werden können, ohne andere wichtige Bestimmungsmerkmale zu zerstören. Einige *Orthellia*-Exemplare, die zur Zeit des Fangens metallisch grün erscheinen, weisen manchmal nach einiger Zeit eine überwiegend blaue Färbung auf. Der Grund hierfür ist nicht bekannt. Die Ursache ist aber wohl in der Luftfeuchtigkeit der Sammlung, dem Alter des Tieres und damit auch in der Struktur der Kutikula zu suchen. Weiterhin kann bei Tieren, die kurz nach dem Schlüpfen gefangen werden, eine starke Schrumpfung auftreten, so daß mitunter Muster und Zeichnung nicht klar zu erkennen sind. Andere derartige Exemplare sind nicht ausgefärbt und können dann leicht zu Fehlbestimmungen führen. Gewöhnlich zeichnen sich solche Tiere bei den Muscinae durch eine hellbraune bis braune Körpergrundfarbe aus, wenn der Körper eigentlich dunkelbraun oder gar schwarz sein sollte. Ähnliches gilt für die metallisch glänzenden Arten. Hier erscheint dann die vordere Abdomenhälfte mitunter bräunlich. Aber gerade bei diesen Arten ist die Färbung recht variabel, so daß genaue Angaben schwierig sind.

Für eine sichere Bestimmung der Arten der verwandten Familie Calliphoridae ist nach ZUMPT (1965a, 1965b) die Anfertigung von Mikro-Präparaten der Genitalien unerläßlich. Bei den Musciden unterteilte PATTON (1932, 1933, 1936) die Gattung *Musca* anhand der Phallosome; PATERSON (1957) trennte, gleichfalls auf Grund der Phallosome, die Gattung *Curranosia* von der Gattung *Orthellia*. Im übrigen sind dagegen bei den Muscinae die Hypopygien bisher nicht weiter berücksichtigt bzw. bearbeitet worden.

Um den Männchen die Hypopygien abnehmen zu können, müssen die Tiere zuerst in der beschriebenen Weise aufgeweicht werden. Im Gegensatz zu vielen Calliphoridae, wo das Hypopygium abgeklappt werden kann, muß es bei den Muscinae mit feinen Lanzettnadeln herauspräpariert werden. Nach einiger Übung ist dieses jedoch ohne Verletzung des Abdomens möglich. Beim Weibchen kann auf ähnliche Weise das letzte Segment abgenommen werden, in dem sich die teleskopartig zusammengeschobene Legeröhre befindet. Die Genitalien werden rund 16 Stunden in 15%iger Kalilauge mazeriert. Nach anschließender gründlicher Wässerung werden dann bei den männlichen Genitalien mit Hilfe von Nadeln und Lanzettnadeln die Cerci mit den Paralobi und das Phallosom freigelegt und auf Objektträger gebracht. Das Phallosom wird seitlich, die Cerci werden dorso-ventral eingebettet. Die auf den Objektträger gebrachten Organe werden mit einem Deckglas abgedekt und leicht angepreßt, da die Cerci häufig stark gekrümmt sind. Bei den Weibchen wird die Legeröhre freipräpariert, diese wird dann ausgezogen und ebenfalls in möglichst dorsoventraler Lage in BERLESE eingebettet. Als Einbettungsmedium hat sich der optischen Eigenschaften wegen BERLESE-Gemisch bewährt.

Das Hypopygium ist ein mehrdimensionales Gebilde, das auf diese Weise mehr oder weniger stark in eine Ebene gepreßt wird. Daß hierdurch das Bild vom natürlichen Habitus abweicht, ist leicht verständlich. Dadurch ist auch die Aussagefähigkeit der auf diese Weise präparierten männlichen Genitalien relativ beschränkt. Da aber alle Hypopygien in gleicher Weise angefertigt wurden, lassen sie sich, wenn auch mit gewissen Einschränkungen, zu Aussagen auf phylogenetischem Gebiet heranziehen, und nicht selten können sie als Hilfsmittel zur Artdifferenzierung dienen.

Sind mehrere Exemplare einer Art vorhanden, so sollten einzelne ganze Tiere beider Geschlechter für ebenfalls 16 Stunden in kalte (Zimmertemperatur) 15%ige Kalilauge gebracht werden. Von diesen werden dann der Saugrüssel mit den Palpen, die Antennen, die Beine, die Flügel, die Sternite und die Geschlechtsteile abpräpariert und in BERLESE eingebettet. Anhand dieser Präparate lassen sich mitunter leichter Vergleiche zwischen zwei schwer zu unterscheidenden Arten ziehen. So strecken sich die Flügel in BERLESE in eine Ebene, und die Beine sind mit ihren einzelnen Gliederen und deren Beborstung besser zu betrachten. Besonders vorteilhaft ist die Präparation beim Studium der Saugrüssel, der Palpen und der Antennen mit ihren Aristae, da all diese Organe keinerlei Schrumpfungen mehr zeigen. Daß die Mazeration mit Kalilauge zur Bildung von Artefakten führte, konnte ich nicht beobachten.

BESTIMMEN UND ZEICHNEN

Da es keine monographische Bearbeitung der Muscinae gibt, fehlen auch zusammenhängende Bestimmungstabellen. So habe ich mich zur Einarbeitung nach den Tabellen folgender Autoren gerichtet:

Gattung *Musca*: PATTON (1936), VAN EMDEN (1939);
Gattung *Orthellia*: MALLOCH (1923), CURRAN (1935), SNYDER (1951);
Gattung *Morellia*: PERIS (1961);
Gattung *Pyrellina*: VAN EMDEN (1942).

PERIS' Arbeit von 1967 lag mir zu Beginn meiner Studien noch nicht vor. Wie sich aber noch zeigen wird, basieren seine Tabellen anscheinend zum großen Teil nur auf Literaturangaben, ohne daß Material der Arten zum Vergleich vorgelegen hätte, teils verweist er selbst auf Tabellen älterer Autoren.

Die Imagines und mikroskopischen Präparate wurden unter einem Stereomikroskop bei Vergrößerungen von 12, 24, 50 und 100 untersucht, die Hypopygien zusätzlich mit dem Projektionsmikroskop gezeichnet. Die Zeichnungen der Kopfprofile und der Flügel wurden mit einem Projektionsaufsatz für das Stereomikroskop angefertigt, da von den meisten nur in Einzelstücken vorliegenden Arten keine Flügel zur Anfertigung mikroskopischer Präparate abgenommen werden konnten.

An dieser Stelle muß noch einmal ausdrücklich darauf hingewiesen werden, daß das Projektionsmikroskop nur nach den physikalischen Projektionsgesetzen arbeitet und damit z.B. nicht unbedingt die Borsten in der natürlichen Länge wiedergeben muß und daß noch die bereits erwähnten Fehlerquellen der Präparation hinzukommen. So kann eine auf diese Weise angefertigte Zeichnung eines Hypopygium keinesfalls den Anspruch auf eine völlig naturgerechte Abbildung erheben. Andererseits ist eine vergleichende Darstellung dieser Organe m.E. nur auf diese Weise möglich, und diese geringfügigen Denaturierungen sind in Kauf zu nehmen. Weniger informativ erscheint mir dagegen eine räumliche Darstellung des Hypopygium, wie sie PERIS (1967) z.B. bei *Orthellia gorii* PERIS verwendet. Außerdem ergibt hierbei jede Lageveränderung ein anderes Bild.

A. DIE MUSCINAE — ALLGEMEINER TEIL

KLASSIFIKATION

Die Muscidae (Diptera, Brachycera) gehören zur umfangreichen Gruppe der Calyptratae, die u.a. auch die Calliphoridae, Tachinidae, Glossinidae, Hippoboscidae, Streblidae, Nycteribiidae, Cordyluridae und Oestridae mit einbezieht. Alle Arten dieser Familien zeigen am 2. Antennenglied einen auffallenden, etwa dorsal gelegenen Längsspalt, der sich fast über die ganze Länge des Segments erstreckt. Der Thorax weist dorsal fast immer eine deutliche, beinahe durchgehende Quernaht auf, die das Mesonotum in einen präsuturalen und postsuturalen Abschnitt unterteilt. Die Hippoboscidae, Streblidae und Nycteribiidae sind als blutsaugende Ektoparasiten leicht durch ihren Körperbau, wie z.B. den stark abgeflachten Rumpf und einen sekundären Flügelverlust, von den übrigen höheren Fliegen zu unterscheiden. Die Glossinidae, die in letzter Zeit als eine eigene Familie geführt werden, lassen sich leicht an der typischen Flügelhaltung und dem Stechrüssel erkennen. Oestridae, Tachinidae und Calliphoridae weisen eine deutliche Reihe von Hypopleuralborsten auf. Die Muscidae zeigen all diese Merkmale nicht. HENNIG (1965) trennt von den Muscidae noch die Anthomyidae als eigene Familie ab. Bei letzteren erreicht die Analader stets den Flügelrand, was bei den Muscidae nie der Fall ist. Weiterhin ist bei den Muscidae das 3. Antennenglied stets länger als breit, und die Antennenborste weist entweder mikroskopisch kleine oder lange Haare auf, und auf der Stirn sind immer Parafrontalborsten zu finden. Bei den Männchen können die Augen so stark vergrößert sein, daß die Stirnstrieme zu einem Spalt bzw. einer Linie reduziert ist. Alle Muscidae besitzen wohlausgebildete Saugrüssel und zeigen keine reduzierten Flügel oder Beine.

Danach ergibt sich folgende Diagnose der Muscidae: Körper normal entwickelt (d.h. nicht auffallend abgeflacht); Hypopleuron ohne auffallende Borstenreihe; Beine und Flügel stets vorhanden; Flügel in Ruhehaltung leicht vom Körper weggerichtet; Analader erreicht nie den Flügelrand; 3. Antennenglied länger als breit, 2. Antennenglied etwa dorsal mit einem Längsspalt; Antennenborste behaart; Saug- oder Stechrüssel immer vorhanden.

Die Familie der Muscidae umfaßt folgende in der äthiopischen Region vertretenen Unterfamilien: Fanniinae, Lispinae, Coenosiinae, Phaoniinae,

Stomoxyinae und Muscinae. Hierbei sind die Unterfamilien – auf peripheren Gestaltsmerkmalen basierend – im Sinne VAN EMDENS (1941) verstanden, da HENNIGS (1965) neue phylogenetische Aufgliederung der Muscidae in vielen Punkten noch der Bestätigung bedarf. Während sich einige Unterfamilien, wie z.B. Fanniinae und Lispinae, eindeutig abgrenzen lassen, ergeben sich bei der Trennung anderer Schwierigkeiten. Das gilt besonders für die Abgrenzung zwischen den Phaoniinae und Muscinae. Bisher ist es keinen Autoren gelungen, diese beiden Unterfamilien eindeutig gegeneinander zu differenzieren. PATERSON (1959) spricht zwar ebenfalls das Problem der Klassifikation an, vertritt dann aber folgende bemerkenswerte Meinung:

„This makes little difference to the specialist whose aim is always (or should always be) to arrive at as natural a classification as possible, but it does have the practical disadvantage that it is not possible to compile keys to the subfamilies, using imaginal characters common to both sexes, for the use of non-specialists. The only obvious way out of the difficulty is to make use of unnatural keys to the genera of both subfamilies and to add a natural classification of these genera as a supplement. After all, the main function of a key is as an aid to identification; if it can be arranged to reflect a natural classification, so much the better, but this should be a secondary consideration."

In der medizinischen Entomologie kommt es in erster Linie auf die richtige Bestimmung der Plageerreger bzw. Krankheitsüberträger an. Die Phylogenie der Arten sollte aber so weit wie möglich berücksichtigt werden. Leider ist hierüber erst sehr wenig bekannt, HENNIG (1965) schreibt: „Trotzdem ist es heute noch ganz unmöglich, ein in allen Punkten gut begründetes phylogenetisches System der Muscidae vorzulegen. Allzu viele Arten, die als Vertreter neuer Gattungen beschrieben wurden, sind unzugänglich. Andere sind nur in einzelnen Exemplaren (Typen) bekannt, die nicht genauer untersucht werden können. Bei den Muscidae genügen aber vielfach die äußerlich sichtbaren Merkmale zur Klärung der systematischen Stellung umstrittener Gattungen nicht. Nur zahlreiche und sorgfältige Einzeluntersuchungen werden hier nach und nach weiterführen können."

In der vorliegenden Arbeit wurden die Gattungen der äthiopischen Region revidiert, die nach jüngeren Autoren (HENNIG 1963, 1965; PATERSON 1959; PERIS 1967) mit Sicherheit zu den Muscinae gestellt werden und folgende Merkmale aufweisen:

Körpergrundfarbe dunkel oder metallisch glänzend (das Abdomen kann hell gefärbt sein), Pteropleuren deutlich behaart, Media auffallend nach vorne gebogen, Stirn des Männchens relativ schmal, die des Weibchens breit. Alle Arten (Ausnahme: Gattung *Pyrellina*) mit großem, breitem

Thorakalschüppchen; dieses bei *Pyrellina* etwas kleiner. Alle Muscinae ohne Stechrüssel.

DER FLIEGENKÖRPER

Der Kopf der Muscinae zeigt ein Paar großer Facettenaugen und 3 Ocelli (Stirnaugen), die sich auf dem etwas vorgewölbten Ocellar-Dreieck befinden. Die Facetten der oberen Augenhälfte können bei den Männchen normal oder stark vergrößert sein, und die Stirn ist mitunter durch eine Vergrößerung der Augen zu einem sehr schmalen Streifen reduziert. Bei den Weibchen ist sie immer breit. Die Bezeichnungen der einzelnen Gesichtspartien und der darauf befindlichen Borsten lassen sich Abb. 1 entnehmen. Häufig sind jedoch nicht alle Borsten vorhanden.

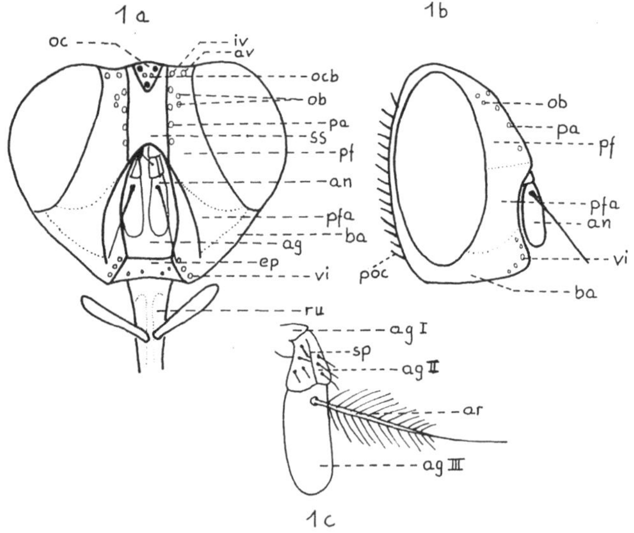

Abb. 1. Der Fliegenkopf (1a Frontalansicht, 1b Lateralansicht, 1c Antenne): av = äußere Vertikalborste, iv = innere Vertikalborste, oc = Ocellardreieck mit den drei Ocelli, ocb = Ocellarborsten, ob = Orbitalborsten, or = Oralborsten, vi = Vibrisse, ep = Epistom, ag = Antennengrube, an = Antenne, ru = Rüsselbasis mit Palpen, pf = Parafrontalia, ss = Stirnstrieme, pa = Parafrontalborsten, pfa = Parafacialia, ba = Backen, poc = Postokularcilien, ag I, ag II, ag III = Antennenglied I, II, III, sp = Spalte im Antennenglied, ar = Arista.

Der Thorax besteht dorsal fast nur aus dem Mesonotum und dem Scutellum. Lateral setzt er sich aus verschiedenen Abschnitten, den sogenannten Pleuren zusammen. Die Aufgliederung des Thorax und die Benennung seiner wichtigsten Borsten geht aus Abb. 2 hervor. Die in den Artbeschreibungen unter „Chaetotaxis" angegebenen Borstenformeln, wie z.B. 2 + 4 dc, besagen, daß sich auf dem präsuturalen Teil des Mesonotums 2 und auf dem postsuturalen Teil 4 dorsozentrale Borsten befinden, und aus 1 + 2 stpl läßt sich entnehmen, daß auf dem Sternopleuron vorn 1 und hinten 2 kräftige Borsten sitzen. Die vollständige Borstenformel in Abb. 2 wäre für dorsal: 2 + 2 acr, 2 + 4 dc, 4 h, 3 ph, 2 npl, 3 posta, 2 ia und 1 sa; für lateral: 1 + 2 stpl, 1 + 4 mspl.

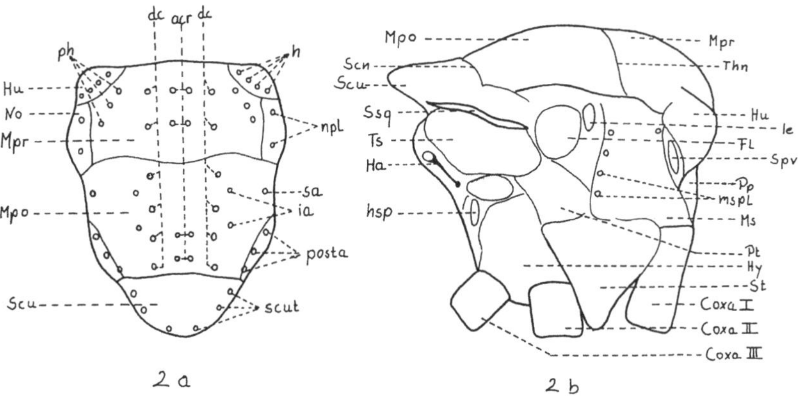

Abb. 2. Der Fliegenthorax (2a Dorsalansicht, 2b Lateralansicht):
Acr = Acrostichalborsten, dc = Dorsozentralborsten, scut = Scutellarborsten, posta = Postalarborsten, ia = Infra-Alarborsten, sa = Supra-Alarborsten, npl = Notopleuralborsten, ph = Posthumeralborsten, h = Humeralborsten, mspl = Mesopleuralborsten, stpl = Sternopleuralborsten, Mpr = präsuturaler Teil des Mesonotums, Mpo = postsuturaler Teil des Mesonotums, Scu = Scutellum, Hu = Humeralschwiele, No = Notopleuron, Ms = Mesopleuron, St = Sternopleuron, Pt = Pteropleuron, Hy = Hypopleuron, Sph = hinteres thorakales Spirakulum, Spv = vorderes thorakales Spirakulum, Pp = Propleuron, Ha = Haltere, Ssq = Suprasquamalsteg, Scn = Scutellarnaht, Thn = Thorakalnaht, Ie = Infra-Alarerhebung, Ts = Thorakalschüppchen Fl = Flügelansatz.

Zwischen den Coxen der Vorderbeine erstreckt sich nach vorne das Prosternum, dessen Form zur Gattungsbestimmung und dessen Behaarung zur Artbestimmung herangezogen werden müssen. Die Beborstung der Beine gilt immer noch als ein wichtiges Bestimmungsmerkmal. Besondere Beachtung muß den Tibien geschenkt werden. Weniger wichtig sind gewöhnlich die Tarsen und das Femur. In Abb. 3 ist die Benennung der Beinborsten wiedergegeben.

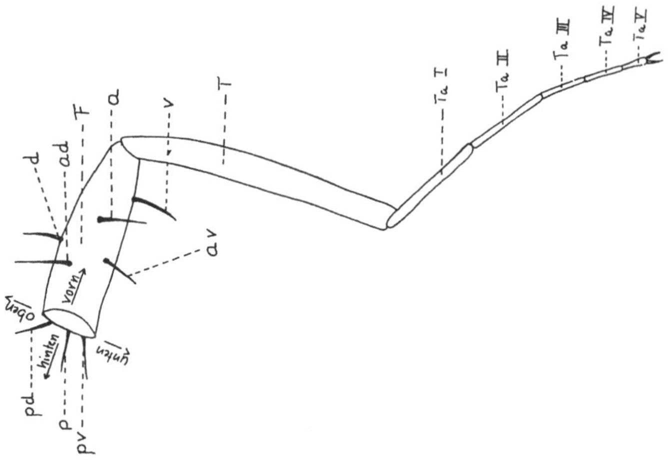

Abb. 3. Schematische Darstellung eines Beines:
F = Femur, T = Tibia, Ta I, II, III, IV, V = Tarsenglieder I-V (Ta I auch Metatarsus). Borsten: a = anterior, ad = anterodorsal, d = dorsal, pd = posterodorsal, p = posterior, pv = posteroventral, v = ventral, av = anteroventral.

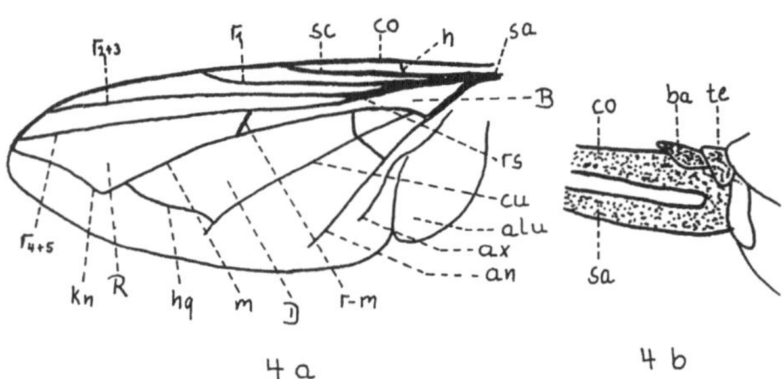

Abb. 4. Der Fliegenflügel (schematisiert: 4a Flügeladerung, 4b Flügelbasis im Bereich der Costa vergrößert):
sa = Stammader, h = Humeralquerader, sc = Subcosta, co = Costa, r_1 = Radius 1, r_{2+3} = Radius 2+3, r_{4+5} = Radius 4+5, r-m = Querader r-m, m = Media, kn = knickartige Biegung der Media, hq = hintere Querader, cu = Cubitus, an = Analader, ax = Axillarader, alu = Alula, rs = Stamm der Radiuszweige 2-5, te = Tegula, ba = Basicostalschuppe, R = Apikalzelle, D = Diskalzelle, B = Basalzelle.

Der Flügel (Abb. 4) weist bei den Muscinae immer eine stark nach vorne gebogene Media auf. Die Biegung verläuft entweder knickartig mit oder ohne Eindellung nach dem Knick (Abb. 6 F) oder in einer gleichmäßigen scharfen oder weichen Kurve (Abb. 6 A-D). Außer diesem wichtigen taxonomischen Merkmal sind die Beborstung der Adern und die Besetzung der Flügelmembran mit mikroskopisch kleinen Borsten von Bedeutung.

Das Abdomen setzt sich bei beiden Geschlechtern aus dem sichtbaren Präabdomen und einem umgebildeten, in den Dienst der Fortpflanzung getretenen Postabdomen zusammen. Letzteres ist bei den Muscinae fast ganz vom Präabdomen verdeckt. Das Präabdomen besteht bei allen Muscinae aus 5 Segmenten, wobei die ersten 2 Tergite verschmolzen und somit bei oberflächlicher Betrachtung nur als eines zu erkennen sind. Daher rechne ich es auch nur als eines in den Artbeschreibungen und bezeichne es mit I. Die folgenden zählen dementsprechend als II, III und IV. Dies geschieht, um den nahtlosen Anschluß an Musciden-Arbeiten von VAN EMDEN (1939, 1942, 1951) zu ermöglichen. Von den Sterniten sind noch alle 5 erhalten, die mit I bis V bezeichnet werden. Das Postabdomen stellt beim

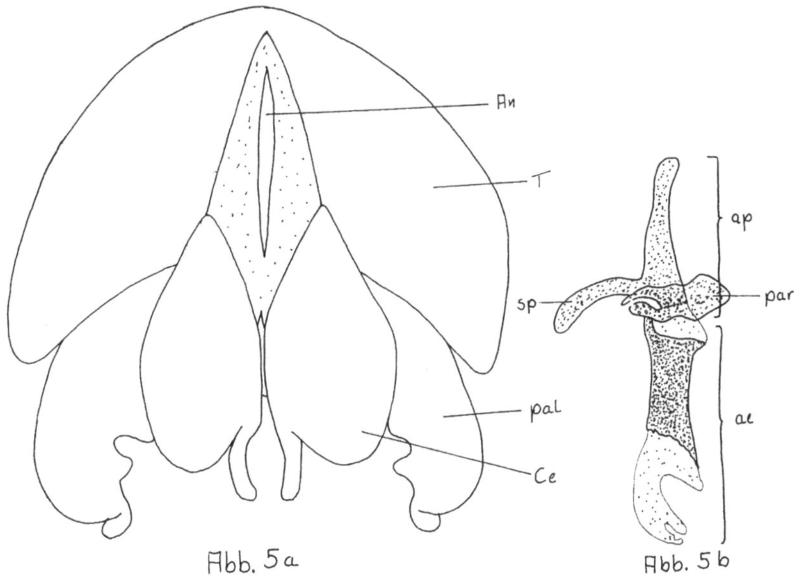

Abb. 5A. Männliche Genitalia (5a Epandrium mit Paralobi einer *Morellia*-Art, 5b Phallosom mit Paramer von *Musca domestica* nach PATTON (1932)):
An = Analspalt, T = Tergit, Ce = Cerci, Cerci und Tergit X = Epandrium, pal = Paralobi, ap = Apodem, ae = Aedeagus, Apodem und Aedeagus = Phallosom, sp = Spinus, par = Paramer.

Männchen das Hypopygium und beim Weibchen die Legeröhre dar.

Das Hypopygium ist bei den Muscinae recht kompliziert gebaut, und ich habe mich mit den Bezeichnungen der Geschlechtsteile der Muscinae so weit wie möglich und nötig nach ZUMPT & HEINZ (1950) gerichtet. Der Aufbau eines Phallosom und der Cerci mit Paralobi eines Vertreters der Muscinae ist aus Abb. 5 zu ersehen.

BESTIMMUNGSTABELLE FÜR DIE UNTFRFAMILIEN DER MUSCIDAE

Die vorliegende Bestimmungstabelle ist ebenfalls, wie die Tabellen älterer Autoren mit Unzulänglichkeiten behaftet, da so lange Schwierigkeiten bestehen werden, einige Gattungen bestimmten Unterfamilien zuzuordnen, bis ein zufriedenstellendes phylogenetisches System für die Muscidae geschaffen worden ist. Außerdem sind die Muscidae wie viele Dipteren schwer zu bestimmen und setzen für jegliches Studium einige Grundkenntnisse voraus.

1. Axillarader scharf sigma-förmig gekrümmt, in ihrem apikalen Teil über die Spitze der Analader gebogen, so daß sich die beiden Adern bei Verlängerung noch vor dem Flügelrand schneiden würden; Subcosta nach der Humeral-Querader ziemlich gerade zur Costa verlaufend. Hintertibia in der apikalen Hälfte mit kräftiger d-Borste, die sich in einer Linie mit der prä-apikalen d-Borste befindet .... *Fanniinae*
– Axillarader weniger stark gekrümmt, die beiden Adern würden sich bei Verlängerung erst außerhalb des Flügels schneiden. Hintertibia ohne genau dordal gelegene d-Borste 2
2. Pteropleuren nur in der unteren Hälfte über der hinteren Sternopleural-Borste mit einigen borstenähnlichen Haaren, die obere Hälfte nackt. Palpen im apikalen Bereich meist löffelartig verbreitert; Stirn in beiden Geschlechtern zumindest ein Drittel so breit wie der Kopf. Thorakalschüppchen vom Körper abstehend, mit rundlicher Spitze und klein ... *Lispinae*
– Pteropleuren entweder nackt, in der oberen Hälfte oder ganz behaart. Palpen gewöhnlich ohne auffallende löffelartige Verbreiterung. Thorakalschüppchen entweder von normaler Größe oder vergrößert 3
3. Thorax-Grundfarbe dunkel oder metallisch glänzend, Pteropleuren deutlich behaart; Media stark nach vorne gebogen. Thorakalschüppchen dem Körper dicht anliegend und stark vergrößert. (Sind Thorakalschüppchen kleiner und abstehend, so zeigen die Tiere außer allen anderen Merkmalen eine metallisch glänzende Körperfärbung: Gattung *Pyrellina*).

Männchen meist mit schmaler, Weibchen mit breiter Stirn. Keine stechrüsselartige Mundwerkzeuge mit zurückgebildeten Labellen vorhanden *Muscinae*

- Unter 3. aufgeführte Merkmale vereinzelt vorhanden, nie aber alle gemeinsam 4

4. Media in einer mehr oder weniger starken Kurve verlaufend. Pteropleuren behaart; Thorakalschüppchen mehr oder weniger stark vergrößert. Rüssel mindestens so lang wie der Kopf und zu einem Stechrüssel umgebildet, Mentum stark chitinisiert, Labellen zurückgebildet oder fehlend .... *Stomoxyinae*

- Einzelne Merkmale sind vertreten, nie aber alle gemeinsam 5

5. Männliche Stirn gewöhnlich schmaler als weibliche, falls genauso breit, dann beim Weibchen fast immer 2 reclinate, mehr oder weniger stark nach außen gebogene Borsten auf der oberen Stirnhälfte; die vordere Borste fast immer schwächer als die hintere, beide dicht beieinander stehend. Falls dies nicht zutreffend, dann das mittlere Femur mit einer prä-apikalen a-Borste. Adern häufig mit einigen Borsten besetzt. Thorakalschüppchen mehr oder weniger stark vergrößert ... *Phaoniinae*

- Stirn in beiden Geschlechtern gleich breit, 1 oder 2 niemals nach außen gerichtete, reclinate Borsten auf der oberen Stirnhälfte vorhanden (falls 2, dann die vordere kräftiger und von der hinteren weit entfernt stehend). Das mittlere Femur ohne prä-apikale a-Borste. Adern stets nackt. Thorakalschüppchen nie vergrößert .... *Coenosiinae*

MORPHOLOGISCHE KRITERIEN DER MUSCINAE

Im Vergleich zu anderen Tiergruppen, z.B. den Säugetieren, sind die Insekten relativ wenig erforscht. Bisher ist noch nicht einmal der Artenbestand erfaßt, und es werden laufend neue Arten beschrieben. Das gilt auch für die Muscidae.

Für lange Zeit beruhte die Systematik der Muscidae auf dem Abschätzen von Ähnlichkeiten, wobei rein periphere Gestaltsmerkmale zu Grunde lagen. HENNIG (1965) legte den Grundstein zu einem phylogenetischen System der Muscidae, indem er morphologische Merkmale auf ihren plesiomorphen bzw. apomorphen Charakter hin untersuchte und dabei einige monophyletische Teilgruppen herausarbeitete, wobei auch im Rahmen der Familie der Muscidae die Muscinae bzw. die Muscini angesprochen wurden.

Da bis heute keine ausreichenden Angaben über Ethologie, Ökologie und Physiologie der Muscidae vorliegen, ist der Systematiker immer noch auf periphere Gestaltsmerkmale angewiesen. Diese müssen daher eingehend analysiert werden, um so ein breites Spektrum von Merkmalen mit bekanntem taxonomischen Wert zu schaffen. Die Merkmale sollten dann – wenn möglich – zu Aussagen über phylogenetische Verwandtschaftsbeziehungen herangezogen werden. So sind im Folgenden die wichtigsten Artunterscheidungs-Merkmale der Muscinae auf ihre Konstanz, ihre Häufigkeit und auch auf den phylogenetischen Wert hin untersucht worden.

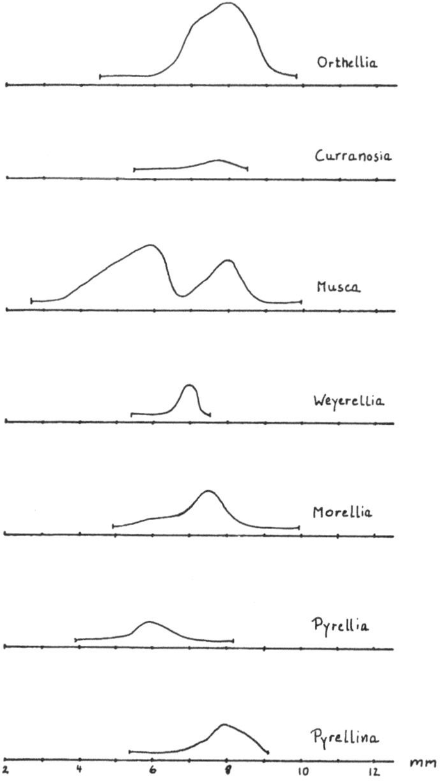

Abb. 5B. Körperlängenverteilung innerhalb der einzelnen Muscinae-Gattungen.

Die Körperlänge der Muscinae liegt zwischen 2,7 mm und 10 mm, ihre taxonomische Bedeutung ist gering, da allein die Werte einer Art erheblich variieren können. So habe ich z.B. bei *Musca lusoria lusoria* WIEDEMANN Größen von 5,5 mm bis 8,8 mm gemessen. Gewisse Aussagen lassen sich jedoch bei der Betrachtung der Körperlängen innerhalb einer Gattung machen. In Abb. 5 B sind die Körperlängen-Spektren der verschiedenen Muscinae-Gattungen zusammengestellt, wobei für jede von mir untersuchte

Art ein Durchschnittswert und für die Gattung die Extremwerte aufgetragen wurden. Die Gattungen *Pyrellina* und *Orthellia* setzen sich demnach vorwiegend aus großen Arten zusammen, während *Pyrellia* eine Gattung mit kleinen Arten darstellt. Die Gattung *Musca* teilt sich deutlich in zwei Gruppen. Dieses entspricht fast genau der Unterteilung in die *Musca-lusoria*-Gruppe (große Arten) und die *Musca-sorbens*-Gruppe (kleine Arten). Auf das Problem der Gattungsunterteilung wird jedoch später ausführlicher eingegangen.

Wichtige Artunterscheidungsmerkmale weist bei vielen Muscinae der Kopf auf. So fällt in der Gattung *Orthellia* der Ausbildung des Epistom (Abb. 22) und damit dem Kopfprofil eine bedeutende Rolle zu. Ein derartig vorspringendes Epistom gibt es nur in dieser Muscinae-Gattung der äthiopischen Region. Es ist ein konstantes Merkmal, auf Grund dessen und der verschiedenen Cerci die Gattung *Orthellia* in 2 Gruppen unterteilt werden kann. *Orthellia*-Arten mit einem auffallenden Epistom besitzen außerdem einen langen, schlanken Rüssel. Beides sind apomorphe Merkmale, die vom ursprünglichen Bild der Muscidae abweichen. Einen auffallend langen dünnen Rüssel hat auch *Musca lasiophthalma* THOMSON, das Epistom ist aber nicht umgebildet. Die Form des Rüssels und die Ausbildung der Labellen gelten auch als Unterscheidungsmerkmale für Arten der *Musca-sorbens*-Gruppe, und die Färbung des Rüssels, der Palpen und der Antennen werden beim Bestimmen von *Orthellia*-Arten hinzugezogen, ohne jedoch als phylogenetische Kriterien gewertet zu werden.

Die Stirnbreite ist für die Artbestimmung unbrauchbar. Die Muscidae sind nach HENNIG (1965) in ihrem Grundplan sexualdimorph, wobei die Männchen holoptisch und die Weibchen dichoptisch sind. Diese Eigenschaft findet sich bei allen Muscinae, wobei allerdings in der Gattung *Weyerellia* die Weibchen relativ schmale Stirnen aufweisen und bei *Musca domestica* die Männchen sehr breite Stirnen besitzen. Ebenfalls breite Stirnen und mitunter entwickelte Stirnstriemen finden sich bei Männchen einiger *Orthellia*-Arten wie z.B. bei *Orthellia rhingiaeformis* (VILLENEUVE) und *Orthellia chrysopyga* VAN EMDEN. Hierbei läßt sich feststellen, daß die Stirnbreite innerhalb einer Art graduelle Unterschiede aufweisen kann. Wenn auch bei den Geschlechtern aller Muscinae-Arten eindeutig ein Unterschied hinsichtlich der Stirnbreite vorhanden ist, müssen jedoch die Männchen mit den breiten Stirnen als abgeleitete Formen betrachtet werden.

Die Kopfbeborstung ist ein unzuverlässiges Unterscheidungsmerkmal, da z.B. die Orbitalborsten durch weitere auf den Parafrontalia befindlichen Borsten verdeckt werden können, und abgebrochene Borsten schwer nach dem Borstenansatz nachzuweisen sind. Andererseits fällt z.B. den Orbitalborsten eine phylogenetische Bedeutung zu, da sie zum ursprünglichen

Bauplan der Muscidae gehören. Sie sind bei den Weibchen der Muscinae im allgemeinen zu finden, wenn auch wieder in der Gattung *Weyerellia* die Borsten nur rudimentär entwickelt sind und damit als abgeleitet betrachtet werden können.

Ein wichtiges Merkmal, das der Artunterscheidung dient, ist die Augenbehaarung, die in den Gattungen *Pyrellina* und *Morellia* bei jeweils einer Art, und bei den Gattungen *Pyrellia*, *Musca* und *Orthellia* bei mehreren Arten zu finden ist. In den Gattungen *Pyrellina* und *Morellia* sind die Augen in beiden Geschlechtern deutlich behaart, während bei den anderen Gattungen Unterschiede hinsichtlich der Intensität und Länge der Behaarung bei den Geschlechtern bestehen können. Dieser Unterschied kann stark ausgeprägt sein, so daß bei den Weibchen die Haare nur sehr schwer nachzuweisen sind, was bei *Musca vitripennis* MEIGEN der Fall ist. Die Augenbehaarung ist ein vom Grundbauplan der Muscidae abgeleitetes Merkmal, hat sich aber offensichtlich in den einzelnen Gattungen unabhängig voneinander entwickelt.

Der Thorax weist bei einigen *Orthellia*-Arten eine punktförmige Oberflächenstruktur auf, die zur Differenzierung von Arten herangezogen wird. Obwohl es sich hierbei um ein apomorphes Merkmal handelt, sollte es phylogenetisch nicht überbewertet werden, da es bei den einzelnen Arten nicht immer deutlich ausgeprägt ist. Außerdem tritt dieses Merkmal in der Gattung *Pyrellina* bei *Pyrellina bicolor* (STEIN) auf.

Thoraxfärbung und -zeichnung spielen besonders in der Gattung *Musca* für die Bestimmung eine Rolle. Bei den übrigen Gattungen ist der bestäubte oder unbestäubte präsuturale Teil des Mesonotums für die Artdiagnose von großer Bedeutung. Dieses Merkmal scheint konstant zu sein. Betrachtet man die Chaetotaxis der Muscinae, so scheinen zum Grundbauplan 2 + 4 Dorsozentral-Borsten zu gehören. Die Anzahl dieser Borsten ist z.T. ein wichtiges Bestimmungsmerkmal, gleichzeitig lassen sich hieraus aber auch abgeleitete Formen erkennen (z.B. *Pyrellina bicolor* (STEIN) mit 0 + 2 dc). Imallgemeinen bietet die Beborstung des Thorax jedoch wenige Differenzierungsmöglichkeiten und ist relativ konstant, wenn auch die Abstände der Borsten untereinander graduell verschieden sind und bei *Orthellia*-Arten z.B. die Anzahl der stpl-Borsten auf einem Tier variieren kann.

Das Prosternum erscheint mir von großer phylogenetischer Bedeutung sowie auch als wichtiges Bestimmungsmerkmal. Vom Grundbauplan der Muscidae her ist das Prosternum schmal und behaart. Die Monophylogenie der Gattung *Weyerellia* läßt sich auf Grund des breiten Prosternums aller bekannten Arten dieser Gattung begründen. Weiterhin wird die Behaarung dieses Körperteiles zur Bestimmung von *Morellia*-Arten herangezogen.

Behaarte Propleuren finden sich nur in der Gattung *Musca* beim *Musca*-

domestica-Komplex. Dieses Merkmal ist bereits nach HENNIG (1964) apomorph. Die Beborstung der hinteren Hälfte des Suprasquamal-Steges ist für die Unterscheidung der Gattungen *Orthellia* und *Curranosia* von *Pyrellia* sowie für die Bestimmung der *Musca*-Arten wichtig. Es handelt sich hierbei anscheinend um ein apomorphes Merkmal. In der Gattung *Musca* besitzen nur vivipare Arten einen beborsteten Suprasquamal-Steg und nach mündlicher Mitteilung von Dr. H. E. PATERSON soll *Curranosia gemma* (BIGOT) (?) ebenfalls lebendgebärend sein, über die anderen *Curranosia*-Arten liegen bisher leider keine Angaben vor. Die Färbung des vorderen Spirakulums ist kein phylogenetisches Merkmal, wird aber zur

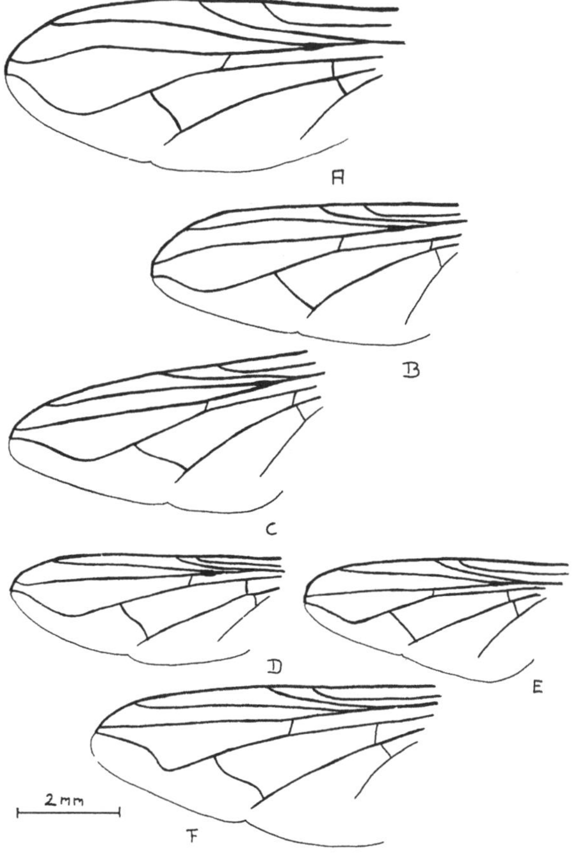

Abb. 6. Flügeladernverlauf in der apikalen Hälfte der Flügel von:
A *Pyrellina weyeri* n.sp., B *Pyrellina garmsi* n.sp., C *Morellia cerciformis* ZIELKE, D *Curranosia pilarara spekei* (JAENN.), E *Musca afra* PATERSON, F *Musca gabonensis* MACQ.

Differenzierung der Arten herangezogen. Dieses gilt besonders für Arten der Gattungen *Pyrellia*, *Curranosia* und *Musca*.

Die Beinbeborstung wird häufig in den Gattungen *Pyrellina*, *Pyrellia*, *Morellia*, *Weyerellia* und *Musca* als Artunterscheidungsmerkmal benutzt, während sie bei den Gattungen *Orthellia* und *Curranosia* keine sichere Differenzierungsmöglichkeit bietet. Dafür spielt aber bei *Orthellia* die Beinfärbung eine wichtige Rolle. Als konstante Merkmale können das Vorkommen von p-Borsten auf T_1 sowie von av- und ad-Borsten auf T_2 gewertet werden.

Die Größe des Thorakalschüppchens wird zur Unterscheidung der Gattung *Pyrellina* von den übrigen Muscinae-Gattungen verwandt. Vom Grundbauplan her ist das Schüppchen klein und die großen Thorakalschüppchen der Muscinae sind abgeleitete Formen, die sich mehrfach unabhängig voneinander entwickelt haben. Für die Artdiagnose ist die Färbung des Schüppchens von Bedeutung, wenn hier auch mitunter eine gewisse Variabilität zu finden ist, z.B. bei *Musca lusoria lusoria* WIEDEMANN.

Für die Arten der Gattungen *Orthellia*, *Musca* und *Weyerellia* ist der Verlauf der Flügeladern ein gut zu gebrauchendes Unterscheidungsmerkmal. Als abgeleitetes Merkmal wird allgemein die Krümmung des Endabschnittes der Media zum r_{4+5} hin angesehen. Aber dieses Merkmal tritt – ähnlich wie die vergrößerte Thorakalschuppe – in graduellen Abstufungen bei verschiedenen Verwandtschaftsgruppen auf und läßt sich kaum zu Aussagen auf phylogenetischem Gebiet heranziehen. Die Färbung der Flügeladern sowie ihre Beborstung können ebenfalls der Artdiagnose dienen, wobei aber au beachten ist, daß gerade die Flügeladern-Beborstung bei einigen *Orthellia*- und *Musca*-Arten stark variieren kann.

Die Besetzung der Flügelmembran mit mikroskopisch kleinen Borsten wurde bisher nur bei der Bestimmung der *Orthellia*-Arten berücksichtigt. Dieses sehr konstante Unterscheidungsmerkmal ist aber auch bei den Gattungen *Pyrellina*, *Pyrellia*, *Weyerellia*, *Musca* und *Morellia* sehr gut zu gebrauchen. Für die *Musca*-Arten ist die Färbung der Basicostal-Schuppe ein wichtiges Merkmal für die Artbestimmung.

Die Färbung des Abdomens zeigt eine ziemliche Variabilität, wird aber in allen Muscinae-Gattungen bei der Artbestimmung berücksichtigt. Bedeutend zuverlässiger erscheint dagegen die Bestäubung der Tergite.

Das Hypopygium und die Legeröhre bieten relativ wenige eindeutige Unterscheidungsmerkmale, anhand derer man die Arten bestimmen kann. Andererseits ist das Hypopygium sehr gut für den Vergleich von 2 oder mehreren Arten brauchbar, außerdem kann es zu phylogenetischen Aussagen herangezogen werden. Wie weit es vom Grundbauplan abgeleitet ist, wird bereits bei HENNIG (1965) dargestellt. So ist z.B. bei den Muscinae als apomorphes Merkmal der distale Abschnitt des Aedeagus zu einem strukturlosen, membranösen Schlauch reduziert worden.

Zusammenfassend läßt sich feststellen, daß der Kopf und der Thorax mit den Extremitäten zahlreiche, taxonomisch wertvolle Merkmale bieten, von denen einige auch zu phylogenetischen Aussagen herangezogen werden können. Das Abdomen dagegen ist an peripheren Gestaltsmerkmalen arm und spielt bei der Bestimmung der Arten sowie in phylogenetischer Hinsicht keine große Rolle, wenn man von den männlichen Genitalen absieht.

DIE DARSTELLUNG DER ÄTHIOPISCHEN MUSCINAE BEI ÄLTEREN AUTOREN IM VERGLEICH ZUM JETZIGEN SYSTEMATISCHEN STAND

VAN EMDEN (1939) nannte 13 äthiopische Muscinae-Gattungen. HENNIG (1952, 1963, 1965) und PATERSON (1959) revidierten diese Aufstellung und es verbleiben jetzt die in der äthiopischen Region vertretenen Gattungen *Pyrellina* MALLOCH, *Morellia* ROBINEAU-DESVOIDY, *Pyrellia* ROBINEAU-DESVOIDY, *Orthellia* ROBINEAU-DESVOIDY, *Curranosia* PATERSON, *Musca* LINNAEUS und *Weyerellia* n.gen. in der Unterfamilie der Muscinae, die HENNIGS (1965) Muscini entspricht. Aber auch innerhalb dieser Gattungen fanden sich zahlreiche Unstimmigkeiten und Synonyme.

Ältere Autoren (z.B. SÉGUY 1937, ENDERLEIN 1934, TOWNSEND 1918, VILLENEUVE 1913) haben immer wieder versucht, die artenreiche Gattung *Orthellia* in kleinere Gattungen zu unterteilen. Eine weitere Schwierigkeit war, daß für lange Zeit *Pyrellia* nicht eindeutig von *Orthellia* getrennt werden konnte. MALLOCH (1923) unterschied dann zum ersten Mal die beiden Gattungen nach dem beborsteten Suprasquamal-Steg. Weiterhin trennte er von diesen beiden metallisch glänzend gefärbten Gattungen die neue Gattung *Pyrellina* auf Grund der beborsteten Ader r_1 ab. KARL (1935) betrachtete die beborstete Infra-Alar-Erhebung als typisches Gattungsmerkmal für *Orthellia*, während CURRAN (1935) auf 2 *Orthellia*-Arten hinwies, die an dieser Stelle keine Borsten tragen. PATERSON (1957) unterschied auf Grund seiner Studien der Phallosome die neue Gattung *Curranosia* von *Orthellia*. *Curranosia* zeichnet sich durch einen beborsteten Suprasquamal-Steg, eine nackte Infra-Alar-Erhebung und eine nackte apikale Aedeagus-Hälfte aus, die bei *Orthellia* mit stark chitinisierten Anhängen versehen ist. Ähnlich wie SNYDER (1951) die Gattung *Orthellia* revidierte, bearbeitete PERIS (1961) die Gattung *Morellia* und stellte hier die metallisch glänzenden Arten in der *Morellia-pyrellioides*-Gruppe zusammen. Erstmals machte er auf das breite Prosternum bei diesen Arten aufmerksam.

Die Gattung *Musca* wurde von MALLOCH auf Grund von peripheren

Gestaltsmerkmalen in 5 Gattungen aufgeteilt. PATTON (1932, 1933a, 1933b, 1936) legte das Hauptgewicht seiner Untersuchungen auf die Hypopygien und unterschied drei Gruppen innerhalb der Gattung, die *lusoria*-Gruppe, die *sorbens*-Gruppe und die *domestica*-Gruppe. TOWNSEND (1937) ersetzte dann jedoch die Gattung *Musca* durch 10 Gattungen. VAN EMDEN brachte 1939 eine Bestimmungstabelle für die bekannten *Musca*-Arten der äthiopischen Region und unterteilte die Gattung *Musca* wieder in drei Gruppen, orientierte sich aber nach HO (1938), der die Gattung *Musca* in die drei Gattungen *Eumusca, Viviparomusca* und *Musca* aufspaltete. In der gleichen Arbeit schlug VAN EMDEN (1939) vor, die Gattung *Orthellia* ebenfalls in drei Gruppen zu unterteilen, ohne die Hypopygien untersucht zu haben. Von allen genannten Autoren haben nur PATTON (1932, 1933, 1936) und PATERSON (1957) den Hypopygien bzw. den Phallosomen besondere Beachtung geschenkt.

PERIS (1967) versuchte, die Muscinae der äthiopischen Region in Bestimmungstabellen zu erfassen und einzuteilen. Hierbei richtete er sich offensichtlich nach Literaturangaben, ohne die Arten selbst genau untersucht zu haben. Die Gattung *Musca* unterteilte er entgegen allen neueren Ergebnissen, die auf Studien der männlichen wie der weiblichen Genitalien beruhen (PATTON 1932, HO 1938), in 7 Untergattungen und *Orthellia* in 3. Von *Morellia* revidierte er lediglich die *pyrellioides*-Gruppe und für die Gattung *Pyrellina* brachte er eine Bestimmungstabelle, mit deren Hilfe nur die beiden Arten *Pyrellina distincta* (WALKER) und *Pyrellina minuta* PERIS voneinander zu trennen sind. Für eine Bestimmung der übrigen Arten dieser Gattung wird auf VAN EMDENS (1942) Tabelle verwiesen. Schließlich gab er einen Bestimmungsschlüssel für 6 Arten der Gattung *Pyrellia*, ebenfalls zum großen Teil auf Literaturangaben basierend.

Von den 132 bisher bekannten Muscinae-Arten der äthiopischen Region habe ich Exemplare von 126 Arten selbst gesehen. Von etwa 80% konnte ich die Hypopygien untersuchen und zum größten Teil auch zeichnen. Auf Grund der Ausbildung der Hypopygien, kombiniert mit den äußeren Merkmalen bin ich zu folgender Aufteilung der Muscinae gekommen:

Die Gattung *Musca* wird wegen einer Sinnesgrube im 3. Antennenglied als monophyletische Gruppe betrachtet und unterteilt sich nach der Form der Phallosome und Cerci in zwei große Gruppen: die *lusoria*-Gruppe, die PATTONS (1932) *lusoria*-Gruppe und HOS (1938) *Viviparomusca* und *Eumusca* zusammen entspricht, und die *sorbens*-Gruppe, die PATTONS (1932) *sorbens*- und *domestica*-Gruppe zusammen bzw. HOS (1938) *Musca* umfaßt. *Musca domestica* mit ihren verschiedenen Formen ist meines Erachtens als eine Art aufzufassen und der *sorbens*-Gruppe zu unterstellen, da ich die beborstete Propleuren ebenfalls wie HENNIG (1964) als abgeleitetes Merkmal betrachte.

Dieses reicht jedoch nicht aus, eine einzelne Art als Gruppe zu betrachten. Sonst könnte *Musca lusoria* auf Grund der typisch gestalteten Cerci (Abb. 14 D), die sich eindeutig von den Cerci der anderen Arten abheben, ebenfalls zu einer eigenen Gruppe erhoben werden. Eine Aufspaltung der monophyletischen Gruppe und Gattung *Musca* ist aber weder phylogenetisch gerechtfertigt, da dadurch die Einheit verschleiert würde, noch ist sie von praktischem Wert, da die Aufteilung in zahlreiche Splittergruppen große Unübersichtlichkeit zur Folge hätte.

PATERSONS (1957) Abspaltung der Gattung *Curranosia* von *Orthellia* ist nicht nur auf Grund der Pahallosome und der nackten Intra-Alar-Erhebung, sondern auch durch die Form der Cerci berechtigt, die bei *Curranosia* entweder einen Vorsprung (Abb. 16 C, 23 F) oder eine Membran (Abb. 16 A, B) zeigen. Diese Ausbildungen der Cerci finden sich bei *Orthellia* nicht, wie sich den Abbildungen (Abb. 17, 18, 19, 20, 23 C) entnehmen läßt.

Die Gattung *Orthellia* ist wie die Gattung *Musca* eine monophyletische Gruppe, da die Männchen der *Orthellia*-Arten alle im apikalen Bereich des Aedeagus stark chitinisierte, dornenähnliche Anhänge aufweisen. Innerhalb der Gattung sind 2 Gruppen äußerlich wie auch hinsichtlich der Ausbildung der Cerci und Paralobi deutlich zu unterscheiden. Die eine Gruppe entspricht der Gattung *Lasiopyrellia* VILLENEUVE, die bei PERIS (1967) als Untergattung und bei VAN EMDEN (1939) als „Section II" betrachtet wird und sich durch ein vorspringendes Epistom (Abb. 22 A-D) und lange Cerci und Paralobi (Abb. 17 A-E) auszeichnet. Die zweite Gruppe – *Orthellia*-Gruppe – umfaßt alle übrigen *Orthellia*-Arten. Eine Unterteilung dieser Gruppe allein anhand des äthiopischen Materials halte ich nicht für gerechtfertigt, da die Ausbildung der Cerci und Paralobi und die äußeren Unterscheidungsmerkmale wie z.B. die punktförmige Oberflächenstruktur nicht immer deutlich übereinstimmen, wie das bei der *Lasiopyrellia*-Gruppe der Fall ist.

VAN EMDEN (1939) wollte die *Orthellia*-Gruppe auf Grund der punktförmigen Oberflächenstruktur unterteilen. *Orthellia semipunctata* SNYDER zeigt aber zum Beispiel nur eine sehr schwach entwickelte punktförmige Oberflächenstruktur und kann als verbindendes Glied zwischen den Arten mit einer solchen gezeichneten Kutikula und den Arten mit einer normalen Oberfläche gesehen werden. Auch lassen sich die Cerci dieser Art (Abb. 18 G) nicht eindeutig einem Artkomplex zuordnen.

Bei den Gattungen *Pyrellia* und *Morellia* herrschte besondere Verwirrung. Durch die neue Gattung *Weyerellia* lassen sich jetzt aber die Arten dieser drei Einheiten sehr gut voneinander trennen. Die Männchen der Gattung *Pyrellia* weisen alle eine für diese Gattung typische Form der Cerci auf. HENNIG (1965) schrieb: „Es ist bisher nicht möglich, apomorphe Grundplanmerkmale anzugeben, mit deren Hilfe *Pyrellia* als monophyletische Gruppe begründet werden könnte. Viele der früher in der Gattung beschriebenen Arten aus den altweltlichen Tropen gehören zu *Orthellia* oder auch zu anderen Gattungen." Betrachtet man jedoch die jetzt neu abgegrenzte Gattung *Pyrellia*, so könnten u.U. die sehr breiten Cerci mit dem kleinen mittleren Vorsprung (Abb. 8 A-D, 23 A, B) als apomorphe Merkmale gelten und die Monophylogenie dieser Gattung begründen.

Ein nicht ganz so einheitliches Bild wie *Pyrellia* bietet die Gattung *Morellia* (Abb. 10 A-N). In der Gattung läßt sich die *hortensia*-Gruppe (Abb. 10 A-C) eindeutig von den übrigen Arten (Abb. 10 D-N) abtrennen, so daß wir hier 2 Gruppen haben, die sich äußerlich durch kräftige prst dc Borsten und ein behaartes Prosternum und zugespitzte Cerci (*hortensia*-Gruppe) unterscheiden.

Die neue Gattung *Weyerellia* ist äußerlich durch das breite Prosternum gekennzeichnet, läßt aber auch bei den 3 bekannten Cerci ein einheitliches Bild erkennen. Auch diesen Arten möchte ich auf Grund des breiten Prosternums den Wert einer monophyletischen Gruppe zusprechen.

VERBREITUNG UND BIOLOGIE

VAN EMDEN (1939) schreibt über die Muscinae der äthiopischen Region: „The distribution of many of the species is not known well enough to allow zoogeographical speculation." Seit dieser Zeit sind außer von ZIELKE (1970) keine umfassenderen Arbeiten über die Verbreitung dieser Unterfamilie erschienen, deshalb gilt diese Aussage noch heute nach rund 30 Jahren.

Bei den einzelnen Arten werden jeweils die Länder der bekannten Fundorte genannt. Diese Angaben entstammen dem Museumsmaterial, der Literatur und eigenen Fängen. Da viele Gebiete Afrikas nur unzureichend oder gar nicht hinsichtlich ihrer Dipteren-Fauna untersucht worden sind, ist es nicht möglich bzw. sinnvoll, eine Verbreitungskarte für die einzelnen Arten anzufertigen. HENNIG (1955) konnte Unterschiede in der Verbreitung einiger Arten bzw. Artengruppen in der paläarktischen Region feststellen. Hinsichtlich der Muscinae der äthiopischen Region konnte ich solche eindeutigen Beobachtungen nicht machen, wenn ich auch den Eindruck habe, daß die Gattung *Orthellia* mit den meisten Arten in Westafrika vertreten ist. *Musca*-Arten sind dagegen überall mehr oder weniger häufig, obwohl viele Arten aus Südafrika beschrieben wurden. Der Grund hierfür mag aber in der frühen, recht intensiven Erforschung der südafrikanischen Fauna zu suchen sein, da gerade in den letzten Jahren auch mehrere *Musca*-Arten vom mittleren Afrika beschrieben wurden (VAN EMDEN 1939, SNYDER 1951, PATERSON 1951, ZIELKE 1971). So sind weitere Beschreibungen neuer Arten aus diesem Gebiet zu erwarten, sobald dieses mehr erschlossen wird.

Soweit bekannt, wird auch auf die Biologie der einzelnen Arten eingegangen. Von vielen Arten weiß man hierüber aber auch nur sehr wenig oder gar nichts. Eier und Larvenformen sind ebenfalls nur von den wenigsten Arten bekannt. Allgemein läßt sich wohl sagen, daß die Larven der Muscinae koprophag oder saprophag sind. HENNIG (1955) glaubt, daß die Koprophagie die ursprünglichere Eigentümlichkeit ist, da gerade Larven vieler primitiver Formen der Muscidae im Kuhdung gefunden wurden. Die Saprophagie hatte sich dann sekundär entwickelt. Daher kann ebenfalls als ursprüngliche Eigenschaft der Muscinae gelten, daß sie stark an Säugetiere gebunden sind. So sind sogar vereinzelte Fälle von Wund- und Rektalmyasis (ZUMPT 1962, 1965, 1966; ONORATO 1922; PORTER 1924 (zit. nach HENNIG 1964)) bekannt geworden, bei denen Maden der Gattung *Musca* als fakultative Parasiten auftraten.

Die Imagines sind gewöhnlich, wenn man von der Stubenfliege *Musca domestica domestica* LINNAEUS absieht, im freien Feld zu finden. Hier ist festzustellen, daß sich die Arten in 2 Hauptgruppen aufteilen. Einige sind fast immer in der Nähe von Wild oder Vieh anzutreffen, während die anderen nur gefangen werden, wenn mit der bereits beschriebenen Methode das Gras abgestreift wird. Das Fangen der Muscinae ist hierbei auch gewöhnlich nur in feuchten oder schattigen Bereichen möglich. In trockenen Grassteppen ist die Muscinae-Fauna nur sehr spärlich vertreten.

Im Gegensatz zu den Callophorinae (ZUMPT 1956a) wird man die Muscinae nur sehr selten an blühenden Pflanzen finden. Ebenso lassen sie sich kaum mit faulendem Fleisch ködern, sondern ziehen anscheinend Faeces vor. Das gilt besonders für Arten der Gattung *Orthellia*, die häufig auf menschlicher Faeces gefangen wurden. Einige Muscinae-Arten belästigen Wild, Vieh oder Menschen, um Schweiß, Blut oder Eiter aus vorhandenen Wunden zu saugen. Solche Tiere folgen ihrem Wirt mitunter für lange Zeit, auch in für sie ungünstige Biotope. *Musca crassirostris* STEIN ist sogar in der Lage, selbst die Haut zu verletzen um Blut zu lecken.

Mehrfach konnte ich beobachten, daß an frisch abgehäuteten und entweideten Tieren die Vertreter der Muscinae sich vorwiegend auf den Rückenpartien aufhielten, um hier Lymphflüssigkeit aufzusaugen, während die Calliphoridae in der mit Blutresten gefüllten Bauchhöhle zu finden waren. Eine ähnliche Verteilung konnte auf den ausgenommenen Eingeweiden festgestellt werden, d.h, hier saßen die Muscinae auf dem ausgetretenen Darminhalt, die Calliphoridae auf den blutigen Fleischpartien oder Organen wie z.B. der Leber.

B. DIE MUSCINAE — DIE BEKANNTEN ARTEN

TABELLE DER GATTUNGEN

1. Thorakalschüppchen klein und abstehend, Körperfarbe metallisch glänzend. Stets 1 + 3 stpl .... *Pyrellina* MALLOCH
– Thorakalschüppchen auffallend vergrößert und dem Körper anliegend, Körperfarbe dunkel oder metallisch glänzend 2
2. Suprasquamal-Steg ohne borstenähnliche Haare in der hinteren Hälfte; falls diese doch vorhanden, dann der Körper nicht metallisch glänzend 4
– Suprasquamal-Steg in der hinteren Hälfte mit kräftigen borstenähnlichen Haaren, Körper immer metallisch glänzend 3
3. Infra-Alar-Erhebung mit feinen, meist dunklen Borsten; apikale Hälfte des Aedeagus mit stark chitinisierten dornenähnlichen Anhängen ..... *Orthellia* ROBINEAU-DESVOIDY
– Infra-Alar-Erhebung ohne Borsten; apikale Hälfte des Aedeagus nackt *Curranosia* PATERSON
4. Media knickartig nach vorne gebogen; Thorax dunkel, falls metallisch glänzend, dann die Körpergröße nicht 4 mm überschreitend .... *Musca* LINNAEUS
– Media in voll ausgerundeter Kurve nach vorn verlaufend. Thorax dunkel oder metallisch glänzend 5
5. Prosternum sehr breit, fast an die Propleuren anschließend. Körperfarbe metallisch glänzend. Stets 1 + 2 stpl .... *Weyerellia* n.gen.
– Prosternum schmal und länglich. Thorax dunkel oder metallisch glänzend 6
6. Körperfarbe metallisch glänzend; mittlere Tibia stets mit auffallender v-Borste in der apikalen Hälfte. Stets 1 + 3 stpl .... *Pyrellia* ROBINEAU-DESVOIDY
– Thoraxfarbe dunkel, nie metallisch glänzend; mittlere Tibia ohne v-Borste. Meist nur 1 + 2 stpl .... *Morellia* ROBINEAU-DESVOIDY

LISTE DER BEKANNTEN ARTEN

Wie älteren Autoren, die die Muscinae der äthiopischen Region bearbeitet haben, lagen auch mir von einigen Arten nur wenige Exemplare oder sogar nur Einzelstücke vor. Leider konnten daher nicht von allen Arten Genitalpräparate angefertigt werden. Deshalb habe ich mich vorwiegend nach Merkmalen der peripheren Gestalt richten müssen, so daß die aufgeführten Arten nur als nominelle Arten betrachtet werden können.

Aus der äthiopischen Region sind bisher 132 nominelle Arten und Unterarten bekannt geworden. Bis auf die mit einem (+) versehenen Species konnte ich von allen übrigen Arten Exemplare selbst untersuchen und beschreiben.

Gattung *Pyrellina* MALLOCH: *P. abdominalis* n.sp., *P. bicolor* (STEIN), *P. chrysotelus* (WALKER), *P. congensis* n.sp., *P. distincta* (WALKER), *P. garmsi* n.sp., *P. inventrix* (WALKER), *P. minuta* PERIS (+), *P. rhodesi* MALLOCH, *P. ruficauda* MALLOCH, *P. versatilis* (VILLENEUVE), *P. weyeri* n.sp.

Gattung *Pyrellia* ROBINEAU-DESVOIDY: *P. albocuprea* VILLENEUVE, *P. difficilis* n.sp., *P. ignata* ROBINEAU-DESVOIDY, *P. kuhlowi* n.sp., *P. natalensis* PATERSON, *P. neuhausi* n.sp., *P. schumanni* n.sp., *P. scintillans* BIGOT, *P. spinthera* BIGOT, *P. stuckenbergi* PATERSON, *P. wittei* n.sp.

Gattung *Weyerellia* n.gen.: *W. camerunensis* (ENDERLEIN), *W. mouschi* n.sp., *W. palpalis* n.sp., *W. ponti* n.sp., *W. purpureoalba* (VILLENEUVE), *W. pyrellioides* (CURRAN), *W. smaragdina* (SÉGUY), *W. weidneri* n.sp.

Gattung *Morellia* ROBINEAU-DESVOIDY: *M. abdominalis* STEIN, *M. calyptrata* STEIN, *M. cerciformis* ZIELKE, *M. curvitibia* STEIN, *M. edwardsi* VAN EMDEN, *M. nilotica* (LOEW), *M. hortensia* (WIEDEMANN), *M. longiseta* VAN EMDEN, *M. natalensis* PATERSON, *M. paradoxa* VILLENEUVE, *M. podagrica* (LOEW), *M. prolectata* (WALKER), *M. setosa* n.sp., *M. simplex* (LOEW), *M. spinuligera* STEIN (+), *M. tibialis* n.sp.

Gattung *Musca* LINNAEUS: *M. afra* PATERSON, *M. albina albina* WIEDEMANN, *M. albina polita* MALLOCH (+), *M. alpesa* WALKER, *M. autumnalis autumnalis* DE GEER, *M. autumnalis pseudocorvinae* VAN EMDEN (+), *M. autumnalis ugandae* VAN EMDEN, *M. conducens* WALKER, *M. crassirostris* STEIN, *M. domestica calleva* WALKER, *M. domestica curviforceps* SACCHA & RIVOSECCHI, *M. domestica domestica* LINNAEUS, *M. domestica nebulo* FABRICIUS, *M. elatior* VILLENEUVE, *M. fasciata* STEIN, *M. freedmani* PATERSON, *M. gabonensis* MACQUART, *M. interrupta dasyops* STEIN, *M. interrupta interrupta* WALKER, *M. lasiopa* VILLENEUVE, *M. lasiophthalma* THOMSON, *M. liberia* SNYDER, *M. lindneri* PATERSON, *M. longipes* PATERSON, *M. lucidula* LOEW, *M. lusoria lusoria* WIEDEMANN,

M. lusoria kihuris n.ssp., *M. munroi* PATTON, *M. natalensis* VILLENEUVE, *M. patersoni* n.sp., *M. sorbens alba* MALLOCH, M. *sorbens sorbens* WIEDEMANN, *M. setulosa* ZIELKE, *M. spangleri* ZIELKE, *M. splendida* PATERSON, *M. stuckenbergi* n.sp., *M. tempestatum* BEZZI, *M. tempestiva* FALLEN, *M. transvaalensis* n.sp., *M. ventrosa* WIEDEMANN, *M. vitripennis* MEIGEN, *M. xanthomelas* WIEDEMANN.

Gattung *Curranosia* PATERSON: *C. cerciformis* n.sp., *C. gemma* (BIGOT), *C. pilarara spekei* (JAENNICKE), *C. pilarara pilarara* (SNYDER), *C. pilarara vansomeri* (SNYDER)(†), *C. prima* (CURRAN).

Gattung *Orthellia* ROBINEAU-DESVOIDY: *O. albigena* (STEIN), *O. analis* CURRAN, *O. annia* n.sp., *O. aurantiaca* (VILLENEUVE), *O. aureopyga* MALLOCH, *O. bequaerti* (VILLENEUVE), *O. bimaculata* (STEIN), *O. boersiana* (BIGOT), *O. chrysopyga* VAN EMDEN, *O. cyanea* (FABRICIUS), *O. distinctipennis* SNYDER, *O. dubia* MALLOCH, *O. gorii* PERIS (+), *O. gracilis* (ENDERLEIN), *O. hirticeps* (STEIN), *O. inflata* (TOWNSEND), *O. intacta* CURRAN, *O. laxifrons* (VILLENEUVE), *O. limbata* (VILLENEUVE), *O. macrops* CURRAN, *O. macroviola* SNYDER, *O. maculisquama* (VILLENEUVE), *O. marginipennis* (STEIN), *O. nudissima* (LOEW), *O. orbitalis* (STEIN), *O. pura* CURRAN, *O. racilia* (WALKER), *O. rhingiaeformis* (VILLENEUVE), *O. rubrifacies* MALLOCH, *O. scatophaga* MALLOCH, *O. semipunctata* SNYDER, *O. sororella* VILLENEUVE, *O. thoracica* n.sp., *O. trimaculata* SNYDER, *O. viola* (BIGOT), *O. viridifrons* (MACQUART), *O. zumpti* n.sp.

GATTUNG PYRELLINA MALLOCH (1923)

MALLOCH (1923) p. 525, (1925) p. 366; CURRAN (1935) p. 3; VAN EMDEN (1942) p. 736; PERIS (1967) p. 40.

Diese Gattung wurde nicht wie PERIS (1967) angibt 1929 sondern 1923 von MALLOCH beschrieben. Als Generotypus wurde von MALLOCH (1923) *Lucilia inventrix* WALKER festgelegt. Als weitere Arten dieser Gattung nennt MALLOCH (1923) *Pyrellina versatilis* (VILLENEUVE), *Pyrellina unicolor* MALLOCH und *Pyrellina ruficauda* MALLOCH. Er betrachtete das Genus als nahe verwandt mit *Dasyphora* ROBINEAU-DESVOIDY, einer nicht in der äthiopischen Region vertretenen Gattung. Da *Pyrellina* fast alle Merkmale der Muscinae aufweist, aber relativ kleine und an der Spitze abgerundete Thorakalschüppchen besitzt, blieb die Einordnung dieser Gattung längere Zeit unsicher. MALLOCH (1925) beließ sie bei den „muscarinae“, VAN EMDEN (1939) stellte sie an das Ende der Phaoniinae als verbindendes Glied zu den Muscinae, und 1942 brachte er sie als Glied der *Dichaetomyia*-Gruppe (Phaoniinae). HENNIG (1952, 1965) zählt sie auf Grund larvaler Merkmale und der Eistruktur (CUTHBERTSON 1938) zu den Muscinae und deutet die Möglichkeit an, daß es sich bei den kleineren Thorakalschüppchen um sekundäre Rückbildung handeln könnte, da sonst alle Merkmale mit denen der Muscinae übereinstimmen. PATERSON (1959) und PERIS (1967) rechnen sie ebenfalls zu den Muscinae.

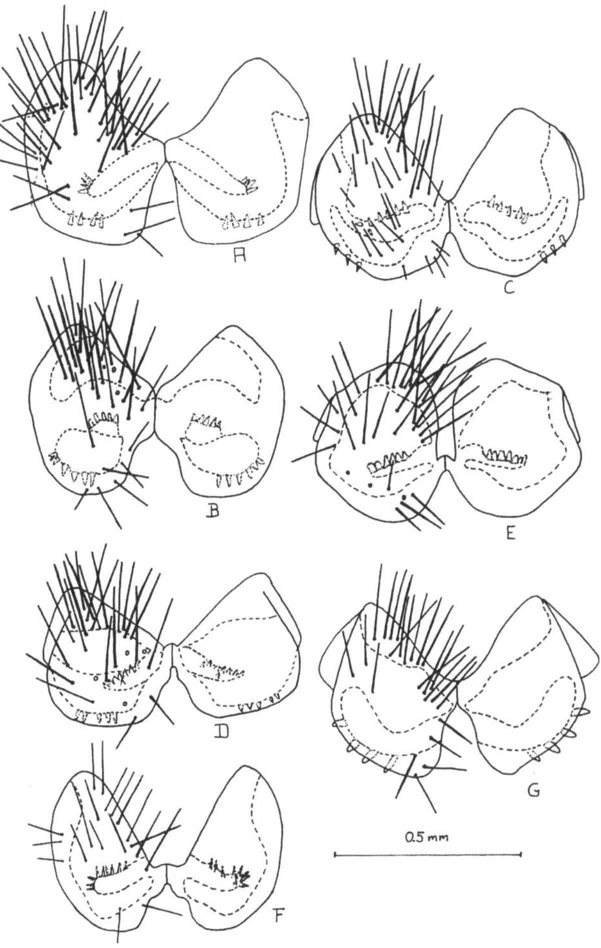

Abb. 7. Dorsalansicht der Cerci von *Pyrellina*:
A *P. ruficauda* MALL., B *P. inventrix* (WALK.), C *P. chrysotelus* (WALK.), D *P. distincta* (WALK.), E *P. versatilis* (VILL.), F *P. rhodesi* MALL., G *P. garmsi* n.sp.

Auch ich behandele sie auf Grund der erwähnten Merkmale als Angehörige der Muscinae, denn das Thorakalschüppchen ist zwar im Vergleich zu den übrigen Muscinae-Gattungen kleiner, für viele Phaoniinae-Gattungen aber recht groß. Ich glaube aber kaum, daß HENNIGS (1965) Frage, ob die Verschmälerung des Schüppchens mit der Lebensweise der Larven in faulenden pflanzlichen Stoffen zusammenhängt, zu einer Antwort führt. Zahlreiche Calliphoridae entwickeln sich ebenfalls in ähnlichen Brutbiotopen und besitzen trotzdem große Thorakalschüppchen, ähnliches gilt für einige Stomoxyinae-Arten.

Da seit MALLOCHS (1923) Gattungsbechreibung mehrere neue Arten gefunden wurden, wird das Genus hier nochmals gekennzeichnet:
Körperfarbe stets metallisch glänzend, Thorakalschüppchen kleiner als gewöhnlich bei den Muscinae und mit einer abgerundeten Spitze, T_1 ohne p-Borsten, Thorax stets mit 1 + 3 stpl und 0 + 1 acr, Kopfborsten gewöhnlich alle vorhanden und relativ kräftig entwickelt, Media immer in einer ausgerundeten Kurve nach vorn verlaufend (Abb. 6 A, B). Die Cerci der Männchen rundlich, ventral mit einigen Dornen (Abb. 7 A-G); apikaler Teil des Aedeagus stets nackt.

Über die Biologie dieser Gattung läßt sich nichts Allgemeines sagen, da nur sehr wenige Angaben vorliegen, die bei den einzelnen Arten erwähnt werden. Larven von *Pyrellina* sind nach HENNIG (1965) in faulenden Früchten von *Conopharynga* sp. gefunden worden.

Bestimmungstabelle für die Arten der Gattung Pyrellina

Seit VAN EMDENS (1942) Bestimmungstabelle für die *Pyrellina*-Arten ist keine neue erschienen. PERIS (1967) verweist auf die Tabellen der älteren Autoren und grenzt nur seine neu beschriebene Art *Pyrellina minuta* gegen *Pyrellina distincta* (WALKER) ab. Im folgenden Bestimmungsschlüssel wird versucht, alle bekannten *Pyrellina*-Arten zu erfassen und nach leicht erkennbaren Merkmalen zu unterscheiden.

1. r_1 dorsal mit einer Reihe von Borsten besetzt 5
   r_1 dorsal höchstens mit 5 Borsten oder nackt 2
2. Augen dicht und lang behaart. Thorax und Abdomen blau, die apikale Hälfte des letzten Tergiten orangegelb .... *P. chrysotelus* (WALKER)
– Augen nackt 3
3. Flügel mit dunkelbraunem Vorderrand, das untere Thorakalschüppchen apikal dunkelbraun bis schwarz. Thorax und Abdomen blauviolett, das letzte Tergit apikal orangegelb .... *P. congensis* n.sp.
– Flügel ohne dunklen Vorderrand, das Thorakalschüppchen heller ... 4

4. Die prst-dc-Borsten und die vorderen post-dc fehlen, das Abdomen gelb, die Flügelmembran im basalen Bereich der Diskalzelle nackt ... *P. bicolor* (STEIN)
- Alle dc Borsten vorhanden, das Abdomen blaugrün wie der Thorax und die Flügelmembran einheitlich mit feinen Borsten bedeckt ..... *P. garmsi* n.sp.
5. Das Scutellum und z.T. die Thoraxseiten bräunlich 6
- Das Scutellum und Thoraxseiten metallisch glänzend blau, grün oder violett wie der übrige Thorax 7
6. T_3 mit einer pd-Borste im basalen Drittel, das Abdomen metallisch blaugrün .... *P. versatilis* (VILLENEUVE)
- T_3 ohne solche pd-Borste, das Abdomen blauviolett mit gelblichen basalen Tergiten ....*P. rhodesi* MALLOCH
7. Das Abdomen ganz gelb oder mit gelber oder gelboranger Zeichnung 8
- Das Abdomen einheitlich blau oder blaugrün gefärbt 11
8. Das Abdomen einheitlich gelb ohne blaue Zeichnung. Bräunliche Färbung wird durch Verwesungsvorgänge hervorgerufen 9
- Das Abdomen mit blauer Zeichnung oder überwiegend blau gefärbt 10
9. Beine dunkelbraun bis schwarz .... *P. inventrix* (WALKER)
- Zumindest die Femora auffallend gelb .... *P. weyeri* n.sp.
10. Das Abdomen überwiegend blauviolett, die apikale Hälfte des letzten Tergiten orangegelb .... *P. ruficauda* MALLOCH
- Das Abdomen überwiegend gelb, dorsal Tergit III fast ganz und Tergit II nur apikal violett gefärbt, Tergit IV mit einem schmalen violetten Längsstreifen .... *P. abdominalis* n.sp...
11. Der Thorax mit dorsaler weißer Zeichnung und T_3 mit mehr als 1 av-Borste. Körperlänge zwischen 7 und 9 mm.................. *P. distincta* (WALKER)
- Der Thorax ohne dorsale weiße Zeichnung, T_3 nur mit 1 av-Borste. Körpergröße etwa 5 mm .... *P. minuta* PERIS...

Pyrellina chrysotelus (WALKER) (Abb. 7 C)

Musca chrysotelus WALKER (1856) p. 346
Pyrellia chrysotelus SÉGUY (1937)
Pyrellina chrysotelus VAN EMDEN (1939) p. 65; PATERSON (1960) p. 400; PERIS (1967) p. 42, PONT (1969) p. 4

Synonym: *Pyrellia anorufa* VILLENEUVE (1916) p. 147; MALLOCH (1923) p. 516.

Diese Art unterscheidet sich von allen bisher bekannten *Pyrellina*-Arten durch ihre behaarten Augen. Sie ist bisher nur aus verschiedenen Orten Südafrikas und Rhodesiens bekannt, und es scheint sich um eine Art zu handeln, die waldige Gegenden bevorzugt.

♂♂: Gesicht schwarz mit einem schwachen Grauschimmer in der unteren Hälfte, Rüssel, Palpen und Antennen dunkel; Stirn an der engsten Stelle etwa doppelt so breit wie der vordere Ocellus; rund 12 Paar relativ lange Parafrontalborsten, 1 Paar kräftige nach vorne gerichtete Ocellarborsten, 1 Paar Vertikalborsten, 2 Paar Orbitalborsten, von denen das vordere nach vorne, das hintere nach hinten gerichtet ist; Augen dicht mit Haaren besetzt.

Thorax blauviolett, auf dem vorderen Mesonotum in der vorderen Hälfte grauweiß bestäubt; vorderes Spirakulum dunkel; Chätotaxis: 2 + 4 dc, vor den 2 prst-dc-Paaren mitunter eine weitere kleine Borste, 3 ph, 3 h, 2 npl, 3 posta, 1 + etwa 6 mspl, Hypopleuron mit einigen feinen Borsten.

Beine dunkelbraun bis schwarz; F_2 dicht mit borstenähnlichen Haaren bestanden, von denen sich ein paar kräftigere p-Borsten im apikalen Viertel abheben; T_2 mit etwa 5 p und nach der Mitte 1 längeren pv; F_3 mit sehr langen v Borsten im apikalen Drittel, in der Mitte einige lange pv und in der apikalen Hälfte einige lange av Borsten, die längeren Borsten dieser drei Gruppen besitzen geschweifte Enden, über die ganze Länge erstreckt sich eine Reihe kräftiger ad Borsten; T_3 mit einer Reihe ad Borsten, die längsten von diesen in der Mitte, 1 av und 1 pd im apikalen Drittel.

Flügeladern braun bis dunkelbraun, r_{4+5} dorsal mit einer Borstenreihe, die r-m nicht erreicht, m_1 nach r-m mit 1-2 Borsten; ventral ist die Beborstung ähnlich. Flügelmembran einheitlich mit feinen Borsten besetzt und dunkel-rauchig; oberes Thorakalschüppchen rauchig transparent, unteres dunkelbraun bis schwarz.

Abdomen wie Thorax gefärbt, die apikale Hälfte des letzten Tergiten orangegelb; Behaarung dicht und relativ lang.

♀♀: Stirn etwa ein Drittel so breit wie der Kopf; auf F_3 fehlen die langen geschweiften Borsten, und die Beborstung der Flügeladern ist intensiver.

Im übrigen ähnelt es dem Männchen.

Länge etwa 9 mm.

Pyrellina congensis n.sp.

Es handelt sich hier um eine auffallende Art, die sich von den übrigen Arten durch einen dunkelbraunen, breiten Flügelrand auszeichnet. Sie ist bisher nur aus dem Kongo bekannt, und über ihre Biologie liegen keine Angaben vor.

♀♀: Die Backen und Parafacialia silberweiß, die Parafrontalia glänzend dunkelblau-violett; Rüssel, Palpen und Antennen dunkel; Stirn an der engsten Stelle etwa 3-4 mal so breit wie das Ocellardreieck; 8-9 Paar Parafrontalborsten, 1 Paar langer Ocellarborsten, 1 Paar sehr langer und 1 Paar kürzerer Vertikalborsten, 2 Paar Orbitalborsten, das hintere Paar reclinat, das vordere proclinat; Augen nackt.

Thorax dunkelblau mit violetter Reflexion, dorsal ein kurzer weißer Längsstreifen in der vorderen Hälfte; Sternopleuren schwach grauweiß bestäubt; vorderes Spirakulum dunkel;
Chaetotaxis: 2 + 4 dc, 3 h, 2 ph, 2 npl, 3 posta, 1 + 6 mspl, Hypopleuron mit einigen feinen haarähnlichen Borsten.

Beine dunkel; F_2 mit einigen kürzeren a, längeren pv und av Borsten in der basalen Hälfte so wie einigen kräftigen p am apikalen Ende; T_2 mit 4-5 p und 1 langen pv; F_3 mit einer Reihe kräftiger ad und einer Reihe av, die basalen av haarähnlich aber lang, in der basalen Hälfte außerdem einige lange pv; T_3 mit 1pd, 4 av und 2 ad in der apikalen Hälfte.

Flügel mit dunkelbraunem Schimmer und einem breiten dunkelbraunen Rand, der bis über r_{2+3} hinausgeht, die basale Hälfte des Flügels dunkler als die apikale; die Adern fast schwarz, r_{4+5} bis r-m und m_1 ab r-m dorsal und ventral beborstet, r_1 nackt; oberes Thorakalschüppchen weißlich transparent, unteres im apikalen Drittel fast schwarz, im basaleren Bereich heller.

Abdomen blau mit violetter Reflexion, Tergit IV in der apikalen Hälfte orangegelb.

♂♂: Das Männchen ähnelt dem Weibchen, die Stirn ist aber kaum so breit wie das Ocellardreieck, und F_3 trägt bis über die Mitte hinaus eine Reihe langer, haarähnlicher pv Borsten.

Länge ungefähr 9 mm.

Fundort: Kongo, P. N. A. Nyasheke (volc. Nyamaragira) II. 1935 leg DE WITTE. Der weibliche Holotypus und ein männlicher Paratypus befinden sich im S.A. Institute for Medical Research.

Pyrellina bicolor (STEIN)

Morellia bicolor STEIN (1918) p. 178; MALLOCH (1923) p. 520; CUTHBERTSON (1934) p. 36.
Pyrellina bicolor VAN EMDEN (1942) p. 735; PERIS (1967) p. 42.

STEIN (1918) beschrieb diese Art anhand eines Männchens, dem der Kopf fehlte, das sich aber durch die typische Färbung – blauvioletter Thorax und gelbes Abdomen – auszeichnete. Mir standen 2 Weibchen und 1 Männchen zur Verfügung, die alle aus dem Kongo stammen. Weiterhin ist diese Art durch STEIN aus Uganda bekannt.

♀♀: Untere Gesichtshälfte bis zur Stirnspalte silbrigweiß, die Parafrontalia glänzend schwarz mit bläulichem Schimmer, die Stirnstrieme schwarz mit schwachem Grauschimmer; Rüssel, Palpen und Antennen braun bis dunkelbraun; Stirnbreite an der engsten Stelle etwa ein Viertel so breit wie der Kopf; etwa 9 Paar Parafrontalborsten, 2 Paar Orbitalborsten, 1 Paar Ocellarborsten, 2 Paar Vertikalborsten, das eine Paar etwa halb so lang wie das andere; Augen nackt.

Thorax glänzend blauviolett und mit feiner Punktstruktur; das vordere Spirakulum dunkel;
Chätotaxis: 0+2 dc, 3 h, 1 ph, 2 npl, 2 posta, 0+5 mspl, Hypopleuron mit sehr feinen kleinen Borsten unter dem Spirakulum.

Beine braun; T_2 mit 2-4 p und 1 pv; F_3 mit einer Reihe ad und einigen av in der apikalen Hälfte; T_3 mit 1 ad, 1 pd und 2 av in der apikalen Hälfte.

Flügel hyalin, die Membran nur in den apikalen zwei Dritteln mit feinen Borsten besetzt; Adern gelbbraun, r_{4+5} dorsal mit einer Reihe feiner Borsten, die sich auch nach r-m finden, ventral nur im basalen Bereich ein paar haarähnliche Borsten, cu ventral an der Basis schwach beborstet; unteres Thorakalschüppchen und oberes gräulich durchsichtig. Abdomen auffallend orangegelb, kann etwas bräunlich erscheinen.

♂♂: Das Männchen ähnelt dem Weibchen, die Stirn ist aber kaum doppelt so breit wie der vordere Ocellus, die Diskalzelle ist nur in einem kleinen basalen Bereich nackt, und auf F_3 findet sich eine Reihe langer av Borsten und in der basalen Hälfte einige lange pv-v Borsten.

Länge zwischen 5 und 6 mm.

Pyrellina garmsi n.sp. (Abb. 6 B, 7 G)

♂♂: Gesicht fast einheitlich silbriggrau bestäubt bei rotbrauner Grundfarbe; Proboscis, Palpen und Antennen bräunlich; Stirn an der engsten Stelle nicht breiter als das Ocellardreieck; etwa 8 Paar Parafrontalborsten, 2 Paar proclinate Orbitalborsten, das vordere Paar etwa doppelt so lang wie das hintere, 1 Paar Vertikalborsten; Augen nackt mit schwach vergrößerten Facetten an der Stirnseite.

Thorax einschließlich des Scutellums metallisch grünblau; dorsal auf dem vorderen Teil des Mesonotums ein weißer medianer Längsstreifen; Meso- und Sternopleuron grauweiß bestäubt; das vordere Spirakulum dunkel; Chätotaxis: 2+4 dc, 3 h, 2 ph, 2 npl, 3 posta, 1+3-4 mspl, Hypopleuron mit einigen kleinen Borsten unter dem Spirakulum.

Beine dunkelbraun; T_2 mit einigen p und 1 kräftigen pv; F_3 mit einer Reihe ad und einer Reihe av Borsten so wie einigen pv in der basalen Hälfte; T_3 mit 3 feinen av in der apikalen Hälfte, 1 ad kurz vor der Mitte und 1 pd im apikalen Drittel.

Flügel bräunlich, die Membran einheitlich mit feinen Borsten besetzt; Adern braun, r_1 dorsal und ventral mit sehr wenigen (1-3) Borsten, die keine geschlossene Reihe bilden, r_{4+5} dorsal und ventral an der Basis beborstet, nach r-m nackt; Schüppchen einschließlich Rand weiß.

Addomen metallisch grünblau mit rötlichbraunen Schimmer auf den ersten 2 Segmenten.

Länge etwa 7,5 mm.

Diese Art liegt nur in einem männlichen Exemplar vor, stammt aus Liberia, Juni 1945, und wurde von VAN EMDEN als *Pyrellina ruficauda* MALLOCH identifiziert. Von dieser Art unterscheidet sie sich aber eindeutig, wie aus meiner Bestimmungstabelle hervorgeht. Der Holotypus befindet sich in der Smithsonian Institution, Washington.

Diese Art wurde nach Herrn Dr. R. GARMS, Tropeninstitut Hamburg, benannt.

Pyrellina versatilis (VILLENEUVE) (Abb. 7 E)

Pyrellia versatilis VILLENEUVE (1916) p. 145;
Pyrellina versatilis MALLOCH (1923) p. 526, (1925) p. 366;
VAN EMDEN (1942) p. 736, (1951) p. 700; CURRAN (1935) p. 3; PERIS (1967) p. 40.

Diese Art ist aus Kenya, Uganda und vom Kongo bekannt, über ihre Biologie liegen wie bei den meisten afrikanischen *Muscinae*-Arten keine Beobachtungen vor.

♂♂: Gesicht von schwarzer Grundfarbe, aber fast einheitlich leicht grau bestäubt; Rüssel, Palpen und Antennen dunkelbraun; die Stirn an der engsten Stelle kaum doppelt so breit wie der vordere Ocellusdurchmesser; etwa 10 Paar kräftige Parafrontalborsten, das oberste Paar sehr lang und proclinat, 1 Paar Ocellarborsten, 1 Paar kräftiger Orbitalborsten, 1 Paar kräftiger Vertikalborsten. Augen nackt.

Thorax grünlichblau, das Scutellum und die hinteren seitlichen Partien des Thorax bräunlich, bei bestimmten Licht ein dunkler, medianer Längsstreifen dorsal erkennbar; der vordere Teil des Mesonotums mit einem weißen, medianen Längsstreifen; Meso- und Sternopleuron grauweiß bestäubt; das vordere Spirakulum hellbraun;
Chaetotaxis: 2+4 dc, 3 h, 3 ph, 2 npl, 3 posta, 1+6 mspl.

Beine gelb, Tibien mit bräunlichem Schimmer, Tarsen dunkelbraun; F_2 mit etwa 4-5 langen pv so wie im basalen Drittel 3 dünne lange av und einige stärkere aber kürzere a Borsten; 4-5 p und nach der Mitte 1 längere pv auf T_2; F_3 mit einer Reihe ad und einer Reihe av Borsten, die apikalen av stärker als die basalen, in der basalen Hälfte einige pv; T_3 mit etwa 4 kräftigen ad und in der apikalen Hälfte 3 av, im basalen Drittel 1 pd und im apikalen Drittel ebenfalls 1 pd.

Flügel leicht bräunlich, die Membran einheitlich mit feinen Borsten besetzt; die Adern dunkelbraun, r_1 mit einer Reihe feiner Borsten, auf r_{4+5} bis r-m und auf m_1 ab r-m Borsten, die Beborstung ist ventral schwächer als dorsal, wenn auch auf cu zusätzlich ventral an der Basis ein paar Borsten zu finden sind; die Thorakalschüppchen transparent mit bräunlichem Schimmer.

Vom Abdomen das erste Tergit bräunlich, das II. und III. Tergit metallisch grün, das letzte ebenfalls grün, aber mit grauer Bestäubung. Die Sternite hell- bis dunkelbraun.

♀♀: Stirn etwa ein Drittel so breit wie der Kopf, 2 Paar Vertikalborsten und 2 Paar Orbitalborsten vorhanden, die Bestäubung intensiver als beim Männchen. Sonst ähnelt das Weibchen dem Männchen.

Länge etwa 8 mm.

Pyrellina rhodesi MALLOCH (Abb. 7 F)

Pyrellina rhodesi MALLOCH (1925) p. 87; CURRAN (1935) p. 3; VAN EMDEN (1942) p. 736; PERIS (1967) p. 42.

MALLOCH beschreibt diese Art von den Vumbu Bergen aus Rhodesien, mir ist sie ebenfalls von hier bekannt, außerdem habe ich Exemplare aus dem Kongo und von Mozambique gesehen.

♂♂: Untere Gesichtshälfte bis zur Stirnspalte intensiv silbergrau, die untere Stirnhälfte schwach grau und die obere Hälfte glänzend schwarz; Rüssel, Palpen und Antennen dunkel, das 2. Antennenglied gelbbraun; die Stirn an der engsten Stelle nicht breiter als das Ocellardreieck; 12 Paar Parafrontalborsten, 2 Paar Orbitalborsten, das vordere proclinat, das hintere reclinat, 1 Paar kräftiger Ocellarborsten und 1 Paar langer Vertikalborsten; Augen nackt.

Thorax dorsal metallisch blau mit violetter Reflexion, vorn auf dem Mesonotum ein kurzer weißer Längsstreifen; die Mesopleuren leicht, die Sternopleuren intensiv grau bestäubt; das Scutellum und die lateralen Thoraxpartien z.T. bräunlich; das vordere Spirakulum dunkel; Chätotaxis: 2+4 dc, 3 h, 2 ph, 2 npl, 3 posta, 1+ etwa 8 mspl, Hypopleuron mit einigen kurzen Borsten unterhalb des Spirakulums.

Beine gelblichbraun, (Femura leuchtend gelb, Tibien hellbraun, Tarsen dunkelbraun); F_2 mit einigen v Borsten und einigen p im apikalen Drittel; T_2 mit den üblichen 4-5 p und der längeren pv kurz nach der Mitte; F_3 mit einer Reihe ad und einer Reihe langer av und 3 auffallend langen pv Borsten in der basalen Hälfte; auf T_3 3-4 ad und 4-5 av Borsten in der apikalen Hälfte und 1 kräftige pd Borste im apikalen Drittel.

Die Flügel bräunlich, die Membran einheitlich mit feinen Borsten bedeckt; r_1 dorsal und ventral fast bis zur Costa mit Borsten besetzt; r_{4+5} dorsal und ventral bis r-m beborstet; das obere Thorakalschüppchen transparent weiß, das untere bräunlich.

Vom Abdomen das erste Tergit ganz, das zweite bis auf einen apikalen Streifen gelb gefärbt, das restliche Abdomen violett oder blau, das letzte Tergit apikal orangegelb; Sternite braungelb.

♀♀: Das Weibchen ähnelt dem Männchen, unterscheidet sich aber durch die breitere Stirn, die etwa ein Viertel der Kopfweite beträgt, durch die kräftigeren Kopfborsten und die gut entwickelte Stirnstrieme.

Länge 8-9 mm.

Pyrellina inventrix (WALKER) (Abb. 7 B)

Lucilia inventrix WALKER (1861) p. 312;
Pyrellia inventrix STEIN (1917) p. 107; VILLENEUVE (1916) p. 145, (1918) p. 508;
Pyrellina inventrix MALLOCH (1923) p. 525; CURRAN (1935) p. 3; VAN EMDEN (1942) p. 736; PERIS (1967) p. 40.

Synonyme: *Ochromyia hemichlora* BIGOT (1878) p. 38;
Pyrellia hemichlora BEZZI (1911) p. 81; STEIN (1913) p. 473.

Diese Art wurde von MALLOCH (1923) zum Gattungstypus gewählt. Sie ist bisher nur aus verschiedenen Orten Natals (Südafrika) bekannt. Angaben über ihre Biologie liegen nicht vor.

♂♂: Untere Gesichtshälfte silbergrau bestäubt bei bräunlicher Grundfarbe, Stirn dunkel gefärbt; Rüssel, Palpen und Antennen dunkel; Stirn an der engsten Stelle etwa so breit wie das Ocellardreieck; rund 10 Paar Parafrontalborsten, das oberste Paar auffallend kräftig und lang, 1 Paar langer Ocellarborsten, 1 Paar Orbitalborsten, 1 Paar Vertikalborsten; Augen nackt.

Thorax glänzend dunkelblau, auf dem vorderen Teil des Mesonotums ein weißer medianer Längsstreifen; Meso- und Pteropleuren ventral, Sternopleuren mehr oder weniger ganz grauweiß bestäubt; das vordere Spirakulum braun;
Chätotaxis: 2+4 dc, 3 h, 3 ph, 2 npl, 3 posta, 1+2-3 mspl, Hypopleuron mit feinen Borsten unter dem Spirakulum.

Beine dunkelbraun bis schwarz; F_2 mit einer Reihe pv Borsten, die apikal kürzer werden, im basalen Drittel einige av und einige kurze aber kräftige a, im apikalen Drittel etwa 2 kräftige p Borsten; T_2 mit etwa 4 p und 1 längeren pv Borste kurz nach der Mitte; F_3 mit einer Reihe von av und einer von ad Borsten und einigen dünnen aber langen v und pv Borsten in der basalen Hälfte; T_3 in der apikalen Hälfte mit 3 av und im apikalen Drittel mit 1 langen pd, über die Länge verteilt etwa 4-5 ad Borsten.

Die Flügel bräunlich, die Membran einheitlich mit feinen Borsten bedeckt; Adern braun bis dunkelbraun, r_1 fast ganz, r_{4+5} bis zur r-m und m_1 an der Basis mit feinen Borsten besetzt, die ventrale Beborstung ist schwächer als die dorsale, wenn auch an der Basis von cu_1 ventral ein paar Borsten zu finden sind; das untere Thorakalschüppchen weißlich mit schwachem braunen Schimmer.

Abdomen orangegelb, apikal leicht bräunlich (wahrscheinlich Verwesungsvorgänge!).

♀♀: Stirn etwa ein Viertel so breit wie der Kopf; 2 Paar kräftige Vertikalborsten vorhanden; untere Gesichtshälfte silbrigweiß; die Parafrontalia dunkel mit blauer Reflexion; die Stirnstrieme rotbraun; m_1 dorsal fast bis zur Biegung mit Borsten besetzt. Thorax, Beine und Abdomen gleichen in Färbung und Chätotaxis denen der Männchen.

Länge zwischen 7 und 9 mm.

Pyrellina weyeri n.sp. (Abb. 6 A)

Diese Art läßt sich sofort von der vorherigen durch die auffallend gelben Femura unterscheiden. Gefunden wurde *Pyrellina weyeri* in Zambia und im Kongo.

♂♂: Gesicht fast ganz weiß, die obere Stirnhälfte dunkel; Rüssel, Palpen und Antennen braun; die Stirn an der engsten Stelle nicht breiter als das Ocellardreieck; rund 8 Paar Parafrontalborsten, 2 Paar proclinate und 1 Paar reclinate Orbitalborsten, 1 Paar lange Ocellarborsten, 1 Paar Vertikalborsten; Augen nackt.

Thorax metallisch blaugrün, dorsal ein weißer kurzer Längsstreifen auf dem vorderen Teil des Mesonotums; Sternopleuren intensiv grauweiß bestäubt; das vordere Spirakulum braun;
Chätotaxis: 2+4 dc, 3 h, 3 ph, 2 npl, 3 posta, Hypopleuron mit einigen feinen Borsten unter dem Spirakulum.

Von den Beinen die Femura gelb, an der Spitze etwas bräunlich, Tibien und Tarsen bräunlich; F_2 mit einigen v und einigen p Borsten im apikalen Drittel; T_2 mit etwa 5 p und 1 pv Borsten; F_3 mit einer Reihe ad und einer Reihe von av Borsten, in der basalen Hälfte 3-4 pv Borsten; T_3 mit 1 pd und 3 av in der apikalen Hälfte so wie 5-6 ad Borsten über die ganze Länge verteilt.

Flügel bräunlich, die Membran einheitlich mit feinen Borsten bedeckt; Adern braun, r_1 fast über die ganze Länge mit Borsten besetzt, r_{4+5} beinahe bis r-m und m_1 über r-m hinaus beborstet, cu_1 nur ventral mit ein paar Borsten an der Basis; das obere Schüppchen weißlich, das untere bräunlich.

Abdomen einheitlich gelb ohne dunkle Zeichnung.

♀♀: Das Weibchen ähnelt dem Männchen, zeigt aber eine breitere Stirn, die gut 3 mal so breit wie das Ocellardreieck ist, und die Parafrontalia erscheinen grünlichblau, die Kopfborsten sind kräftiger entwickelt.

Länge um 8 mm.

Fundorte: Männchen von Ndola, Zambia 10. 1951; Weibchen vom Kongo, Sankuru: Komi III. 1930 leg. J. GHESQUIERE. Der männliche Holotypus und 1 weiblicher Paratypus finden sich im S.A. Institute for Medical Research, Johannesburg. Diese Art wurde nach Herrn Prof. Dr. F. WEYER vom Tropeninstitut Hamburg benannt.

Pyrellina ruficauda MALLOCH (Abb. 7 A)

Pyrellina ruficauda MALLOCH (1923) p. 526; CURRAN (1935) p. 3; VAN EMDEN (1942) p. 736; PERIS (1967) p. 42.

Die Biologie dieser Art ist unbekannt, bekannte Fundorte liegen in Kenya, Chania, im Sudan und im Kongo.

♂♂: Bis auf die dunkel-rotbraune obere Stirnhälfte ist das übrige Gesicht intensiv grauweiß bestäubt: Stirn an der engsten Stelle nicht breiter als das Ocellardreieck; Rüssel, Palpen und Antennen dunkel; zahlreiche Parafrontalborsten, 2 Paar proclinate Orbitalborsten, das vordere Paar sehr lang, 1 Paar langer Ocellarborsten, 1 Paar Vertikalborsten; Augen nackt.

Thorax metallisch blau, auf dem vorderen Teil des Mesonotums ein weißer Längsstreifen; das Sternopleuron grauweiß bestäubt; das vordere Spirakulum dunkel;
Chätotaxis: 2 + 4 dc, 3 h, 3 ph, 2 npl, 1 + 5-6 mspl, 3 posta, Hypopleuron mit feinen Borsten.

Beine dunkelbraun; F_2 mit einigen langen pv Borsten in den basalen zwei Dritteln, einige av Borsten in der basalen Hälfte und im apikalen Drittel einige p Borsten; T_2 mit 4-5 und 1 längeren pv Borste; F_3 mit einer Reihe ad und einer Reihe av Borsten, die av Borsten in der basalen Hälfte haarförmig und lang, in der basalen Hälfte außerdem einige lange pv und v Borsten; T_3 mit 3 kräftigen ad und 1 av Borste im mittleren Drittel, im apikalen Drittel 1 pd Borste.

Flügel rauchig dunkelbraun, die Membran einheitlich mit feinen Borsten besetzt; die Adern dunkelbraun, r_1 dorsal fast über die ganze Länge, ventral nur an der Basis mit Borsten besetzt, r_{4+5} dorsal und ventral nur bis r-m beborstet, m_1 dorsal über r-m hinaus und cu_1 ventral nur an der Basis mit Borsten; das obere Thorakalschüppchen transparent mit braunem Rand, das untere bräunlich mit braunem Rand.

Abdomen metallisch glänzend blau mit violetter Reflexion; das letzte Tergit in der apikalen Hälfte orangegelb gefärbt.

♀♀: Parafrontalia glänzend blau, untere Gesichtshälfte grau bestäubt, Stirnstrieme rotbraun mit schwacher grauer Bestäubung; Stirn etwa ein Viertel so breit wie der Kopf; Parafrontalborsten sehr kräftig, 1 Paar sehr lange Vertikalborsten, 1 Paar Ocellarborsten, 1 Paar sehr kräftige proclinate Orbitalborsten und 1 Paar sehr kurze reclinate Borsten; Schüppchen beide weißlich. Im übrigen ähnelt das Weibchen dem Männchen.

Länge etwa 8 mm.

Pyrellina abdominalis n.sp.

Diese Art unterscheidet sich von der vorhergehenden Art durch das überwiegend gelb gefärbte Abdomen. Gefangen wurden die 3 mir zur Verfügung stehenden Weibchen am Ruwensori Fuß. Über die Biologie liegen keine Angaben vor.

♀♀: Untere Gesichtshälfte rotbraun mit grauweißer Bestäubung, die Stirn dunkel-rotbraun mit glänzenden Parafrontalia; Rüssel, Palpen und Antennen hellbraun bis braun; Stirn etwa 3 mal so breit wie das Ocellardreieck; etwa 8 Paar Parafrontalborsten, 1 Paar lange Ocellarborsten, 2 Paar sehr lange Vertikalborsten, 2 Paar Orbitalborsten, das vordere kräftiger und proclinat, das hintere reclinat; Augen nackt.

Thorax violett mit einem kurzen dorsalen weißen Längsstreifen; Pteropleuren, Mesopleuren und Sternopleuren dicht grauweiß bestäubt; Spirakulum hell;
Chätotaxis: 2+4 dc, 3 h, 2 ph, 2 npl, 3 posta, 1+5 mspl.

Von den Beinen die Femura gelb, F_1 und F_2 apikal bräunlich, Tibien und Tarsen dunkelbraun; F_2 in der basalen Hälfte mit einigen kurzen a und längeren av und pv Borsten, apikal 2-4 kräftige p Borsten; T_2 mit etwa 5 p und 1 längeren pv Borste; F_3 mit einer Reihe ad und einer Reihe av Borsten, die basalen av dünn und haarähnlich, basal außerdem 2-3 lange dünne pv Borsten; T_3 mit 1 kräftigen pd Borste im apikalen Drittel und mit 4 av und 2 ad Borsten.

Flügel schwach bräunlich, Membran einheitlich beborstet; Adern braun, r_1 dorsal fast über die ganze Länge, r_{4+5} bis r-m und m_1 ab r-m mit Borsten besetzt, ventral ist die Beborstung ähnlich, aber schwächer; Thorakalschüppchen wie bei allen *Pyrellina*-Arten klein, beide weißlich transparent.

Abdomen überwiegend gelb; Tergit II mit einem violetten Apikalband, das sich in der Mitte etwas nach vorne verbreitert; Tergit III überwiegend violett mit einem gelben Basalband; Tergit IV nur mit einem kurzen, schmalen violetten Längsstreifen.

Länge um 8 mm.

Das Männchen ist unbekannt.

Fundort: Nördl. v. Alb. Edw. See, Ruwensori Fuß Westseite 2.08; Exped.: Herzog ADOLF FRIEDRICH z. Mecklenburg. Der weibliche Holotypus und zwei weibliche Paratypen befinden sich im S.A. Institute for Medical Research, Johannesburg.

Pyrellina distincta (WALKER) (Abb. 7 D)

Musca distincta WALKER (1856) p. 346;
Pyrellia distincta SÉGUY (1937) p. 308;
Pyrellina distincta VAN EMDEN (1942) p. 735, (1951) p. 700; PERIS (1967) p. 41.

Synonyme: *Pyrellina unicolor* MALLOCH (1923) p. 526; CURRAN (1928) p. 355, (1935) p. 4; SÉGUY (1952) p. 162; (1941) p. 121;
Pyrellia paraethiops SÉGUY (1952) p. 162;
Morellia bootes SÉGUY (1941) p. 122; nov. syn.
Pyrellia obscura WALKER (1856) p. 349; nov. syn. nach brieflicher Mitteilung von Mr. PONT, British Museum, London.

Freundlicherweise erhielt ich vom Pariser Museum die Typen von *Pyrellia paraetiops* SÉGUY und *Morellia bootes* SÉGUY für meine Studien. Hierbei konnte ich feststellen, daß PERIS (1967) mit Recht *Pyrellia paraethiops* SÉGUY als Synonym von *Pyrellina distincta* (WALKER) betrachtet. Dagegen scheint er das kleine Schüppchen bei *Morellia bootes* SÉGUY übersehen zu haben, denn er setzt diese Art Synonym zu *Curranosia prima* (CURRAN). Es handelt sich aber ebenfalls eindeutig um *Pyrellina distincta* (WALKER). Weiterhin teilte mir Mr. A. PONT vom British Museum, London, brieflich mit, daß *Pyrellia obscura* WALKER ebenfalls ein Synonym von *Pyrellina distincta* sei. Diese anscheinend weit verbreitete Art ist mir von Ghana, vom Kongo, von Rhodesien, Uganda, Kenya, Guinea, Nigeria, Mozambique und Südafrika bekannt.

♂♂: Gesicht einschließlich der Stirn silbergrau bestäubt; Stirn an der engsten Stelle nicht breiter als der vordere Ocellus; Rüssel, Palpen und Antennen braun; etwa 12 Paar Parafrontalborsten, 2 Paar kräftige Orbitalborsten, das vordere Paar proclinat, das hintere reclinat, 1 Paar langer Ocellarborsten, 1 Paar langer Vertikalborsten; Augen nackt.

Thorax dunkel-blaugrün mit violetter Reflexion, dorsal auf dem vorderen Teil des Mesonotums ein weißer Längsstreifen; Sternopleuren und z.T. die Mesopleuren grauweiß bestäubt, ebenso wie bei fast allen anderen bisher genannten *Pyrellina*-Arten sind die Humeralschwielen weißlich bestäubt; das vordere Spirakulum dunkel;
Chätotaxis: 2 + 4 dc, 3 h, 3 ph, 2 npl, 1 + 5 mspl, Hypopleuron mit feinen Borsten unter dem Spirakulum.

Beine braun; F_2 mit einigen v Borsten in der basalen Hälfte und einigen kräftigen p Borsten am apikalen Ende; T_2 mit rund 5-6 p und 1 längeren pv Borste; F_3 mit einer Reihe von ad und einer von av Borsten, einige pv Borsten in der basalen Hälfte; T_3 in der apikalen Hälfte mit 3 av, 3-4 ad und im apikalen Drittel mit 1 langen pd Borste.

Flügel bräunlich, die Membran einheitlich beborstet; Adern braun, r_1 dorsal fast ganz und r_{4+5} bis r-m mit Borsten besetzt, ventral beide Adern nur an der Basis beborstet; Thorakalschüppchen transparent weißlichgelb bis bräunlich. Von Abdomen das erste Tergit braunviolett an der Basis, das restliche Abdomen blaugrün. Dieses ist aber variabel, so ist das Abdomen bei der Type von *Morellia bootes* SÉGUY einheitlich blaugrün gefärbt.

♀♀: Das Weibchen ähnelt dem Männchen. Die Stirn ist etwa ein Viertel so breit wie der Kopf, die Stirnstrieme ist schwarz gefärbt, kann aber in der unteren Hälfte rötlichbraun erscheinen, die Parafrontalia sind glänzend schwarz mit bläulicher Reflexion, und es sind 2 Paar Vertikalborsten vorhanden. F_3 zeigt nur in der apikalen Hälfte eine Reihe von av Borsten, bei den Flügel kann m_1 ventral schwach beborstet sein, und das Abdomen variiert zwischen grün und blau.

Länge zwischen 7 und 9 mm.

Pyrellina minuta PERIS

Pyrellina minuta PERIS (1967) p. 41.

Leider war es mir nicht möglich, die Type von PERIS zu erhalten, aber nach seiner Beschreibung (1967) scheint es sich tatsächlich um eine *Pyrellina*-Art zu handeln! Wie sie sich von den übrigen *Pyrellina*-Arten unterscheidet, läßt sich der Bestimmungstabelle entnehmen.

GATTUNG PYRELLIA ROBINEAU-DESVOIDY (1830)

Pyrellia ROBINEAU-DESVOIDY (1830) p. 462; MALLOCH (1923) p. 515; CURRAN (1935) p. 1; VAN EMDEN (1939) p. 65; PERIS (1967) p. 39.

Die Abgrenzung von *Pyrellia* gegenüber den anderen Gattungen bereitete z.T. größere Schwierigkeiten. Bevor MALLOCH (1923) als sicheres Unterscheidungsmerkmal zwischen *Orthellia* und *Pyrellia* die borstenähnlichen, kräftigen Haare auf dem Suprasquamalsteg bei *Orthellia* entdeckte, wurden viele *Orthellia*-Arten als *Pyrellia*-Arten beschrieben. Aber auch nach 1923 hatten einige Autoren Schwierigkeiten, diese beiden Gattungen zu trennen. Letzteres gilt besonders für SÉGUY, der in mehreren Arbeiten die Arten zu *Orthellia* (1941), in anderen zu *Pyrellia* (1952) stellte. Zusätzlich wurden einige Arten, die keine ventrale Borste auf der mittleren Tibia aufwiesen,

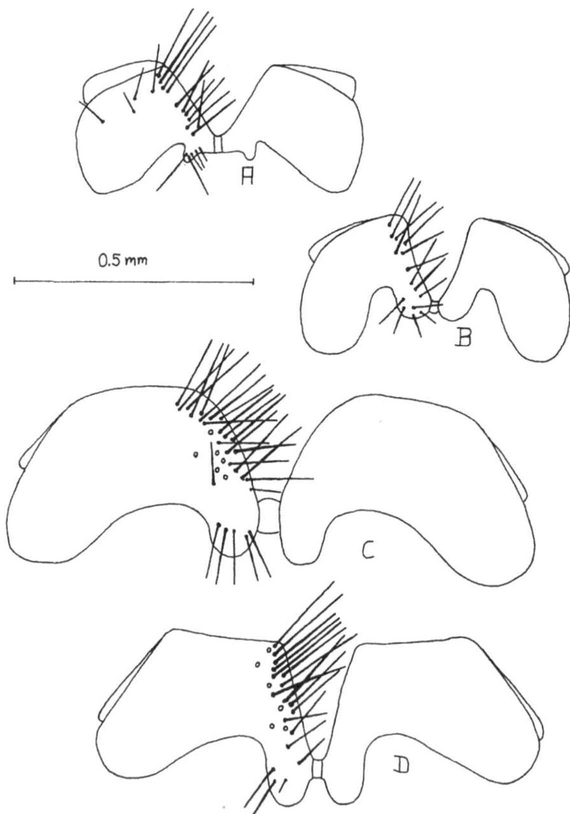

Abb. 8. Dorsalansicht der Cerci von *Pyrellia*:
A *P. scintillans* BIG., B *P. spinthera* BIG., C *P. natalensis* PATERSON, D *P. albocuprea* VILL.

aber metallisch glänzend gefärbt waren, zu *Pyrellia* gerechnet. Bei meinen Untersuchungen konnte ich feststellen, daß alle diese Arten auch ein stark verbreitetes Prosternum aufweisen, das sich bei *Pyrellia* sonst nicht findet. Um die Gattung *Pyrellia* eindeutig zu definieren, gebe ich im Folgenden eine neue Gattungsbeschreibung:

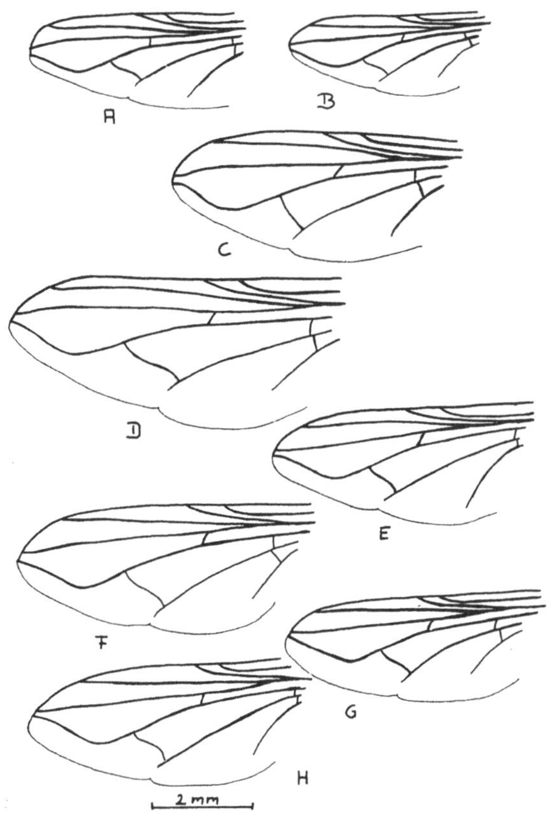

Abb. 9. Flügeladernverlauf in der apikalen Hälfte von *Pyrellia*:
A *P. spinthera* BIG., B *P. scintillans* BIG., C *P. neuhausi* n.sp., D *P. natalensis* PATERSON, E *P. difficilis* n.sp., F *P. albocuprea* VILL., G *P. stuckenbergi* PATERSON, H *P. kuhlowi* n.sp.

Körperfarbe metallisch glänzend, Rüssel, Antennen und Palpen bei allen bekannten Arten dunkel gefärbt; das untere Thorakalschüppchen durchweg groß und breit; T_1 stets ohne p Borste, T_2 immer mit einer kräftigen pv oder sogar v Borste, eine ad Borste kann im apikalen Bereich vorhanden sein; die Media nie knickartig sondern immer in einer ausgerundeten Kurve verlaufend (Abb. 9); Sternopleuron stets mit 1+3 stpl Borsten; Prosternum immer schmal und länglich, nie mit den Propleuren in Verbindung stehend. Bei den Männchen haben die Cerci stets eine typische breite Form, wie in Abb. 8, der apikale Teil des Ädeagus ist immer nackt.

Über die Biologie der Arten dieser Gattung läßt sich wenig sagen. Die von mir gefangenen Exemplare wurden immer beim Abstreifen des Grases an sehr feuchten, schattigen Plätzen erbeutet. Nie konnte eine Belästigung durch Angehörige dieser Gattung festgestellt werden.

Bestimmungstabelle für die Arten der Gattung *Pyrellia*

Die Bestimmungstabellen älterer Autoren erfaßten bisher immer *Orthellia*- und *Pyrellia*-Arten. PERIS (1967) brachte erstmalig eine Tabelle, in der nur *Pyrellia*-Arten aufgeführt waren. Anscheinend hatte er aber nicht die Gelegenheit, die Arten miteinander zu vergleichen, so daß seine Bestimmungsmerkmale zu einem großen Teil Literaturangaben entstammen, wie das z.B. aus seinem Vergleich zwischen *Pyrellia albocuprea* VILLENEUVE und *Pyrellia stuckenbergi* PATERSON hervorgeht. Die in der vorliegenden Tabelle aufgeführten Arten konnten von mir alle untersucht und verglichen werden.

1. Vordere Hälfte des Mesonotums dorsal mit einem medianen weißen Streifen oder Flecken 2
– Vordere Hälfte des Mesonotums ohne diese weiße Zeichnung 9
2. Das vordere Spirakulum weiß 3
– Das vordere Spirakulum dunkel 4
3. T_2 ohne ad Borste in der apikalen Hälfte, der Radiusstamm ventral mit einer auffallend langen und kräftigen Borste . . . . *P. schumanni* n.sp.
– T_2 mit einer ad Borste in der apikalen Hälfte aber ohne auffallend lange ventrale Borste auf dem Radiusstamm . . . . *P. ignata* R.-D.
4. T_2 ohne ad Borste in der apikalen Hälfte 5
– T_2 mit einer ad Borste in der apikalen Hälfte 6
5. r_{4+5} ventral mit einer Reihe ziemlich langer Borsten, die über r-m hinausgeht. Größe unter 6 mm . . . . *P. difficilis* n.sp.
– r_{4+5} ventral nur an der Basis mit einigen wenigen Borsten. Größe über 6 mm . . . . *P. natalensis* PATERSON
6. Zumindest beim Männchen die Augen deutlich behaart, in beiden Geschlechtern das untere Thorakalschüppchen braun mit breitem hellen Rand 7
– Augen in beiden Geschlechtern nackt, beim Weibchen stets das untere Thorakalschüppchen überwiegend weiß 8
7. Die Augen in beiden Geschlechtern deutlich behaart, beim Männchen ist die Behaarung dichter und länger. Körpergrundfarbe violett oder blauviolett . . . . *P. albocuprea* VILLENEUVE

- Die Augen beim Männchen spärlich und kurz behaart, beim Weibchen nackt. Körpergrundfarbe dunkelgrün mit messing- oder kupferfarbener Reflexion . . . . *P. wittei* n.sp.

8. r_{4+5} dorsal nur im basalen Bereich mit einigen Borsten besetzt, die nicht über r-m hinausgehen. Das Gesichtsprofil eckig (Abb. 22 F). Beim Weibchen der basale Bereich der Diskalzelle nackt . . . .
P. stuckenbergi PATERSON

- r_{4+5} dorsal über r-m hinaus mit Borsten besetzt. Das Gesichtsprofil nicht so eckig (Abb. 22 G). Beim Weibchen die Diskalzelle einheitlich mit Borsten besetzt . . . . *P. kuhlowi* n.sp.

9. Das vordere Spirakulum weiß 10

- Das vordere Spirakulum dunkel . . . . *P. spinthera* BIGOT

10. Größe über 6 mm, die Flügel dunkelbräunlich, F_3 mit einigen langen haarähnlichen pv und av Borsten in der basalen Hälfte, Sternopleuron dicht grauweiß bestäubt . . . . *P. neuhausi* n.sp.

- Größe unter 6 mm, Flügel fast farblos, Weibchen ohne lange Borsten auf F_3 in der basalen Hälfte, Sternopleuren fast unbestäubt . . . .
P. scintillans BIGOT

Pyrellia schumanni n. sp. (Abb. 23 A)

Unter dem unbestimmten Material, das mir freundlicherweise vom Zoologischen Museum der Humboldt-Universität, Berlin, zur Verfügung gestellt wurde, fanden sich 2 Männchen, die *Pyrellia ignata* R.-D. ähneln, sich aber allein schon durch das Fehlen der ad Borsten auf der T_2 von ihr unterscheiden.

♂♂: Gesicht dunkel ohne dichte Bestäubung; Stirn schmaler als der vordere Ocellus; Parafrontalborsten zahlreich, aber haarähnlich und lang, Ocellarborsten haarähnlich, 1 Paar kräftiger Vertikalborsten; Augen nackt, Facetten der oberen Augenhälfte vergrößert.

Thorax blaugrün mit messingfarbener oder kupferner Reflexion, auf dem vorderen Mesonotum ein weißer medianer Längsstreifen; Spirakulum weiß; Sterno- und Mesopleuren schwach graweiß bestäubt;
Chätotaxis: 0+1 acr, 2+4 dc, die vorderen post dc schwach, 3 h, 2 ph, 2 npl, 3 posta, 1+6 mspl.

Beine dunkel; F_2 mit etwa 2 a Borsten in der Mitte und einigen p Borsten im apikalen Bereich; T_2 mit rund 3 p und 1 längeren v Borste, eine ad Borste in der apikalen Hälfte fehlt; F_3 mit einer Reihe ad und av Borsten, die av Borsten der basalen Hälfte lang und haarförmig, in der basalen Hälfte außerdem einige lange pv Borsten; T_3 mit rund 4 av und einer Reihe kurzer ad Borsten, 1 stärkere ad Borste in der Mitte und 1 lange pd Borste im apikalen Drittel.

Flügel bräunlich, die Membran einheitlich mit feinen Borsten besetzt; Adern braun, r_{4+5} dorsal und ventral in größeren Abständen mit Borsten besetzt, die sich auch nach r-m finden können, Radiusstamm mit einer sehr langen, kräftigen Borste auf der ventralen Seite, eine zweite kleinere kann vorhanden sein; das obere Thorakalschüppchen braun transparent, außen weiß, das untere braun.

Abdomen überwiegend kupferfarben mit relativ langer feiner Behaarung.

♀♀: Die 3 mir zur Verfügung stehenden Weibchen wurden mir freundlicherweise vom British Museum, London, für meine Studien überlassen. Sie wurden von VAN EMDEN als *Pyrellia serena* MEIGEN bestimmt, eine Art, die heute als Synonym von *P. ignata* R.-D. angesehen wird. Die Weibchen weisen die gleichen typischen Merkmale wie die Männchen auf, unterscheiden sich aber von diesen in folgenden Punkten: Stirn etwa ein Viertel so breit wie der Kopf, 2 Paar kräftige Vertikalborsten vorhanden, ebenso 2 Paar Orbitalborsten; das untere Thorakalschüppchen ist braunweiß, und auf F_3 fehlen in der basalen Hälfte die langen av und pv Borsten; r_{4+5} intensiver mit Borsten besetzt; Körpergrundfarbe grün mit starker kupferner Reflexion.

Länge zwischen 4,5 und 6 mm.

Fundorte: Männlicher Holotypus und 1 männlicher Paratypus von Kamerun, Johann Albrechtshöhe, leg. CONRADT 7. V. und 5.8. 1896 (beide Typen im Zoologischen Museum, Berlin); 3 männliche Paratypen von Kongo P.N.A. May ya Moto XI. 1934 leg. DE WITTE Lac Eduard II. 1935 leg. DAMAS Ondo Rutshuru VII 1935 by DAMAS; (Paratypen im S.A. Institute for Medical Research); ein weiblicher Paratypus aus Bunyoro, Uganda leg. VAN SOMEREN VII. 1952 (Paratype im British Museum, London). 2 weitere Weibchen aus Bwamba leg. VAN SOMEREN VII.-VIII 1946.

Ich habe diese neue Art nach Herrn Dr. H. SCHUMANN vom Zoologischen Museum Berlin benannt, der mir dieses Material zugänglich machte.

Pyrellia ignata R.-D.

Pyrellia ignata ROBINEAU-DESVOIDY (1830) p. 464; PERIS (1967) p. 39.

Synonyme: *Musca serena* MEIGEN (1826) p. 59;
Pyrellia aenea ZETTERSTEDT (1845) p. 1324.

Es handelt sich bei *Pyrellia ignata* R.-D. um eine paläarktische Art, die angeblich in der äthiopischen Region (STEIN 1913) gefunden worden sein soll. Die von VAN EMDEN als *Pyrellia serena* MEIG. bestimmten 3 Weibchen, die in der äthiopischen Region gefunden wurden, erwiesen sich als Weibchen von *Pyrellia schumanni* n.sp. Obwohl ich bezweifele, daß *Pyrellia ignata* R.-D. in der äthiopischen Region zu finden ist, nehme ich sie in der Bestimmungstabelle auf, um den Nachweis eventuell zu erleichtern.

♂♂: Gesicht von braunroter Grundfarbe, aber dicht weiß bestäubt; Stirn kaum breiter als der vordere Ocellus; Parafrontalborsten zahlreich und lang, 1 Paar langer Ocellarborsten, 1 Paar sehr kräftiger Vertikalborsten; Augen nackt, die Facetten der oberen Hälfte etwas vergrößert.

Thorax dunkelgrün mit bläulicher Reflexion, das vordere Mesonotum mit einem weißen Längsstreifen, die Pleuren schwach weiß bestäubt; das vordere Spirakulum weiß;
Chätotaxis: 0+1 acr, 2+4 dc, die vorderen 2 Paar post dc Borsten schwach entwickelt, 3 h, 2 ph, 2 npl, 3 posta, 1+4-6 mspl.

Beine braun; F_2 mit 2 kräftigen a Borsten etwa in der Mitte, einigen av und pv Borsten in der basalen Hälfte und rund 2 p Borsten im apikalen Bereich; T_2 mit etwa 4 p, 1 v und 1 ad Borste in der apikalen Hälfte; F_3 mit einer Reihe ad und einer Reihe av Borsten, in der basalen Hälfte; die av Borsten lang und haarähnlich, einige pv Borsten mit geschweiften Enden; T_3 mit rund 3 av Borsten in der apikalen Hälfte und 4-6 ad Borsten über die Länge verteilt, 1 lange pd Borste im apikalen Drittel.

Flügel mit gräulichbraunem Schimmer, die Membran einheitlich beborstet; Adern gelblich bis braun, r_{4+5} dorsal und ventral nicht über r-m hinaus beborstet, die Stammader ventral mit 1-2 Borsten; das obere Thorakalschüppchen innen bräunlich transparent, außen weißlich, das untere Schüppchen braun.

Abdomen metallisch grün ohne starke blaue Reflexion.

♀♀: Das Weibchen ähnelt dem Männchen, unterscheidet sich aber durch eine breitere Stirn, die etwa ein Drittel der Kopfbreite ausmacht, außerdem finden sich 2 Paar kräftige Vertikalborsten, kräftigere Parafrontalborsten und 2 Paar proclinate Orbitalborsten. Die langen Haare auf F_2 und F_3 in der basalen Hälfte fehlen, und die Thorakalschüppchen sind beide überwiegend weißlich.

Die Länge schwankt zwischen 5 und 7 mm.

Der Beschreibung liegt Material aus Österreich und Deutschland zu Grunde.

Pyrellia difficilis n.sp. (Abb. 9 E)

Unter dem unbestimmten *Muscinae*-Material, das ich von der Smithsonian Institution, Washington, erhielt, fand sich ein einziges Weibchen, das *Pyrellia natalensis* PATERSON ähnelt, sich aber doch eindeutig von dieser Art unterscheidet, wie aus der Bestimmungstabelle hervorgeht.

♀♀: Untere Gesichtshälfte grau, die Stirn glänzend schwarz, die Strieme matt schwarz; die Stirn nicht ganz ein Drittel so breit wie der Kopf; 7-8 Paar Parafrontalborsten, 1 Paar kräftige Ocellarborsten, 2 Paar kräftige Vertikalborsten, 2 Paar kräftige Orbitalborsten (als Stümpfe erkenntlich); Augen nackt.

Thorax metallisch glänzend grünblau und dorsal mit einem kurzen, weißen, medianen Längsstreifen; die Pleuren fast unbestäubt, nur das Sternopleuron bei bestimmtem Licht mit schwachem Grauschimmer; das vordere Spirakulum dunkel;
Chätotaxis: 0+1 acr, 2+4 dc, 3 h, 2 ph, 2 npl, 1+4-5 mspl, 3 posta.

An den Beinen die Femura metallisch grünblau gefärbt, die übrigen Beinglieder dunkelbraun bis schwarz; F_2 in der basalen Hälfte mit ein paar a und im basalen Viertel mit einigen feinen v und pv Borsten, im apikalen Bereich 3-4 kräftige p Borsten; auf T_2 3-4 p und 1 kräftigere v Borste, eine ad Borste im apikalen Bereich fehlt; F_3 mit einer Reihe ad und in der apikalen Hälfte mit etwa 4 av Borsten; auf T_3 eine Reihe kurzer ad Borsten, eine kräftigere davon in der Mitte, 1 av Borste kurz nach der Mitte und im apikalen Drittel 1 pd Borste.

Die Flügel hyalin, die Membran fast ganz mit Borsten besetzt, nur die Basalzelle und ein kleiner Bereich der anschließenden Diskalzelle nackt; r_{4+5} dorsal nicht bis r-m mit Borsten besetzt, ventral weit über r-m hinaus beborstet; beide Thorakalschüppchen weißlich.

Abdomen metallisch glänzend grün.

Länge etwa 5,7 mm.

♂♂: Unbekannt.

Fundort: Uganda, Ankole, Kichwamba leg. SPANGLER 23.-29.IV. 1968. Der weibliche Holotypus findet sich in der Smithsonian Institution, Washington.

Pyrellia natalensis PATERSON (Abb. 8 C, 9 D)

Pyrellia natalensis PATERSON (1958) p. 300; PERIS (1967) p. 39.

Diese Art ist bisher nur aus Natal (Südafrika) bekannt, und zur Biologie liegen lediglich die Angaben PATERSONS (1958) vor, in denen es heißt, daß die Fliegen vorwiegend auf Felsblöcken und Vogelkot in Felsspalten und Felsenhöhlen zu finden waren. PATERSON spricht weiterhin die Möglichkeit aus, daß sich die Larven im Kot der Felsenkaninchen (*Procavia capensis* (PALLAS)) entwickeln. Der folgenden Beschreibung liegen der Holotypus und die Paratypen aus der Sammlung des S.A. Institute for Medical Research zu Grunde.

♂♂: Untere Gesichtshälfte silbergrau, die obere dunkel; Stirn an der engsten Stelle nicht breiter als das Ocellardreieck; Parafrontalborsten zahlreich, aber fein und haarähnlich, Ocellarborsten schwach entwickelt, 1 Paar kräftige Vertikalborsten; Augen nackt, Facetten der Stirnseite etwas vergrößert.

Thorax metallisch grünblau, der vordere Teil des Mesonotums mit einem weißen medianen Längsstreifen; Pleuren schwach weißgrau bestäubt, nur das Sternopleuron intensiv bestäubt; das vordere Spirakulum dunkelbraun;

Chätotaxis: 0+1 acr, 2+4 dc, 3 h, 2 ph, 2 npl, 3 posta.

Von den Beinen die Femura metallisch grünblau, die übrigen Glieder fast schwarz; F_2 in der basalen Hälfte mit einigen a und v Borsten, apikal einige p Borsten; T_2 mit 4-6 p und 1 kräftigen v Borste, eine ad Borste im apikalen Drittel fehlt; F_3 mit einer Reihe ad und einer Reihe av Borsten, einige pv Borsten in der basalen Hälfte, die Borsten der basalen Hälfte haarähnlich und lang; T_3 mit 3-4 av Borsten in der apikalen Hälfte und einer Reihe ad Borsten, von denen in der Mitte 2-3 kräftigere stehen, im apikalen und im basalen Drittel jeweils 1 kräftige pd Borste.

Flügelmembran einheitlich mit feinen Borsten bedeckt; Adern braun, r_{4+5} dorsal mit 3-5, ventral mit nur 1 Borste; das obere Thorakalschüppchen innen transparent, außen weiß, das untere weiß mit bräunlichem Schimmer.

Abdomen überwiegend grünlich mit bläulicher Reflexion.

♀♀: Das Weibchen ähnelt dem Männchen, unterscheidet sich aber wie folgt: Stirn etwa ein Drittel so breit wie der Kopf, Kopfbeborstung kräftiger, 2 Paar Vertikalborsten, 2 Paar Orbitalborsten und 1 Paar Ocellarborsten vorhanden; das untere Thorakalschüppchen weiß, auf F_3 fehlen die basalen av und pv Borsten.

Länge zwischen 7,5 und 9 mm.

Pyrellia albocuprea VILLENEUVE (Abb. 8 D, 9 F)

Pyrellia albocuprea VILLENEUVE (1914) p. 205; MALLOCH (1923) p. 509; CURRAN (1935) p. 1; VAN EMDEN (1939) p. 65; PERIS (1967) p. 40.

Pyrellia albocuprea VILLENEUVE ist mir von Kenya und von Südafrika bekannt. PATERSON (1958) fand die Tiere im waldigen Gelände in den Drakensbergen (Südafrika). Auch aus den Beschreibung der übrigen Autoren geht hervor, daß es sich anscheinend um Fliegen aus gebirgigen Biotopen handelt.

♂♂: Untere Gesichtshälfte bis über die Stirnspalte silbergrau, die obere Hälfte dunkel; Stirn an der engsten Stelle schmaler als der vordere Ocellus; etwa 28 Paar Parafrontalborsten, lang und haarähnlich, Ocellarborsten ebenfalls haarähnlich, 1 Paar kräftige Vertikalborsten; Augen dicht und lang behaart, die Facetten an der Stirnseite schwach vergrößert.

Thorax von glänzend kupferner bis violetter Farbe, dorsal in der vorderen Hälfte mit einem weißen, medianen Längsstreifen; Sternopleuren grauweiß bestäubt; das vordere Spirakulum braun;
Chätotaxis: 0+1 acr, 2+4 dc, 3 h, 2 ph, 2 npl, 3 posta, 1+5 mspl.

Beine braunschwarz; F_2 mit einer Reihe av und einer Reihe pv Borsten über die basalen zwei Drittel und einige p Borsten im apikalen Bereich; T_2 mit etwa 5 p und 1 v Borste, im apikalen Drittel 1 ad Borste; auf F_3 eine Reihe von ad und eine von av Borsten über die ganze Länge und in der basalen Hälfte eine Reihe pv Borsten, die Borsten der basalen Hälfte mit Ausnahme der ad Borsten lang und haarähnlich; T_3 mit einer Reihe kurzer ad Borsten, die mittleren Borsten kräftiger als die übrigen, 2-3 av Borsten in der apikalen Hälfte und 1 pd Borste im apikalen Drittel so wie 1 pd Borste in der basalen Hälfte.

Flügelmembran gräulich und mit feinen Borsten besetzt; Adern braun bis dunkelbraun, r_{4+5} dorsal und ventral über r-m hinaus beborstet; das obere Thorakalschüppchen innen transparent mit bräunlichem Schimmer und außen weiß, das untere braun mit einem hellen Rand.

Abdomen wie der Thorax metallisch kupfern bis violett gefärbt. Das letzte Tergit dorsal grau bestäubt.

♀♀: Das Weibchen ähnelt dem Männchen, die Stirn ist aber etwa ein

Drittel so breit wie der Kopf, die Beborstung ist auf dem Kopf kräftiger, und es sind 2 Paar Vertikalborsten und 2 Paar Orbitalborsten vorhanden. Die Pleuren sind intensiver bestäubt, und die Beborstung von F_3 ist schwächer entwickelt, die pv Borsten fehlen.

Länge zwischen 6 und 7 mm.

Pyrellia wittei n.sp. (Abb. 23 B)

Pyrellia wittei n.sp., eine nur schwach metallisch glänzende Art, ähnelt stark *Pyrellia albocuprea* VILLENEUVE, unterscheidet sich aber von ihr durch die Körperfarbe, die bedeutend schwächere Behaarung der Augen bei den Männchen und das Fehlen der Haare auf den Augen der Weibchen. Alle 14 mir zur Verfügung stehenden Exemplare wurden im Kongo gefangen. Angaben über die Biologie liegen nicht vor.

♂♂: Untere Gesichtshälfte grauweiß bestäubt; die Stirn dunkel und an der engsten Stelle nicht breiter als der vordere Ocellus; etwa 18 bis 20 Paar Parafrontalborsten, lang und haarähnlich, 1 Paar kräftiger Vertikalborsten; Augen deutlich, aber spärlich behaart, Haare nicht so lang wie bei *Pyrellia albocuprea* VILLENEUVE, die Facetten an der Stirnseite schwach vergrößert. Die untere Gesichtshälfte erscheint mir stärker vorspringend als bei *Pyrellia albocuprea* VILLENEUVE.

Thorax von dunkelgrüner, schwach glänzender Färbung mit messingfarbener Reflexion, dorsal in der vorderen Hälfte ein weißer medianer Längsstreifen; wie bei allen *Pyrellia*-Arten, die einen weißen medianen Längsstreifen aufweisen, die Humeralschwielen und die Notopleuren weißlich bestäubt, die Sternopleuren nur schwach weiß bestäubt; das vordere Spirakulum dunkel;
Chätotaxis: 0+1 acr, 2+4 dc, 3 h, 2 ph, 2 npl, 3 posta, 1+6-8 mspl.

Beine braunschwarz; F_2 mit av und pv Borsten in der basalen Hälfte und p Borsten im apikalen Bereich; T_2 mit den üblichen p Borsten und 1 langen v so wie 1 ad Borste in der apikalen Hälfte; F_3 mit einer Reihe ad und einer Reihe av Borsten über die ganze Länge, und in der basalen Hälfte mehrere pv Borsten, die av und pv Borsten in der basalen Hälfte lang und haarähnlich; T_3 mit einer Reihe ad Borsten, von denen die mittleren kräftiger sind; rund 3 av Borsten in der apikalen Hälfte, 1 pd Borste im apikalen Drittel und 1 pd Borste im basalen Bereich.

Flügelmembran einheitlich mit feinen Borsten besetzt; Adern braun, r_{4+5} dorsal und ventral über r-m hinaus mit Borsten besetzt, die z.T. in größeren Abständen stehen können; das obere Thorakalschüppchen weißlich transparent, das untere hellbraun bis braun und mit breitem hellen Rand.

Abdomen grün mit messingfarbener und kupferner Reflexion.

♀♀: Die Stirn etwa ein Drittel so breit wie der Kopf, Parafrontalborsten kürzer, aber kräftiger, 1 Paar langer Ocellarborsten und 2 Paar Vertikalborsten sowie 2 Paar Orbitalborsten vorhanden; die Augen nackt, der Thorax intensiver bestäubt.

Länge zwischen 5 und 7 mm.

Fundorte: männl. Holotypus, 3 männl. und 1 weibl. Paratypen von Belgisch Kongo, P.N.A. VIII. 1934; 2 weibl. Paratypen Belg. Kongo P.N.A. Kamatembe I. 1935; 1 männl. 2 weibl. Paratypen Belg. Kongo P.N.A. Mubaliba VI. 1935, 2 weibl. Paratypen Ruanda III. 1935, 2 männl. Paratypen Belg. Kongo Lac N'Gando III. 1935 alle von DE WITTE gesammelt. Männlicher Holotypus, 6 männliche Paratypen und 7 weibliche Paratypen im S.A. Institute for Medical Research.

Pyrellia stuckenbergi PATERSON (Abb. 9 G, 22 F)

Pyrellia stuckenbergi PATERSON (1957) p. 448, (1958) p. 304; PERIS (1967) p. 40.

Pyrellia stuckenbergi PATERSON läßt sich leicht von den verwandten Arten durch das typische Gesichtsprofil unterscheiden (Abb. 22 F). Sie ist mir nur aus Natal (Südafrika) bekannt. Der folgenden Beschreibung liegt u.a. der weibliche Holotypus zu Grunde.

♀♀: Untere Gesichtshälfte weiß bestäubt, obere metallisch blaugrün; Stirn etwa ein Drittel so breit wie der Kopf; etwa 10 Paar Parafrontalborsten, 2 Paar Orbitalborsten, 2 Paar Vertikalborsten, 1 Paar kräftige Ocellarborsten; Augen nackt. Untere Gesichtshälfte etwas hervorspringend.

Thorax metallisch blaugrün, der vordere Teil des Mesonotums mit einem medianen, weißen Längsstreifen, Sterno- und Mesopleuren grauweiß bestäubt; das vordere Spirakulum schwarz;
Chätotaxis: 0+1 acr, 2+4 dc, 3 h, 2 ph, 2 npl, 2 posta, 1+7-8 mspl.

Von den Beinen die Femura metallisch grünblau, die unteren Glieder schwarz; F_2 mit einigen a, p und pd Borsten, die a Borsten in der basalen Hälfte, die p und pd Borsten im apikalen Bereich; T_2 mit etwa 4 p Borsten, hinter der Mitte 1 v und im apikalen Drittel 1 ad Borste; F_3 mit einer Reihe ad Borsten und in der apikalen Hälfte ein paar av Borsten; T_3 mit 2 av

Borsten nach der Mitte, 1 kräftige pd Borste im apikalen Drittel, einer Reihe von etwa 6 ad Borsten über die basalen zwei Drittel und einer Reihe schwacher pd Borsten.

Flügel hyalin, die Membran im basalen Bereich der Diskalzelle nackt; r_{4+5} dorsal und ventral an der Basis mit einigen wenigen Borsten besetzt; beide Thorakalschüppchen weißlich.

Abdomen metallisch blaugrün, seitlich schwach grau bestäubt.

♂♂: Das Männchen unterscheidet sich vom Weibchen durch eine enge Stirn, die etwa so breit wie der vordere Ocellus ist, die Augenfacetten der Stirnseite sind vergrößert, die Kopfbeborstung ist schwächer entwickelt, und das untere Thorakalschüppchen ist leicht bräunlich gefärbt.

Länge etwa 5 mm.

Pyrellia kuhlowi n.sp. (Abb. 9 H, 22 G)

Von dieser Art steht mir nur ein einziges Weibchen zur Verfügung, das in Ngorongoro, Tanzania, gefangen wurde. Wie es sich von der vorhergehenden Art unterscheidet, geht aus dem Bestimmungsschlüssel hervor.

♀♀: Gesicht einschließlich der unteren Stirnhälfte weiß, die obere Hälfte der Stirn schwarz; Stirn an der engsten Stelle nicht breiter als ein Drittel der Kopfweite; rund 11 Paar Parafrontalborsten, 2 Paar Orbitalborsten, 1 Paar Ocellarborsten, 2 Paar kräftige Vertikalborsten; Augen nackt.

Thorax metallisch grün mit einem weißen medianen Längsstreifen auf dem vorderen Teil des Mesonotums, Humeralschwielen und Sternopleuren weiß bestäubt; das vordere Spirakulum dunkel;
Chätotaxis: 0+1 acr, 2+4 dc, 3 h, 2 ph, 2 npl, 1+7 mspl.

Flügel hyalin, die Membran einheitlich mit feinen Borsten besetzt; Adern braun, r_{4+5} dorsal weit über r-m hinaus mit Borsten besetzt, ventral nur an der Basis beborstet; das untere Schüppchen weißlich, das obere innen transparent, außen weißlich.

Von den Beinen die Femura in bestimmten Licht metallisch grün, die unteren Beinglieder schwarz; F_2 mit einer Reihe von a bis av Borsten in der basalen Hälfte, apikal mit einigen kräftigen p Borsten; T_2 mit 1 v Borste nach der Mitte, 1 ad Borste im apikalen Drittel und etwa 3-4 p Borsten über die Länge verteilt; F_3 mit einer Reihe ad Borsten und in der apikalen Hälfte einige av Borsten; T_3 mit einer Reihe von ad Borsten, 1 av Borste nach der Mitte und 1 pd Borste im apikalen Drittel.

Abdomen metallisch grün, lateral schwach grau bestäubt.

Länge um 6,5 mm.

Das Männchen ist unbekannt.

Fundort: Ngorongoro, Tanzania, leg. D.O. Afrika – Expedition, 28.II. 1952. Der weibliche Holotypus im S.A. Institute for Medical Research. – Diese Art wurde nach Herrn Dr. F. KUHLOW, Tropeninstitut Hamburg, benannt.

Pyrellia spinthera BIGOT (Abb. 8 B, 9 A)

Pyrellia spinthera BIGOT (1878) p. 35; VAN EMDEN (1939) p. 66; PERIS (1967) p. 39; LINDNER (1969) p. 230.
Orthellia spinthera MALLOCH (1923) p. 513.
Synonym: *Pyrellia nana* CURRAN (1928) p. 357.

Diese recht häufig anzutreffende Art ist mir aus verschiedenen Orten Südafrikas, von Uganda, Tanzania, Mozambique und vom Kongo bekannt. Die Art hält sich nach meinen Beobachtungen im schattigen Bereich in der Nähe von Gewässern auf.

♂♂: Gesicht von schwarzer Grundfarbe, die untere Hälfte aber schwach silbergrau bestäubt; Stirn an der engsten Stelle etwa so breit wie der vordere Ocellus; etwa 8 Paar schwach entwickelter Parafrontalborsten, 1 Paar kräftiger Vertikalborsten; Augen nackt, die Facetten der Stirnseite vergrößert.

Thorax metallisch grün mit messingfarbener Reflexion; das vordere Spirakulum dunkel;
Chätotaxis: 0+1 acr, 2+4-5 dc, 3 h, 2 ph, 2 npl, 3 posta, 1+5 mspl.

Beine braunschwarz; F_2 in der basalen Hälfte mit einigen v und av Borsten, apikal einige kräftige p Borsten; T_2 mit 4 p und 1 langen pv Borste; auf F_3 in der basalen Hälfte einige lange pv Borsten, außerdem eine Reihe von av und eine von ad Borsten; T_3 mit einer Reihe kurzer ad Borsten, 1 auffallend längere davon in der Mitte, in der apikalen Hälfte 1 av und im apikalen Drittel 1 pd Borste.

Flügel mit schwachem bräunlichen Schimmer, die Membran fast einheitlich mit feinen Borsten besetzt; Adern hellgelb oder hellbraun, r_{4+5} dorsal und ventral mit Borsten besetzt, die aber nicht über r-m hinausgehen; das obere Thorakalschüppchen innen bräunlich transparent, außen weiß, das untere braun, mitunter auch weißlich.

Abdomen metallisch blaugrün, mitunter mit goldener Reflexion.

♀♀: Beim Weibchen ist die Stirn etwa ein Viertel so breit wie der Kopf, die Parafrontalia glänzend schwarz, die Kopfbeborstung kräftiger mit 2 Paar Vertikalborsten, 1 Paar Ocellarborsten und 2 Paar Orbitalborsten. F_3 in der basalen Hälfte ohne pv und av Borsten; der basale Bereich der Diskalzelle mehr oder weniger nackt; das untere Schüppchen gelblich, gelblichweiß oder gelblichbraun. Im übrigen ähnelt das Weibchen sehr dem Männchen.

Länge zwischen 5,5 und 6,5 mm.

Pyrellia neuhausi n.sp. (Abb. 9 C)

Pyrellia neuhausi n.sp., eine recht dunkle Art, wurde in Uganda gefunden.

Über ihre Biologie liegen keine Angaben vor.

♀♀: Backen und Parafacialia leicht grau bestäubt, die Parafrontalia glänzend schwarz, die Stirnstrieme schwarz; die Stirn etwa ein Viertel so breit wie der Kopf; etwa 6 Paar Parafrontalborsten, 3 Paar Orbitalborsten, das mittlere Paar auffallend lang, 1 Paar lange Ocellarborsten und 2 Paar lange Vertikalborsten; Augen nackt.

Thorax dunkelblau mit glänzender, dunkelgrüner Reflexion; Sternopleuren bestäubt; das vordere Spirakulum weiß;
Chätotaxis: 0+1 acr, 2+5 dc, die vorderen post dc Paare kurz, 3 h, 2 ph, 2 npl, 2 posta, 1+6 mspl.

Beine glänzend dunkelbraun; F_2 mit 2 a Borsten in der Mitte und 4 p Borsten im apikalen Bereich; T_2 mit 3-5 p und 1 v Borste nach der Mitte: F_3 mit einer Reihe ad Borsten und in der apikalen Hälfte mit 4-5 av Borsten in der apikalen Hälfte so wie 3-4 feinen aber langen pv Borsten in der basalen Hälfte; T_3 mit einer Reihe kurzer ad Borsten, von denen 1 längere in der Mitte steht, im mittleren Drittel 2 av Borsten und im apikalen Drittel 1 lange pd Borste.

Flügel bräunlich, die Membran dicht mit Borsten besetzt; Adern braun, r_{4+5} dorsal und ventral weit über r-m hinaus mit feinen Borsten besetzt; das obere Thorakalschüppchen innen transparent, außen weiß, das untere dunkelbraun mit hellem Rand.

Abdomen glänzend dunkelgrün mit messingfarbenem Schimmer.

Länge etwas über 7 mm.

Fundort: Weiblicher Holotypus von Uganda, 25 mi. s. Kichwamba, 28.IV.1968 leg. SPANGLER. Der Holotypus befindet sich in der Smithsonian Institution, Washington. Diese Art wurde nach Herrn Prof. Dr. NEUHAUS vom Zool. Staatsinstitut Hamburg, benannt.

Pyrellia scintillans BIGOT (Abb. 8 A, 9 B)

Pyrellia scintillans BIGOT (1887) p. 616; SÉGUY (1933) p. 63; VAN EMDEN (1939) p. 63; PATERSON (1960) p. 400; PERIS (1967) p. 39; PONT (1969) p. 4.

Synonym: *Pyrellia mitis* CURRAN (1927) p. 530.

Ähnlich wie *Pyrellia spinthera* BIGOT findet man diese Art in feuchten, schattigen Biotopen. Gefangen wurde sie bisher mehrfach in Südafrika, Tanzania, Botswana und im Kongo.

♂♂: Gesicht von schwarzer Grundfarbe mit leichter, grauer Bestäubung; Stirn nicht breiter als der doppelte Durchmesser des vorderen Ocellus; etwa 10 Paar Parafrontalborsten, alle schwach und haarähnlich, 1 Paar kräftiger Vertikalborsten; Augen nackt, die Facetten alle etwa gleich groß.

Thorax glänzend grün oder blaugrün; das vordere Spirakulum weiß; Chätotaxis: 0+1 acr, 2+4-5 dc, 3 h, 2 ph, 2 npl, 3 pcsta, 1+5 mspl.

Beine dunkelbraun; F_2 in der basalen Hälfte mit einigen kurzen, aber kräftigen a Borsten und einer Reihe langer av und pv Borsten, die apikal kürzer werden, apikal einige p Borsten; T_2 mit 4-5 p und 1 längeren v Borste; F_3 mit einer Reihe ad und einer Reihe av Borsten, die av Borsten der basalen Hälfte haarähnlich wie einige basale lange pv Borsten; T_3 mit 2-3 av Borsten in der apikalen Hälfte, einer Reihe von ad Borsten und in der Mitte mit 1 pd Borste und im apikalen Drittel eine weitere Borste, die letztere kräftiger.

Flügel hyalin, die Membran einheitlich mit feinen Borsten besetzt; Adern gelblichbraun, r_{4+5} ventral und dorsal an der Basis mit einigen feinen Borsten, die nicht über r-m hinaus gehen; das obere Thorakalschüppchen innen transparent, außen weißlich, das untere braungelb.

Abdomen metallisch glänzend blaugrün oder grün.

♀♀: Das Weibchen ähnelt dem Männchen unterscheidet sich aber wie folgt: Stirn nicht ganz ein Drittel so breit wie der Kopf, 2 Paar Orbitalborsten, 2 Paar kräftige Vertikalborsten, 1 Paar kräftige Ocellarborsten; untere Gesichtshälfte silberweiß, Parafrontalia glänzend schwarz; F_2 und F_3

ohne die langen haarähnlichen Borsten der basalen Hälften, das untere Thorakalschüppchen heller.

Länge zwischen 4 und 6 mm.

GATTUNG MORELLIA ROBINEAU-DESVOIDY (1830)

Morellia ROBINEAU-DESVOIDY (1830) p. 405; MALLOCH (1923) p. 520, (1925) p. 85; SÉGUY (1935) p. 103; PERIS (1961) p. 349, (1967) p. 37.

Nach PERIS (1961, 1967) enthält diese Gattung rund 13 dunkle und 4 metallisch glänzend gefärbte Arten. Die letzteren 4 Arten erfaßt er in der *pyrellioides*-Gruppe, die sich außer durch ihre Färbung auch durch ein sehr breites Prosternum auszeichnet. *Morellia bootes* SÉGUY, die bisher einzige metallisch glänzende *Morellia*-Art mit schmalem Prosternum, ist, wie bereits erwähnt, ein Synonym zu *Pyrellina distincta* (WALKER). Aus diesem Grunde erscheint es mir berechtigt, die metallisch glänzenden Arten mit dem breiten Prosternum aus dieser Gattung herauszunehmen, so daß sich die Gattung *Morellia* jetzt aus einer einheitlichen Gruppe dunkel gefärbter *Muscinae* zusammensetzt, die folgende Merkmale aufweisen:

Rüssel, Palpen und Antennen dunkel; Thorax immer dunkel mit einem weißen medianen Längsstreifen auf dem vorderen Mesonotum und hell bestäubten Humeralschwielen und Notopleuren, nie metallisch glänzend gefärbt; das untere Thorakalschüppchen stets vergrößert, breit und dem Körper anliegend; T_1 kann längere p Borsten aufweisen; F_2 besitzt mitunter eine dorso-apikale Schwellung; die Media verläuft immer in einer Kurve und nie knickartig (Abb. 6 C); bis auf *Morellia podagrica* (Lw.) (1+3) finden sich immer 1+2 stpl, und das Prosternum ist stets schmal und länglich. Bei den Männchen ist der apikale Teil des Aedeagus immer nackt.

Betrachtet man die Cerci (Abb. 10), so läßt sich feststellen, daß die von *Morellia hortensia* (Wd.), *Morellia simplex* (Lw.) und *Morellia paradoxa* VILLENEUVE sich sehr ähneln. Da auch die Imagines dieser 3 Arten schwer voneinander zu trennen sind, fasse ich sie als *hortensia*-Gruppe innerhalb der Gattung *Morellia* zusammen.

Nach HENNIG (1964) ähnelt *Morellia* den Gattungen *Musca* und *Pyrellia*, da die Larven aller drei Gattungen getrennte Dentalsklerite besitzen und akzessorische Spangen des Mundskelettes fehlen. Für die Larven von *Morellia* ist außerdem das abgestutzte Hinterende typisch. Die Larven werden vorwiegend im Dung gefunden. Die Imagines sollen Blütenbesucher sein. Ich konnte aber erwachsene *Morellia nilotica* (Lw.) beim Schweißlecken am Menschen beobachten.

Die Gattung *Morellia* ist in der äthiopischen Region mit 16 bisher bekannten Arten vertreten, von denen einige recht häufig anzutreffen sind.

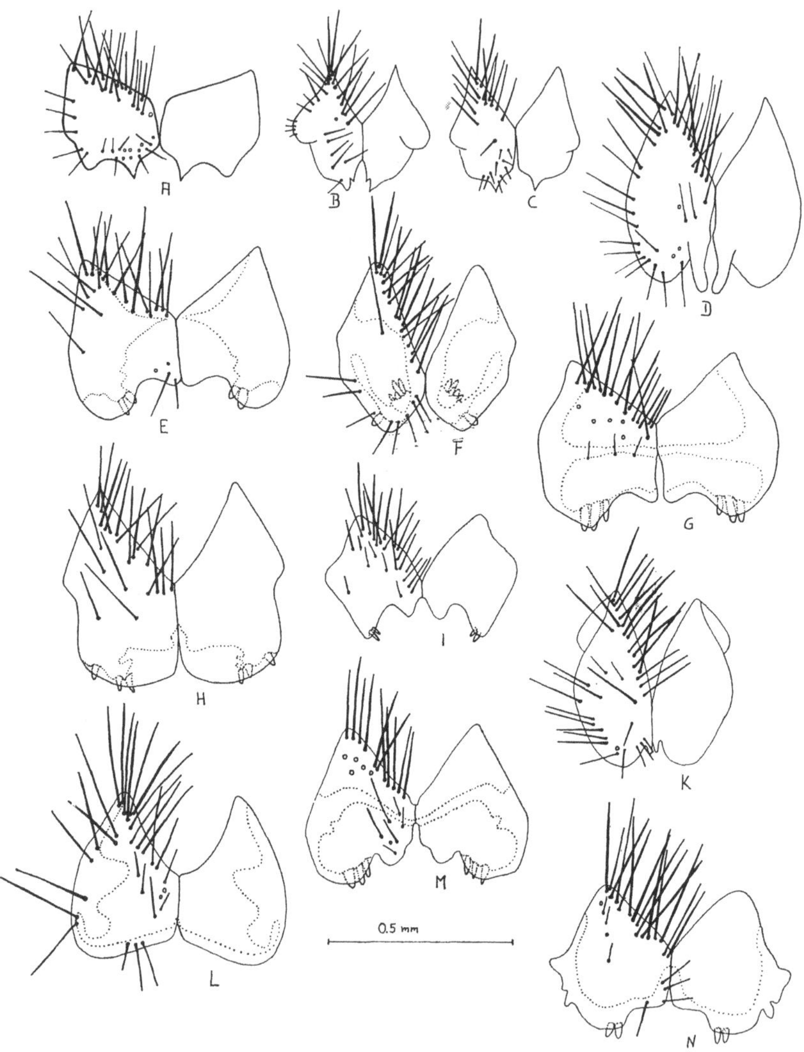

Abb. 10. Dorsalansicht der Cerci von *Morellia*:
A *M. simplex* (Wd.), B *M. paradoxa* VILL., C *M. hortensia* (Wd.), D *M. cerciformis* ZIELKE, *M. natalensis* PATERSON, F *M. edwardsi* V. EMDEN, G *M. calyptrata* STEIN, H *M. podagrica* (LOEW), I *M. nilotica* (LOEW), K *M. abdominalis* STEIN, L *M. curvitibia* STEIN, M *M. longiseta* V. EMDEN, N *M. prolectata* (WALK.).

PERIS brachte 1961 eine Bestimmungstabelle für die Gattung *Morellia*, in seiner späteren Arbeit (1967) revidierte er die *pyrellioides*-Gruppe. Wie fast alle seine Bestimmungstabellen, ist auch der Schlüssel für die Gattung *Morellia* nicht vollständig, und Arten wie *Morellia calyptrata* STEIN, *Morellia curvitibia* STEIN und *Morellia spinuligera* STEIN werden getrennt behandelt.
Bestimmungstabelle für die Arten der Gattung *Morellia*

Ich habe nun versucht, in der vorliegenden Tabelle alle bekannten Arten der neu definierten Gattung *Morellia* zu erfassen und zu charakterisieren:

1. Abdomen gelb, Thorax dunkel-blauschwarz .... *M. abdominalis* STEIN
– Abdomen dunkel wie der Thorax 2
2. Die Basis von F_3 mit einem av Dorn .... *M. spinuligera* STEIN
– F_3 ohne solche basalen Dornen 3
3. Die prst dc Borsten so kräftig entwickelt, daß sie sich deutlich von den übrigen Haaren unterscheiden 4
– Die prst dc Borsten nur haarähnlich schwach entwickelt oder gar nicht vorhanden 8
4. Prosternum nackt 5
– Prosternum an den Seiten behaart oder fein beborstet .... *hortensia*-Gruppe... 6
5. Augen dicht und lang behaart .... *M. edwardsi* VAN EMDEN
– Augen nackt, 1+3 stpl .... *M. podagrica* (LOEW)
6. Flügelmembran im Bereich der basalen Hälfte der Diskalzelle nackt, T_2 mit 1 pv Borste .... *M. paradoxa* VILLENEUVE
– Membran einheitlich mit feinen Borsten besetzt 7
7. Alle post dc Borsten kräftig und fast gleich lang ... *M. simplex* (LOEW)
– Die vorderen post dc Borsten auffallend kürzer als die hinteren ..... *M. hortensia* (WIEDEMANN)
8. Prosternum zumindest schwach behaart .... *M. prolectata* (WALKER)
– Prosternum nackt 9
9. Die Diskalzelle zumindest an der Basis nackt. Männl. T_1 mit einigen längeren p Borsten in der apikalen Hälfte......... *M. nilotica* (LOEW)
– Die Diskalzelle auch an der Basis einheitlich mit feinen Borsten besetzt 10
10. Männl. T_1 mit einigen längeren p oder pv Borsten, weibl. T_1 ohne diese, weibl. T_3 in der apikalen Hälfte mit mehr als 4 av Borsten ... 11
– Männl. T_1 ohne auffallend lange p Borsten, weibl. T_3 mit höchstens 3 av Borsten 12
11. Männl. T_1 mit 4-5 längeren pv Haaren, die 2-3 mal so lang wie der Tibiadurchmesser sind, das untere Thorakalschüppchen einschließlich Rand dunkelbraun, r_{4+5} dorsal an der Basis mit einigen langen

Haaren, diese Borstenreihe geht über r-m hinaus. Weibl. unteres Thorakalschüppchen weißlich mit gelbem Rand .... *M. cerciformis* ZIELKE

– Männl. T_1 mit 2-3 langen pv Haaren, die etwa 4-6 mal so lang wie der Tibiadurchmesser sind, das untere Thorakalschüppchen dunkelbraun mit breitem weißen Rand, die Borsten dorsal auf r_{4+5} auf die Basis beschränkt und kürzer .... *M. longiseta* VAN EMDEN

12. Männl. T_3 mit 4-6 langen av Haaren 13

– Männl. T_3 ohne oder höchstens mit 2-3 langen av Haaren 14

13. Männl. T_3 fast über die ganze Länge mit langen ad Borsten, im apikalen Drittel 4-6 lange av Haare, die 3-4 mal so lang wie der Tibiadurchmesser sind. Unteres Thorakalschüppchen braun mit breitem hellen Rand. Weibl. T_3 mit 3 kräftigen ad Borsten im mittleren Drittel, die den Tibiadurchmesser erreichen oder überschreiten, 2 av Borsten etwa in der Mitte, die untere nicht weiter als um ihre eigene Länge von der oberen entfernt .... *M. curvitibia* STEIN

– Männl. T_3 fast über die ganze Länge mit ad Borsten besetzt, in der apikalen Hälfte 4-6 av Haare, die nicht länger als der doppelte Tibiadurchmesser sind, das untere Thorakalschüppchen transparent bräunlich, mit schmalem farblosen Rand .... *M. tibialis* n.sp.

14. Männl. T_3 mit 2-3 sehr langen av Haaren in der apikalen Hälfte, die Länge der Haare erreicht etwa 4 mal den Tibiadurchmesser. Weibl. T_3 mit 2 kurzen av Borsten, die nicht weiter voneinander entfernt stehen als die Länge der unteren Borste .... *M. calyptrata* STEIN

– Männl. T_3 höchstens mit av Borsten, die den Tibiadurchmesser kaum erreichen. Weibl. T_3 mit 2 kurzen av Borsten, die sehr weit voneinander entfernt stehen 15

15. Männl. F_3 mit einer Reihe schwach entwickelter av Borsten, von denen die kräftigsten apikal stehen. Weibl. T_3 mit 3-5 sehr schwach entwickelte av Borsten vorhanden, die in großen Abständen voneinander stehen .... *M. natalensis* PATERSON

– Männl. F_3 mit einer Reihe langer av Borsten, von denen die 2 auffallend längsten in der Mitte stehen, auf T_3 eine Reihe ad Borsten, von denen im apikalen Drittel 1 zumindest halb so lang wie die pd Borste auf gleicher Höhe ist .... *M. setosa* n.sp.

Morellia abdominalis STEIN (Abb. 10 K)

Morellia abdominalis STEIN (1918) p. 186; MALLOCH (1923) p. 520, (1927) p. 386; SÉGUY (1933) p. 61, (1935) p. 106; PERIS (1961) p. 351.

Morellia abdominalis STEIN unterscheidet sich von allen bisher bekannten Arten der Gattung *Morellia* durch das einfarbige gelbe Abdomen. Bekannt ist sie aus Uganda, Mozambique und Südafrika, über ihre Biologie liegen keine Angaben vor.

♂♂: Untere Gesichtshälfte mehr oder weniger stark grau bestäubt, die übrigen Gesichtspartien schwarz; Stirn etwa so breit wie das Ocellardreieck; etwa 13 Paar Parafrontalborsten, 1 Paar kräftige Vertikalborsten; Augen nackt.

Thorax dorsal glänzend schwarz mit schwacher violetter Reflexion auf dem vorderen Teil des Mesonotums ein weißer, medianer Längsstreifen, Sternopleuren grau bestäubt; das vordere Spirakulum dunkel;
Chätotaxis: 0+1 acr, 0+2 dc, das 2. Paar post dc kann schwach entwickelt vorhanden sein, 4 h, 2 ph, 2 npl, 3-4+6-10 mspl.

Beine braun; T_1 ohne auffallend lange p Borsten; F_2 in der basalen Hälfte mit einer Reihe kurzer a und einigen av Borsten in der Mitte, apikal ein paar kräftige p Borsten; T_2 mit 4-5 p Borsten; F_3 mit einer Reihe ad, in der apikalen Hälfte eine Reihe av Borsten und basal etwa 4 kurze pv Borsten; T_3 mit einer Reihe av in der apikalen Hälfte und eine Reihe kurzer ad Borsten über die ganze Länge, 2 ad Borsten in der Mitte auffallend kräftiger, im apikalen Drittel 1 kräftige pd Borste.

Die Flügelmembran einheitlich mit feinen Borsten besetzt; Adern braun, r_{4+5} dorsal und ventral mit einer Reihe feiner Borsten, die aber vor r-m endet; das obere Thorakalschüppchen innen transparent, außen weiß, das untere bräunlichgelb.

♀♀: Das Weibchen unterscheidet sich von den Männchen durch eine breitere Stirn, die etwa ein Viertel so breit wie der Kopf ist, untere Gesichtshälfte, die Parafrontalia und z.T. die Strieme grauweiß bestäubt, etwa 10 Paar Parafrontalborsten, 2 Paar Orbitalborsten, 1 Paar Vertikalborsten und 1 Paar Ocellarborsten; T_3 mit nur 2 av Borsten im mittleren Drittel; r_{4+5} dorsal über r-m hinaus beborstet; das untere Thorakalschüppchen weißlich gelb.

Abdomen mehr orangegelb.
Länge 7 bis 8 mm.

Morellia spinuligera STEIN

Morellia spinuligera STEIN (1913) p. 464; MALLOCH (1923) p. 520; SÉGUY (1935) p. 106; PERIS (1961) p. 354.
Dieses ist die einzige *Morellia*-Art, von der ich kein Exemplar sehen konnte.

STEIN beschreibt die Art anhand eines Männchens, das in Haramaja, Äthiopien gefangen wurde. Auf Grund seiner recht guten Beschreibung läßt sich diese Art aber in die Bestimmungstabelle einordnen.

Morellia hortensia-Gruppe

Diese Gruppe enthält auf Grund geringfügiger äußerer Unterschiede sowie sehr ähnlicher Cerci die drei Arten *Morellia hortensia, Morellia simplex* und *Morellia paradoxa.* Alle drei Arten sollen in der äthiopischen Region vertreten sein. So nennt MALLOCH (1925) *Morellia hortensia* aus der äthiopischen Region, und PERIS (1961) nimmt alle drei Arten in seiner Tabelle für die äthiopischen *Morellia*-Arten auf. *Morellia hortensia* und *Morellia simplex* wurden jedoch von der paläarktischen Region beschrieben, während *Morellia paradoxa* aus der äthiopischen Region stammt. Während meiner Untersuchungen konnte ich feststellen, daß alle mir von den verschiedenen Museen überlassenen „*Morellia hortensia*"-Exemplare aus der äthiopischen Region zu *Morellia paradoxa* gehörten. Aus diesem Grunde nehme ich an, daß auch MALLOCHS Exemplar hierzu gehört, da zu der Zeit (1925) *Morellia paradoxa* noch gar nicht beschrieben war. Demnach ist *Morellia hortensia* nicht in der äthiopischen Region vertreten. Von *Morellia simplex* konnte ich ebenfalls kein Material erhalten, das aus der äthiopischen Region stammt, und ich glaube, daß auch diese Art auf die paläarktische Region beschränkt ist. *Morellia paradoxa* ist m.E. der einzige Vertreter der *hortensia*-Gruppe in der äthiopischen Region. Ich führe dennoch in der Bestimmungstabelle die beiden anderen Arten auf, um gegebenenfalls den Nachweis zu erleichtern.

Morellia paradoxa VILLENEUVE (Abb. 10 B)

Morellia paradoxa VILLENEUVE (1937) p. 3; PERIS (1961) p. 350.

PERIS (1961) unterscheidet *Morellia paradoxa* VILLENEUVE von *Morellia hortensia* (WIEDEMANN) anhand der prst dc Borsten, die bei der letzteren Art sehr kurz und bei *Morellia paradoxa* VILLENEUVE lang und kräftig sein sollen. Dieses Bestimmungsmerkmal ist aber gerade bei *Morellia paradoxa* sehr variabel, so daß dadurch Fehlbestimmungen hervorgerufen werden können. Ein sicheres Unterscheidungsmerkmal scheint mir hingegen zu sein, daß die Diskalzelle bei *Morellia hortensia* wie auch bei *Morellia simplex* (LOEW) einheitlich dicht mit feinen Borsten besetzt, während sie bei *Morellia paradoxa* VILLENEUVE im basalen Bereich und in ihrer Umgebung nackt ist.

Bekannt ist mir *Morellia paradoxa* VILLENEUVE von Südafrika, Rhodesien, Ghana, Uganda, Mozambique und vom Sudan.

♂♂: Gesicht einschließlich unterer Stirnhälfte grau bestäubt, obere Stirnhälfte dunkel; Stirn an der engsten Stelle etwa so breit wie das Ocellardreieck; zahlreiche Parafrontalborsten und 1 Paar Vertikalborsten; Augen nackt.

Thorax dunkel mit dorsalem, breiten, hellen Längsstreifen fast bis zum Scutellum reichend, Pleuren mehr oder weniger stark grau bestäubt; das vordere Spirakulum dunkel;
Chätotaxis: 2-3 + 2 acr, nur das letzte Paar post acr lang und kräftig, 3 + 5 dc, die vorderen post dc etwas schwächer als die prst dc, 3 h, 3 ph, 2 npl, 2 + 7 mspl, Prosternum behaart.

Beine dunkelbraun; T_1 ohne auffallende p Borste; F_2 in der basalen Hälfte mit 1 kurzen, aber kräftigen a und einigen kurzen pv Borsten, apikal einige kräftige p bis pd Borsten; T_2 mit 3-4 p Borsten, eine auffallend pv gelegen; auf F_3 eine Reihe ad und apikal einige av Borsten, basal einige haarähnliche av und pv Borsten; T_3 mit 6 av Borsten in der apikalen Hälfte, die längsten nicht länger als der eineinhalbfache Tibiadurchmesser, eine Reihe schwacher ad Borsten mit 1 stärkeren in der Mitte, im apikalen Drittel 1 kräftige pd Borste so wie einige feine pv Haare.

Flügel hyalin, Membran im Bereich der basalen Diskalzelle und Umgebung nackt, sonst beborstet; Adern hellbraun, r_{4+5} dorsal und ventral bis r-m beborstet; das untere Schüppchen bräunlich mit weißem Rand.

Abdomen dunkel, dorsal das letzte Tergit ganz, die vorderen unregelmäßig bestäubt. Sternite und die ventralen Partien der Tergite einheitlich grau bestäubt.

♀♀: Stirn etwa ein Drittel so breit wie der Kopf, Gesicht grau bestäubt, Strieme dunkelbraun; Parafrontalborsten kräftig, 1 Paar langer Ocellarborsten, 1 Paar kräftiger Vertikalborsten, 1 Paar kräftige und 2 Paar kleine Orbitalborsten, alle proclinat, das vordere ist das längste Paar; Thoraxbestäubung intensiver; auf F_3 fehlen die basalen pv und av Borsten; T_3 ohne apikale pv Borsten; die Thorakalschüppchen weißlich; das Abdomen intensiver weiß bestäubt, bei bestimmtem Licht nur mit einem dunklen, unscharf begrenzten Längsstreifen; sonst ähnlich wie das Männchen.

Länge um 6,5 mm.

Morellia simplex (LOEW) (Abb. 10 A)

Cyrtoneura simplex LOEW (1857) p. 45;
Morellia simplex MALLOCH (1923) p. 521; SÉGUY (1935) p. 108; PERIS (1961) p. 350; HENNIG (1964) p. 973.

Diese Art ist in Europa weit verbreitet, und dementsprechend ist die Biologie auch näher untersucht. Ich verweise in diesem Fall auf HENNIG (1964), da hier alle diesbezüglichen Literaturangaben zu finden sind. Wie bereits erwähnt, ist mir *Morellia simplex* (LOEW) nicht von Afrika südlich der Sahara bekannt.

♂♂: Gesicht überwiegend grau bestäubt; Stirn an der engsten Stelle etwa doppelt so breit wie der vordere Ocellus; zahlreiche Parafrontalborsten, 1 Paar lange Vertikalborsten; Augen nackt.

Thorax überwiegend grau bestäubt, dorsal mit vier dunklen Längsstreifen; das vordere Spirakulum dunkel;
Chätotaxis: 0+1 acr, 2+4 dc, alle lang und kräftig, 4-5 h, 2 ph, 2 npl, 1+7 mspl, Prosternum behaart.

Beine rotbraun bis braun; T_1 ohne auffallende lange p Borsten; F_2 mit 1 a Borste in der Mitte und einigen p Borsten im apikalen Bereich; T_2 mit 4-6 p Borsten; T_3 mit etwa 6 kräftigen av Borsten in der apikalen Hälfte, die av Borsten etwa 1 bis $1\frac{1}{2}$ mal so lang wie der Tibiadurchmesser, eine Reihe kurzer ad und in der apikalen Hälfte einige lange pv Borsten, 1 pd Borste im basalen, 1 pd Borste im mittleren und 1 pd Borste im apikalen Drittel.

Flügel gräulich, die Membran einheitlich mit feinen Borsten besetzt; Adern hellbraun bis braun, r_{4+5} dorsal und ventral an der Basis mit einigen Borsten; das obere Thorakalschüppchen innen transparent, außen weißlich, das untere gelblichbraun mit breitem hellen Rand.

Abdomen von dunkler Grundfarbe, die graue Bestäubung läßt bei bestimmtem Licht einen dunklen Längsstreifen erkennen so wie ein dunkles Apikal- und Basalband auf allen Tergiten. Sternite grau bestäubt.

♀♀: Ähnelt dem Männchen, folgende Unterschiede sind aber festzustellen: Stirn beinahe ein Drittel so breit wie der Kopf, Gesicht grau bestäubt, nur die untere Hälfte der Stirnstrieme dunkel; 1 Paar lange Ocellarborsten, 1 Paar kräftige und einige kleinere proclinate Orbitalborsten; Thorax nur mit 2 dunklen breiten Längsstreifen; T_3 statt der Haare mit Borsten; r_{4+5} bei einigen Exemplaren bis über r-m mit Borsten besetzt.

Länge zwischen 6 und 8,5 mm.

Morellia hortensia (WIEDEMANN) (Abb. 10 C)

Musca hortensia WIEDEMANN (1830) p. 413;
Morellia hortensia MALLOCH (1923) p. 522, (1925) p. 86; SÉGUY (1935) p. 108; THOMSON (1947) p. 95; PERIS (1961) p. 350; HENNIG (1964) p. 967.

Auch von dieser Art habe ich kein Material aus der äthiopischen Region gesehen. In Europa dagegen scheint sie weit verbreitet zu sein.

♂♂: Gesicht silbergrau bestäubt, die obere Hälfte der Stirn dunkel; Stirn nicht breiter als das Ocellardreieck; Parafrontalborsten zahlreich, 1 Paar lange Vertikalborsten; Augen nackt.

Thorax dunkel mit einem dorsalen, hellen, medianen Längsstreifen, lateral leicht grau bestäubt; das vordere Spirakulum dunkel;
Chätotaxis: allgemeine Thoraxbehaarung sehr kurz und borstenförmig, 2-3 + 2-3 acr, 3 + 5 dc, nur das letzte Paar post dc kräftig entwickelt, die vorderen post dc sehr kurz, 3 h, 2 ph, 2 npl, alle kräftig aber nicht sehr lang, 2 + 8 mspl, Prosternum behaart.

Beine dunkelbraun; T_1 ohne auffallend kräftige p Borsten; F_2 mit einigen kräftigen p Borsten im apikalen Drittel; T_2 mit 3-4 p Borsten; auf F_3 eine Reihe ad und in der apikalen Hälfte etwa 5 av Borsten; T_3 in der apikalen Hälfte mit etwa 4 av, außerdem mit einer Reihe ad Borsten, im apikalen Drittel 1 pd Borste und einige haarähnliche pv Borsten.

Flügel schwach bräunlich, die Membran einheitlich beborstet; Adern hellbraun bis braun, r_{4+5} dorsal und ventral an der Basis mit einigen Borsten; das obere Thorakalschüppchen innen transparent, außen weiß, das untere bräunlich mit hellem Rand.

Abdomen von dunkler Grundfarbe, bei bestimmten Licht silbergrau mit einem dunklen, medianen, unscharf begrenzten Längsstreifen auf den Tergiten II und III. Ventral grau bestäubt.

♀♀: Stirn etwa ein Viertel so breit wie das Gesicht, untere Gesichtshälfte und Parafrontalia silbergrau, die Strieme goldbraun bestäubt, die untere Striemenhälfte dunkelbraun; Parafrontalborsten kräftig, 1 Paar kräftige Vertikalborsten, 1 Paar lange Ocellarborsten, 1 Paar kräftige und 2 Paar kleinere Orbitalborsten, alle proclinat; Thorax intensiver bestäubt; die Thorakalschüppchen weißer; sonst ähnlich dem Männchen.

Länge etwa 6 mm.

Morellia edwardsi VAN EMDEN (Abb. 10 F)

Morellia edwardsi VAN EMDEN (1939) p. 63; PERIS (1961) p. 352.

Morellia edwardsi VAN EMDEN ist die einzige mir bekannte *Morellia*-Art, die sich durch lang behaarte Augen auszeichnet. Gefunden wurde sie bisher in Äthiopien und Kenya. Über ihre Biologie ist nichts bekannt. Der vorliegenden Beschreibung lag unter anderem eine männliche Paratype zu Grunde.

♂♂: Backen, Parafacialia und die untere Hälfte der Parafrontalia weißlich bestäubt, die obere Hälfte der Parafrontalia dunkel; Stirn etwa so breit wie das Ocellardreieck; Parafrontalborsten zahlreich, lang und dünn, 1 Paar Vertikalborsten; Augen dicht und lang behaart. Thorax dicht grau bestäubt mit vier dorsalen dunklen Streifen, die nicht die Scutellarnaht erreichen; das vordere Spirakulum dunkel;
Chätotaxis: allgemeine Behaarung sehr lang und fein, 0+1 acr, 2+4 dc, 4 h, 2 ph, 2 npl, 4-5 mspl, Prosternum nackt.

Beine schwarzbraun; T_1 in der apikalen Hälfte mit einigen kräftigen pv und p Haaren; F_2 in der basalen Hälfte mit einer Reihe a Borsten und apikal mit einigen p Borsten; T_2 mit 2 kräftigen ad in der apikalen Hälfte und eine Reihe von p bis pv Borsten, die apikal stärker werden; T_3 mit einer Reihe langer haarähnlicher ad Borsten, die etwa $1\frac{1}{2}$ mal so lang wie der Tibiadurchmesser sind, im apikalen Drittel eine Reihe dicht stehender av Borsten, die zumindest den doppelten Tibiadurchmesser erreichen und gebogen sind, im apikalen Drittel 1 lange pd Borste.

Flügel bräunlichgrau, die Membran einheitlich beborstet; Adern dunkelbraun, r_{4+5} bis vor r-m dorsal und ventral mit Borsten besetzt; das obere Thorakalschüppchen innen transparent, außen weiß, das untere gelblichbraun bis braun.

Abdomen von schwarzer Grundfarbe, die Tergite jeweils seitlich grau bestäubt; Sternite dunkel, aber grau bestäubt.

♀♀: Stirn etwa ein Drittel so breit wie der Kopf, Parafrontalia und Strieme dunkel; 2 Paar kräftige proclinate Orbitalborsten, 1 Paar lange Ocellarborsten, 1 Paar Vertikalborsten; die Augen erscheinen sehr klein und sind behaart; der Thorax erscheint dichter bestäubt; T_3 nur mit einer Reihe kurzer ad, 3 kurzen, aber kräftigen av Borsten und 1 pd Borste im apikalen Drittel; das untere Thorakalschüppchen weißlich; sonst dem Männchen ähnlich.

Länge um 7,5 mm.

Morellia podagrica (LOEW) (Abb. 10 H)

Cyrtoneura podagrica LOEW (1852) p. 45;
Morellia podagrica BEZZI & STEIN (1907) p. 601; MALLOCH (1923) p. 521; SÉGUY (1935) p. 108; PERIS (1961) p. 352; HENNIG (1964) p. 971.

Auch diese Art führt PERIS (1961) in seiner Bestimmungstabelle für die äthiopischen *Morellia*-Arten auf. Ich habe hier aber die gleichen Zweifel wie bei *Morellia simplex* (LOEW), ob es sich um eine äthiopische Art handelt, da ich auch hier kein Material aus der äthiopischen Region erhalten konnte.

♂♂: Parafacialia und Backen silberweiß, Parafrontalia schwarz; Stirn an der engsten Stelle etwa so breit wie der doppelte Ocellusdurchmesser; etwa 16 Paar Parafrontalborsten, 1 Paar Vertikalborsten; Augen ohne auffallende Behaarung.

Thorax von glänzend schwarzer Grundfarbe und mit einem weißen bestäubten Längsstreifen auf dem vorderen Teil des Mesonotums; Pleuren gewöhnlich schwarz mit einem leichten Grauschimmer in bestimmtem Licht; das vordere Spirakulum dunkel;
Chätotaxis: 0 + 1 acr, 2-3 + 4 dc, alle sehr kräftig, 4 h, 2 ph, 2 npl, 1-2 + 7-8 mspl, 1 + 3 stpl (die einzige mir bekannte Art mit 1 + 3 stpl, gewöhnlich sind nur 1 + 2 stpl vorhanden), Prosternum nackt.

Beine dunkelbraun; T_1 in der apikalen Hälfte mit einigen langen, feinen pv bis v Haaren; F_2 zeigt apikal eine auffallende dorsale Verdickung, die einige kräftige Borsten trägt, in der Mitte etwa 4 a; T_2 an der Basis auffallend einschnittartig verjüngt und mit einem Kamm von kurzen Borsten, über die Länge etwa 4-5 p im apikalen Drittel 1 ad; T_3 mit einer Reihe von av Borsten, die nicht länger als der Tibiadurchmesser sind, mit einer Reihe ad Borsten, die etwa doppelt so lang wie der Tibiadurchmesser sind, und einigen kräftigen pd Borsten.

Flügel gräulich, die Membran einheitlich beborstet; Adern dunkelbraun, r_{4+5} dorsal und ventral mit jeweils einer Borstenreihe, die vor r-m endet; das obere Thorakalschüppchen innen transparent weißlich, außen weiß, das untere weißlich mit oder ohne gelblichem Schimmer.

Abdomen dunkel, aber alle Tergite grau bestäubt, so daß bei bestimmtem Licht nur ein medianer dunkler Längsstreifen und dunkle Apikalbänder sich abheben; Sternite dunkel mit grauer Bestäubung.

♀♀: Stirn etwa ein Drittel so breit wie der Kopf, bis auf die schwarze Stirnstrieme das Gesicht silbergrau; 1 Paar kräftige Ocellarborsten, 2 Paar proclinate Orbitalborsten, 1 Paar Vertikalborsten; Thorax mehr bestäubt; Chätotaxis: u.a. 2-3 + 4-5 dc, 0-1 + 1-2 acr, 1 + 4 stpl und 3 h; T_1 ohne pv; F_2 apikal nicht verdickt; T_2 basal nicht verjüngt; auf T_3 die langen ad Haare nur kurz wie die av Haare; das Abdomen weniger intensiv bestäubt.

Länge zwischen 8 und 10 mm.

Morellia prolectata (WALKER) (Abb. 10 N)

Anthomyia prolectata WALKER (1861) p. 317;
Morellia prolectata MALLOCH (1923) p. 522; SÉGUY (1933) p. 61, (1935) p. 107; PATERSON (1960) p. 400; PERIS (1961) p. 358, (1967) p. 38; PONT (1969) p. 3.

Synonym: *Morellia abyssinica* SÉGUY (1935) p. 108.

Es handelt sich um eine weit verbreitete *Morellia*-Art, die häufig in der äthiopischen Region anzutreffen ist. Mir ist sie von Südafrika, Kamerun, Mozambique, Uganda, Kenya und vom Kongo bekannt. Sie scheint vorwiegend im Wald aufzutreten.

♂♂: Untere Gesichtshälfte grauweiß, die obere Hälfte schwarz; Stirn an der engsten Stelle etwa so breit wie das Ocellardreieck; etwa 15 Paar Parafrontalborsten, 1 Paar Vertikalborsten; Augen nackt, die Facetten der Stirnseite schwach vergrößert.

Thorax von schwarzer Grundfarbe, dorsal mit einem medianen, weißen Längsstreifen, der die Scutellarnaht nicht erreicht; Pleuren mit leichtem Grauschimmer; das vordere Spirakulum dunkel;
Chätotaxis: 0 + 1 acr, 0 + 2-3 dc, 3 h, 2 ph, 2 npl, 0 + 4 mspl, Prosternum behaart.

Beine braunschwarz; T_1 ohne auffallende Borsten; F_2 mit einer dorsoapikalen Verdickung, die mit Borsten besetzt ist; T_2 mit 3-4 p Borsten und einigen kleineren pv bis pd Borsten; T_3 mit 1 kräftigen pd Borste im apikalen Drittel, 3 av Borsten in der apikalen Hälfte und einer Reihe ad Borsten fast über die ganze Länge.

Flügelmembran einheitlich beborstet; Adern braun, r_{4+5} höchstens an der Basis mit 1-2 Borsten; das obere Thorakalschüppchen innen transparent, außen weiß, das untere einschließlich Rand dunkelbraun.

Abdomen überwiegend dunkelbraun bis schwarz, die basalen Hälften der Tergite II und III jeweils seitlich grau bestäubt.

♀♀: Das Weibchen ähnelt dem Männchen, unterscheidet sich aber durch die größere Stirnweite, die etwa ein Drittel so breit wie der Kopf ist, und die kräftigere Kopfbeborstung; T_3 gewöhnlich nur mit 2 av Borsten.

Länge zwischen 8 und 9 mm.

Morellia nilotica (LOEW) (Abb. 10 I)

Cyrtoneura nilotica LOEW (1856) p. 48;

Morellia nilotica STEIN (1903) p. 101; VAN EMDEN (1939) p. 63; PATERSON (1957) p. 448; PERIS (1961) p. 351, (1967) p. 38; HENNIG (1964) p. 970.
Synonyme: *Morellia minor* MALLOCH (1928) p. 474; VILLENEUVE (1937) p. 406; *Morellia femorata* CURRAN (1928) p. 354; MALLOCH (1931) p. 444; VILLENEUVE (1937) p. 407;
Morellia syriaca SÉGUY (1935) p. 115.

Diese Art ist in der äthiopischen Region weit verbreitet. Nach HENNIG (1964) dringt sie nur im nördlichen Afrika in die paläarktische Region vor. Mir ist sie von Madagaskar, Südafrika, Uganda, Rhodesien, Mozambique, Ruanda, vom Sudan, Kongo, von Ägypten und von Süd-West-Afrika bekannt. Ich wurde von einigen Exemplaren in der Nähe von Rindern belästigt, wobei die Fliegen versuchten, Schweiß zu lecken.

♂♂: Gesicht silbergrau bestäubt, die Stirn mitunter dunkel; Stirn höchstens doppelt so breit wie der vordere Ocellusdurchmesser; etwa 14 Paar Parafrontalborsten, 1 Paar kräftige Vertikalborsten; Augen nackt.

Thorax glänzend schwarz, der vordere Teil des Mesonotums mit einem medianen weißen Längsstreifen, die Pleuren schwach grau bestäubt; das vordere Spirakulum dunkel; Prosternum nackt;
Chätotaxis: 0+1 acr, 0+3 dc, 3 h, 2 ph, 2 npl, 1-2+8 mspl.

Beine braun; T_1 in der apikalen Hälfte mit 3-6 langen pv Borsten; F_2 in der basalen Hälfte mit einigen a Borsten, apikal eine dorsale Schwellung, besetzt mit Borsten; T_2 an der Basis einschnittartig verjüngt mit einem Kamm kurzer ad Borsten, 2-3 kräftigere p Borsten neben einigen kleineren über die Länge verteilt; F_3 mit einer Reihe ad, einer Reihe av und in der basalen Hälfte mit einer Reihe pv Borsten; T_3 mit 2 av Borsten in der apikalen Hälfte, eine Reihe kurzer ad Borsten, von denen 2 stärkere in der Mitte, 1 lange pd Borste im apikalen Drittel sitzen.

Flügelmembran mit feinen Borsten besetzt, ein kleiner basaler Teil der Diskalzelle jedoch nackt; Adern braun, r_{4+5} dorsal und ventral mit Borsten besetzt, die aber nicht über r-m hinausgehen; die Thorakalschüppchen überwiegend weißlich.

Abdomen von dunkler Grundfarbe, die letzten drei Tergite lateral grauweiß oder graugelb bestäubt, bei bestimmtem Lichteinfall nur mit einem breiten, dunklen Längsstreifen und Apikalbändern; Sternite grau bestäubt.

♀♀: Das Weibchen ähnelt dem Männchen. Die Stirn ist etwa ein Viertel so breit wie der Kopf, 2 Paar Orbitalborsten und 1 Paar Ocellarborsten; F_2 ohne apikale Schwellung und T_2 ohne Verjüngung mit Borstenkamm; F_3 ohne basale Beborstung; T_3 fast ohne ad Reihe.

Länge zwischen 5 und 7 mm. (Abb. 10 I)

Morellia cerciformis ZIELKE (Abb. 6 C, 10 D)

Morellia cerciformis ZIELKE (1971).

Diese Art ist bisher nur von Kenya bekannt.

♂♂: Gesicht schwarz mit der unteren Hälfte grau bestäubt; Stirn etwa so breit wie der vordere Ocellus; Parafrontalborsten zahlreich, 1 Paar Vertikalborsten; Augen ohne auffallend lange Behaarung.

Thorax schwarz mit einem dorsalen, weißen Längsband, die Pleuren z.T. leicht grauweiß bestäubt; das vordere Spirakulum dunkel;
Chätotaxis: 0 + 3 acr, die beiden vorderen schwach und haarähnlich, 0 + 3 dc, 5 h, 2 ph, 2 npl, 0 + 5-6 mspl; Prosternum nackt.

Beine dunkelbraun; T_1 mit ungefähr 5 haarähnlichen pv Borsten, nicht länger als der doppelte Tibiadurchmesser; F_2 dorso-apikal schwach verdickt und mit Borsten besetzt; T_2 mit rund 5 p Borsten; T_3 mit etwa 5 av Borsten in der apikalen Hälfte und einer Reihe ad Borsten, 1 pd Borste im basalen Drittel, eine weitere im apikalen Drittel.

Flügel bräunlich, die Membran einheitlich mit Borsten besetzt; Adern braun, r_{4+5} dorsal und ventral über r-m hinaus mit Borsten besetzt; das obere Thorakalschüppchen innen bräunlich transparent, außen weiß, das untere einschließlich Rand dunkelbraun.

Abdomen schwarz, Tergite II und III seitlich und ventral grau bestäubt, Tergit IV dorsal goldgelb bestäubt, die Sternite dunkel.

♀♀: Das Weibchen ähnelt dem Männchen. Die Stirn ist wie üblich breiter, es sind 2 Paar proclinate Orbitalborsten und ein sehr kräftiges Paar von Ocellarborsten vorhanden. Das untere Thorakalschüppchen ist weißlichbraun mit orangebraunem Rand. T_1 ohne lange pv Borsten, F_2 dorso-apikal nicht verdickt, die av Borsten auf T_3 nicht länger als der Tibiadurchmesser.

Länge ungefähr 8 mm.

Morellia longiseta VAN EMDEN (Abb. 10 M)

Morellia longiseta VAN EMDEN (1939) p. 60; PERIS (1961) p. 351.

Ich habe Exemplare vom Kongo und von Uganda gesehen. Angaben über die Biologie liegen nicht vor.

♂♂: Gesicht dunkel, die untere Hälfte schwach grau bestäubt; Stirnbreite etwa doppelt so breit wie der vordere Ocellusdurchmesser; etwa 15 Paar Parafrontalborsten, 1 Paar Vertikalborsten; Augen nackt.

Thorax von dunkler Grundfarbe, dorsal eine medianer, weißer Längsstreifen, Pleuren grau bestäubt; das vordere Spirakulum braun; Chätotaxis: 0+1 acr, 0+3 dc, 3 h, 2 ph, 2 npl, 0+7 mspl, Prosternum nackt.

Beine braunschwarz; T_1 mit 2-3 langen pv Borsten etwa in der Mitte; F_2 mit einer schwachen dorso-apikalen Schwellung, die mit Borsten besetzt ist, in der Mitte 1 ad Borste, apikal einige kräftige p Borste; T_2 mit einigen p Borsten, verteilt über die Länge, im basalen Viertel ein Kamm kurzer Dornen; F_3 mit einer Reihe ad, einer Reihe av und in der basalen Hälfte einige pv Borsten; T_3 in der apikalen Hälfte mit 5-6 langen av Borsten und im basalen und apikalen Drittel 1 lange pd Borste, außerdem mit einer Reihe ad und 5-6 langen apikalen pv Borsten. Flügel bräunlich, die Membran einheitlich beborstet; Adern braun, r_{4+5} dorsal und ventral an der Basis schwach beborstet; das obere Thorakalschüppchen innen bräunlich transparent, außen weiß, das untere braun mit breitem hellen Rand.

Abdomen schwarzbraun, die Tergit II und III basal jeweils mit lateralen, grauen Flecken, so daß ein dunkler, medianer Längsstreifen gebildet wird, das letzte Tergit bis auf einen schmalen Längsstreifen grau bestäubt. Sternite grau bestäubt.

♀♀: Das Weibchen ähnelt dem Männchen, zeigt aber eine breitere Stirn, 2 Paar Orbitalborsten und eine kräftigere Kopfbeborstung, T_1 besitzt keine pv Haare, F_2 ohne dorso-apikale Verdickung und T_3 ohne lange av und pv Haare. Das untere Thorakalschüppchen weißlich.

Länge etwa 7 mm.

Morellia curvitibia STEIN (Abb. 10 C)

Morellia curvitibia STEIN (1913) p. 463; MALLOCH (1923) p. 521; SÉGUY (1935) p. 107; VAN EMDEN (1939) p. 60; PERIS (1961) p. 354.

Ähnlich wie VAN EMDEN (1939) konnte ich feststellen, daß die Männchen nicht die gekrümmten Hintertibien aufweisen, wie es STEIN in seiner Beschreibung angibt. Bekannte Fundorte liegen in Kenya, Uganda und im Kongo.

♂♂: Gesicht silbergrau bestäubt; Stirn etwa doppelt so breit wie der vordere Ocellus; 1 Paar Vertikalborsten, zahlreiche Parafrontalborsten, 1 Paar Ocellarborsten; Augen nackt.

Thorax glänzend dunkel mit einem weißen, dorsalen Streifen in der vorderen Hälfte, die Pleuren leicht grau bestäubt, das Sternopleuron intensiv bestäubt; das vordere Spirakulum dunkel;
Chätotaxis: 0+1 acr, 0+2-3 dc, 3 h, 2 ph, 2 npl, 2+ etwa 6 mspl, Prosternum nackt.

Beine dunkelbraun; T_1 ohne lange p Borste; F_2 mit einigen a Borsten in der basalen Hälfte sowie einigen pv Borsten, apikal ein paar kräftige pd Borsten; T_2 mit etwa 4-5 p Borsten; auf F_3 eine Reihe ad Borsten, einige kräftige av Borsten in der apikalen Hälfte, und in der basalen Hälfte einige av und pv Borsten; T_3 mit einer Reihe feiner ad Borsten, von denen etwa 2 auffallend länger sind, in der apikalen Hälfte mit 4-6 langen av und etwas kürzeren pv Borsten, im basalen Drittel 2 kleinere und im apikalen Drittel 1 lange pd Borste.

Flügel bräunlich, die Membran einheitlich beborstet; Adern dunkelbraun, r_{4+5} dorsal und ventral an der Basis mit 2-5 Borsten, (bei einem Exemplar lassen sich über die ganze r_{4+5} dorsal und ventral sehr feine Borsten erkennen); das obere Thorakalschüppchen innen transparent, außen weißlich, das untere braun mit breitem weißen Rand.

Abdomen überwiegend glänzend dunkel, lateral die Tergite II und III leicht grau bestäubt, das letzte Tergit etwas stärker bestäubt.

♀♀: Das Weibchen ähnelt dem Männchen, die Stirn ist aber ein Viertel so breit wie der Kopf, 1 Paar Vertikalborsten, 1 Paar Ocellarborsten, 1 Paar kräftige und einige schwächere proclinate Orbitalborsten, die Parafrontalborsten kräftiger; T_3 nur mit einer Reihe kurzer ad, 3 feinen av Borsten in der apikalen Hälfte 1 pd Borste im basalen und 1 im apikalen Drittel.

Das Abdomen seitlich etwas kräftiger bestäubt.

Länge zwischen 7 und 8 mm.

Morellia tibialis n.sp.

Morellia tibialis n.sp. ist von der vorhergehenden Art leicht durch das einheitlich braun gefärbte untere Thorakalschüppchen zu unterscheiden. Weitere Unterschiede lassen sich der Bestimmungstabelle entnehmen.

♂♂: Gesicht einschließlich der unteren Stirnhälfte grau, die obere Hälfte dunkel; Stirn kaum breiter als das Ocellardreieck; Parafrontalborsten zahlreich, 2 Paar lange, proclinate Orbitalborsten, 1 Paar kräftige Vertikalborsten; Augen ohne auffallende Behaarung, die Facetten der Stirnseite schwach vergrößert.

Thorax glänzend dunkel, dorsal mit einem medianen weißen Längsstreifen fast über die ganze Länge, Pleuren, besonders die Sternopleuren grauweiß bestäubt; das vordere Spirakulum dunkel;
Chätotaxis: 0+1 acr, 0+3 dc, 3 h, 2 ph, 2 npl, 1+6-7 mspl, Prosternum nackt.

Beine dunkelbraun; T_1 mit 2-3 sehr dünnen pv Haaren, die kaum länger als die übrigen Borsten sind; F_2 mit etwa 2-3 kräftigen a Borsten in der Mitte und etwa 4 p bis pd Borsten im apikalen Drittel; T_2 mit rund 4-6 p Borsten; F_3 mit einer Reihe ad und einer Reihe av Borsten, von denen die kräftigsten apikal gelegen sind, in der basalen Hälfte einige lange pv Borsten; T_3 mit einer Reihe gut entwickelter ad Borsten, davon eine im apikalen Drittel fast so lang wie die pd Borsten auf gleicher Höhe, in der apikalen Hälfte eine Reihe von 5 av Borsten, die etwa $1\frac{1}{2}$ mal so lang wie der Tibiadurchmesser sind.

Flügel hyalin, die Membran einheitlich mit feinen Borsten besetzt; Adern dunkelbraun, r_{4+5} dorsal und ventral an der Basis mit 2-3 Borsten; das obere Thorakalschüppchen innen transparent, außen weiß, das untere transparent bräunlich mit schmalem, farblosen Rand.

Abdomen von dunkler Grundfarbe, die Tergite dorsal dicht grauweiß bestäubt, so daß bei bestimmtem Licht nur ein schmaler, dunkler Streifen und auf jedem Tergit ein schmales, dunkles Apikalband zu erkennen sind, das letzte Tergit goldgelb bestäubt mit breitem dunklen Längsstreifen.

Länge etwa 7,5 mm.

Das Weibchen ist mir unbekannt.

Fundort: Kongo, P.N.A. Tshamugussa (Bweza) 10.VII.1934 leg. DE WITTE. Männl. Holotypus im S.A. Institute for Medical Research.

Morellia calyptrata STEIN (Abb. 10 G)

Morellia calyptrata STEIN (1913) p. 462; MALLOCH (1923) p. 521; SÉGUY (1935) p. 107; PATERSON (1957) p. 446; PERIS (1961) p. 353, (1967) p. 37; PONT (1969) p. 3; LINDNER (1969) p. 230.

Synonyme: *Morellia bispinosa* MALLOCH (1931) p. 444; PERIS (1961) p. 359; *Morellia madagascariensis* SÉGUY (1935) p. 111, PERIS (1961) p. 357.

Morellia calyptrata ist von Tanzania, Südafrika, Rhodesien, Madagaskar, Äthiopien und Mozambique bekannt. Über ihre Biologie kann ich keine Angaben machen.

♂♂: Gesicht silbergrau bestäubt, die Stirn vor dem Ocellardreieck dunkel; Stirn an der engsten Stelle etwa doppelt so breit wie der vordere Ocellus; Parafrontalborsten zahlreich, 1 Paar kräftige Vertikalborsten; Augen ohne auffallende Behaarung.

Thorax dunkelblau bis schwarz mit einem kurzen, weiß bestäubten, medianen Längsstreifen auf dem präsuturalen Mesonotum, das Scutellum bis auf die dunkle Mitte grau bestäubt; das vordere Spirakulum dunkel: Chätotaxis: 0+1 acr, 0+2-3 dc, 4 h, 2 ph, 2 npl, 2-3+6-8 mspl, Prosternum nackt.

Beine dunkel; T_1 mit 2-3 längeren, aber nicht auffallenden pv Haaren im apikalen Drittel, diese Haare können auch fehlen; F_2 mit einer deutlichen dorso-apikalen Verdickung, die mit Borsten besetzt ist; T_2 basal verjüngt und im basalen Viertel mit einer Bürste kurzer, aber kräftiger ad Borsten, außerdem mit etwa 4 kräftigen p Borsten; F_3 mit einer Reihe von ad und einer von av Borsten; T_3 in den basalen zwei Dritteln mit einer Reihe von ad Borsten, in der apikalen Hälfte mit 2 sehr langen av Borsten, die rund 3 mal so lang wie der Tibiadurchmesser sind, eine dritte kann vorhanden sein, im apikalen Drittel 1 sehr lange pd Borste.

Flügel bräunlich, Membran einheitlich beborstet; Adern braun bis dunkelbraun, r_{4+5} dorsal und ventral mit einigen Borsten an der Basis; das obere Thorakalschüppchen innen transparent, außen weiß, das untere bräunlichweiß mit breitem hellen Rand.

Abdomen schwarz, die Tergite II bis IV in der basalen Hälfte seitlich grau bestäubt; Sternite dunkel mit grauer Bestäubung.

♀♀: Das Weibchen ähnelt dem Männchen, die Stirn ist aber etwa ein Viertel so breit wie der Kopf, 1 Paar Ocellarborsten, 2 Paar proclinate Orbitalborsten finden sich zu der übrigen kräftigen Kopfbeborstung; F_2 ohne apikale Schwellung; T_2 ohne basale Verjüngung und ohne Borstenbürste; T_3 mit 2 kurzen av Borsten, die kaum so lang wie der Tibiadurchmesser sind.

Länge um 7 mm.

Morellia natalensis PATERSON (Abb. 10 E)

Morellia natalensis PATERSON (1957) p. 446; PERIS (1961), p. 351.

Morellia natalensis PATERSON wurde bisher nur in Südafrika an verschiedenen Orten nachgewiesen. Für die vorliegende Beschreibung stand mir unter anderem der Holotypus und weiteres Typenmaterial zur Verfügung.

♂♂: Gesicht schwarz; die Stirn etwa so breit wie das Ocellardreieck; rund 20 Paar Parafrontalborsten, 1 Paar Vertikalborsten; Augen nackt.

Thorax von dunkler Grundfarbe, dorsal mit einem weißen, medianen Längsstreifen und seitlich auf dem Mesonotum ebenfalls grauweiß bestäubt, die Pleuren schwach bestäubt mit Ausnahme der dichter bestäubten Sternopleuren; das vordere Spirakulum dunkel;
Chätotaxis: 0+1 acr, 0+4 dc, 3-4 h, 2 ph, 2 npl, 2-3+6-8 mspl, Prosternum nackt.

Beine schwarz; T_1 ohne auffallende Beborstung; F_2 mit kräftiger dorsoapikaler Verdickung, die mit kräftigen Borsten besetzt ist; T_2 basal verjüngt und mit einem Borstenkamm außerdem etwa 5 kräftige p Borsten; F_3 mit einer Reihe ad und einer Reihe schwacher av Borsten, die nur apikal 3 stärkere Borsten aufweist; T_3 mit etwa 2-3 kurzen av Borsten und einer Reihe ad Borsten, die etwas über die Mitte hinausgeht.

Flügel gräulich, Membran einheitlich beborstet; Adern braun, r_{4+5} dorsal und ventral mit einigen Borsten im basalen Bereich, nicht über r-m hinausgehend; das obere Thorakalschüppchen innen transparent, außen gelblich, das untere braun mit hellem Rand.

Abdomen überwiegend dunkel, Tergit II in der vorderen Hälfte grau bestäubt, Tergit II nur mit seitlichen grauen Flecken, Tergit IV fast ganz leicht grau bestäubt; Sternite grau bestäubt.

♀♀: Die Stirn beim Weibchen ist nicht ganz ein Drittel so breit wie der Kopf; F_2 mit einer kräftigen a Borste in der basalen Hälfte und einigen kräftigen apikalen p Borsten; F_3 mit einigen kräftigeren av Borsten in der apikalen Hälfte. Im übrigen ähnelt das Weibchen dem Männchen, wenn auch das untere Thorakalschüppchen etwas heller erscheint.

Länge um 6 mm.

Morellia setosa n.sp. (Abb. 23 D)

Morellia setosa n.sp. ist leicht von der vorhergehenden Art durch die langen av Borsten auf F_3 zu unterscheiden.

♂♂: Gesicht dunkel, in der unteren Hälfte schwach grau bestäubt; Stirn an der engsten Stelle nicht breiter als der doppelte vordere Ocellusdurchmesser; Parafrontalborsten zahlreich und kräftig, 1 Paar Vertikalborsten; Augen nackt, Facetten der Stirnseite schwach vergrößert.

Thorax dunkel, dorsal mit einem weißen, medianen Längsstreifen, der etwa die Naht erreicht, Sternopleuren intensiv grauweiß bestäubt; das vordere Spirakulum dunkel;
Chätotaxis: 0+1 acr, 0+3 dc, 3-4 h, 2 ph, 2 npl, 1+6 mspl, Prosternum nackt, allgemeine Behaarung lang.

Beine dunkelbraun; T_1 ohne p Borsten; F_2 an der Basis mit einigen haarähnlichen av und pv Borsten, in der Mitte 2 kräftige a Borsten, apikal eine kräftige dorsale Verdickung, die mit Borsten besetzt ist; T_2 basal auffallend verjüngt mit einem Kamm kurzer, aber kräftiger Borsten und mit etwa 4 p Borsten; F_3 mit einer Reihe ad und einer Reihe av Borsten, die av Borsten der basalen Hälfte etwas schwächer, in der Mitte 2 auffallend lange und kräftige av Borsten, in der basalen Hälfte außerdem einige lange pv Borsten; T_3 mit einer Reihe ad Borsten, die letzte Borste zumindest $\frac{1}{2}$ so lang wie die pd Borste im apikalen Drittel, basal 2 kleinere pd Borsten, etwa in der Mitte und im apikalen Viertel jeweils eine sehr schwache, kurze av Borste.

Flügel bräunlich, Membran einheitlich mit Borsten besetzt; Adern dunkelbraun, r_{4+5} dorsal und ventral an der Basis mit 3-5 kurzen Borsten; das obere Thorakalschüppchen innen transparent, außen weiß, das untere braun bis dunkelbraun mit weißem Rand.

Abdomen schwarz, die Tergite II und III mit 2 großen grauweiß bestäubten Flecken, die auf Tergit II fast die ganze Oberfläche einnehmen und auf Tergit III kleiner sind, Tergit IV fast einheitlich grau bestäubt.

Länge zwischen 7 und 8 mm.

♀♀: Das Weibchen ist mir unbekannt.

Fundorte: Männl. Holotypus vom Kongo, P.N.A. vers. Mt. Kamtembe 23.I.1935 leg. DE WITTE. Die weiteren 10 männl. Paratypen stammen ebenfalls alle vom Kongo, P.N.A. und zwar 4 Exemplare von Tshamagussa, 2 von Mobilia, und jeweils 1 von Shamuhera, Gitebe, Mayambu und Nyarusamba; alle wurden von DE WITTE gesammelt im Zeitraum VIII.1934 bis VI.1935.

GATTUNG WEYERELLIA NOV. GEN.

Wie bereits in den Kapiteln *Pyrellia* und *Morellia* erwähnt, wurden von älteren Autoren (VILLENEUVE 1926, CURRAN 1928, SÉGUY 1935, PERIS 1961) einige metallisch glänzende *Muscinae*-Arten, die keine pv bzw. v Borste auf der T_2 aufwiesen, zu *Morellia* oder *Pyrellia* gestellt. PERIS (1961) stellte einige dieser metallisch glänzenden Arten in der *Morellia pyrellioides*-Gruppe zusammen, andere wurden in der Gattung *Pyrellia* belassen. Alle diese Arten zeichnen sich durch ein sehr breites Prosternum aus, das fast die Propleuren berührt. Bei den Männchen zeigen die Cerci (Abb. 11) eine eigene typische Form, so daß sie weder eindeutig zu *Pyrellia* oder *Morellia* gezählt werden können. Aus diesem Grunde erscheint es mir sinnvoll, diese Arten in einer eigenen Gattung *Weyerellia* zusammenzufassen. (Die Gattung ist zu Ehren meines verehrten Lehrers, Herrn Prof. Dr. F. WEYER vom Tropeninstitut Hamburg benannt).

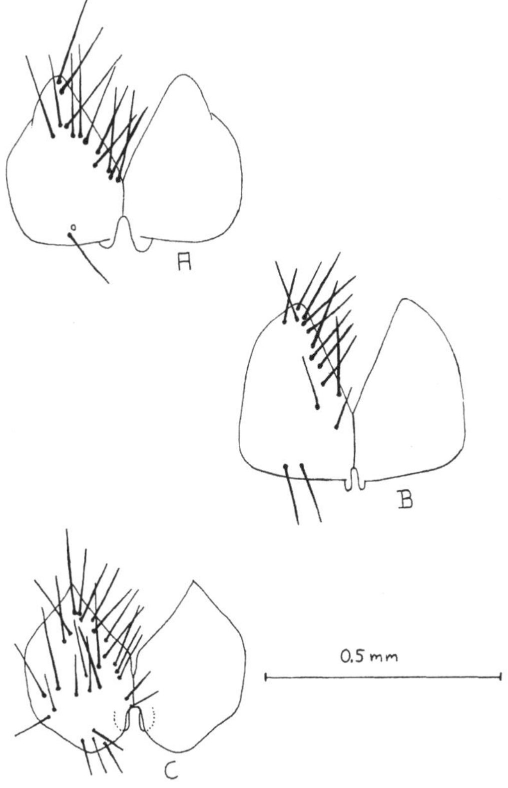

Abb. 11. Dorsalansicht der Cerci von *Weyerellia*:
A *W. smaragdina* (SÉGUY), B *W. purpureoalba* (VILL.), C *W. pyrellioides* (CURRAN).

Weyerellia nov. gen.

Muscinae von metallisch glänzender Körperfarbe; Rüssel, Palpen und Antennen dunkel, das Thorakalschüppchen stets vergrößert und dem Körper anliegend; der Suprasquamalsteg stets ohne kräftige Beborstung; T_1 ohne p und T_2 ohne kräftige pv oder v Borste; das Prosternum immer sehr breit, es berührt fast die Propleuren; das Sternopleuron bei allen bekannten Arten mit 1+2 stpl besetzt; die Media stets in einer ausgerundeten Kurve verlaufed (Abb. 12). Bei den Männchen der apikale Teil des Aedeagus immer nackt.

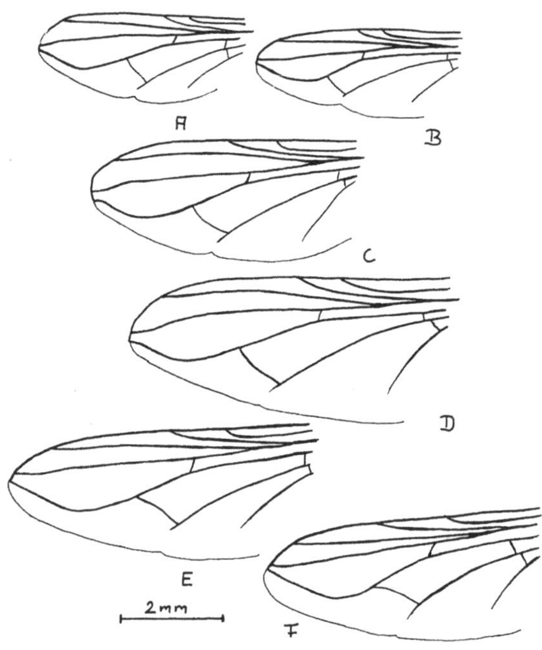

Abb. 12. Flügeladernverlauf in der apikalen Hälfte der Flügel von *Weyerellia*: A *W. pyrellioides* (CURRAN), B *W. mouschi* n.sp., C *W. weidneri* n.sp., D *W. palpalis* n.sp., E *W. purpureoalba* (VILL.), F *W. smaragdina* (SÉGUY).

Gattungsart: *Morellia smaragdina* SÉGUY.

Verbreitung: Äthiopische Region.

Bekannte Arten: *Pyrellia purpureoalba* VILLENEUVE
Morellia pyrellioides CURRAN
Morellia smaragdina SÉGUY
Commosia camerunensis ENDERLEIN
Weyerellia mouschi n.sp.
Weyerellia weidneri n.sp.
Weyerellia ponti n.sp.
Weyerellia palpalis n.sp.

Wenig ist über die Biologie dieser Gattung bekannt. Einige Arten, wie z.B. *Weyerellia smaragdina* (SÉGUY), treten lokal recht zahlreich auf, von anderen sind nur einzelne Exemplare bekannt. Einige Arten scheinen nach meinen Beobachtungen in Gesellschaft von *Pyrellia*-Arten in feuchten, schattigen Biotopen zu leben.

Bestimmungstabelle für die Arten der Gattung *Weyerellia*:

1. Der vordere Teil des Mesonotums mit einem dorsalen, medianen weißen Streifen oder Flecken 2
– Mesonotum ohne dorsale weiße Zeichnung 3
2. Das untere Thorakalschüppchen dunkelbraun mit schmalem, hellen Rand (Flügelgeäder siehe Abb. 12 E) .... *W. purpureoalba* (VILLENEUVE)
– Das untere Thorakalschüppchen weiß, beim Männchen mitunter mit einem leichten bräunlichen Schimmer. (Abb. 12 F) .... *W. smaragdina* (SÉGUY)
3. Diskalzelle zumindest im basalen Viertel nackt 4
– Flügelmembran einschließlich der Diskalzelle einheitlich mit Borsten besetzt 6
4. Das untere Thorakalschüppchen dunkelbraun, T_3 mit 4 av und 2 kräftigen ad Borsten, Ader cu geht weit über die hintere Querader hinaus .... *W. ponti* n.sp.
- Das untere Thorakalschüppchen weiß oder gelblichbraun 5
5. T_3 mit 4-6 av Borsten in der apikalen Hälfte, Ader cu geht über die hintere Querader mindestens um das 5-6-fache der Aderstärke hinaus (Abb. 12 A) .... *W. pyrellioides* (CURRAN)
- T_3 mit 2-4 ziemlich schwachen av Borsten in der apikalen Hälfte, Ader cu hört mit der hinteren Querader auf und wird höchstens als Falte fortgesetzt (Abb. 12 B) .... *W. mouschi* n.sp.
6. Das untere Thorakalschüppchen einschließlich Rand dunkelbraun, T_3 mit rund 6 av Borsten in der apikalen Hälfte, Sternopleuren nur im ventralen Drittel leicht grau bestäubt (Abb. 12 D) .... *W. palpalis* n.sp.

– Das untere Thorakalschüppchen bräunlich weiß mit hellem Rand, T_3 mit 2-3 schwachen av Borsten 7
7. Thorax dunkel-grünlichblau, Flügel dunkelgrau-rauchig, das letzte Segment des Abdomens violett und im scharfen Kontrast zu dem dunklen-grünlichblauen Abdomen (Abb. 12 C) ..... *W. weidneri* n.sp.
– Thorax und Abdomen violett, das letzte Tergit nicht im Kontrast zum übrigen Abdomen, Flügel dunkelbraun ... *W. camerunensis* (ENDERLEIN)

Weyerellia purpureoalba (VILLENEUVE) nov. combin. (Abb. 11 B, 12 E)

Pyrellia purpureoalba VILLENEUVE (1926) p. 66; VAN EMDEN (1939) p. 66.

Synonyme: *Pyrellia bonnarius* CURRAN (1928) p. 356 nov. syn.; *Morellia bonnarius* PERIS (1967) p. 38.

Freundlicherweise wurde mir vom Musée Royal de l'Afrique Centrale, Tervuren-Belgien, der männliche Holotypus, eine männliche Paratype und ein weiteres Exemplar von *Pyrellia purpureoalba* für meine Studien geschickt. Vom Museum of Natural History, New York erhielt ich die Type von *Pyrellia bonnarius*, ein Weibchen. Beim Überprüfen dieser beiden Arten konnte ich feststellen, daß es sich um die beiden Geschlechter von *Weyerellia purpureoalba* (VILLENEUVE) handelt. Die Art ist bisher nur vom Kongo bekannt.

♂♂: Die untere Gesichtshälfte grau bestäubt, die obere dunkel; Stirn an der engsten Stelle etwa so breit wie der doppelte Durchmesser des vorderen Ocellus; etwa 17 Paar Parafrontalborsten, klein und kräftig, 1 Paar Vertikalborsten; Augen nackt, die Facetten der oberen Hälfte schwach vergrößert.

Thorax metallisch blaugrün mit violetter Reflexion, auf dem vorderen Teil des Mesonotums ein grauweißer Längsstreifen bis zur Naht, die Humeralschwielen ebenfalls grauweiß bestäubt, Pleuren blaugrün, Sternopleuron schwach gräulich; das vordere Spirakulum dunkel;
Chätotaxis: 0+1 acr, 1+2-3 dc, 4 h, 2 ph, 2 npl, 3+7 mspl, allgemeine Behaarung relativ lang, Prosternum behaart.

Beine dunkelbraun, Coxa I grauweiß bestäubt; F_2 mit einigen a Borsten in der basalen Hälfte, apikal einige kräftige p Borsten; T_2 mit etwa 4-5 p Borsten; auf F_3 eine Reihe ad und eine Reihe av Borsten, die av Borsten in der basalen Hälfte haarähnlich; T_3 mit 5-6 kräftigen av Borsten in der apikalen Hälfte, einer Reihe ad Borsten fast über die ganze Länge und 1 lange pd Borste im apikalen Drittel.

Flügel hyalin mit ganz schwachem Braunschimmer, von der Membran zumindest die basale Hälfte der Diskalzelle und ihre Umgebung nackt; Adern braun, $r_4 + _5$ dorsal und ventral an der Basis mit einigen Borsten, die ventralen sind kräftiger; das obere Thorakalschüppchen innen transparent, außen weißlich, das untere braun mit schmalem weißen Rand.

Abdomen metallisch blaugrün, die Tergite I und II überwiegend blaugrün, die beiden hinteren dagegen mehr grünblau, das letzte Tergit an den Seiten schwach grau bestäubt; Sternite braunviolett mit grauer Bestäubung.

♀♀: Das Weibchen ähnelt dem Männchen, die Stirn ist aber an der engsten Stelle etwa ein Fünftel so breit wie der Kopf, die Strieme verläuft V-förmig, die Parafrontalborsten sind kräftig, 2 Paar Orbitalborsten; das untere Thorakalschüppchen hellbraun bis braun mit weißem Rand. F_3 ohne basale av.

Länge etwa zwischen 7 und 8 mm.

Die beiden männlichen Typen stammen von Beni a Lesse, Kongo, leg. Dr. MUTULA VII. 1911. Die weibliche Type kommt vom Kongo, Stanleyville leg. BEMBEK III, 1915.

Weyerellia smaragdina (SÉGUY) nov. combin. (Abb. 11 A, 12 F)

Morellia smaragdina SÉGUY (1935) p. 114; PERIS (1961) p. 352, (1967) p. 38.

Auch bei dieser Art war es mir möglich, die Type vom Pariser Museum zu erhalten. *Weyerellia smaragdina* (SÉGUY) scheint lokal recht häufig aufzutreten. So fanden sich z.B. sehr viele Exemplare dieser Art unter dem unbestimmten Material, das ich von der Smithsonian Institution, Washington, erhielt. Die Tiere waren alle in Uganda gefangen worden. SÉGUY beschreibt die Art aus Mozambique. Weiterhin sah ich Exemplare aus Togo und Südafrika. In Südafrika konnte ich sie mit *Pyrellia scintillans* BIGOT am schattigen Ufer eines Flusses fangen.

♂♂: Gesicht einschließlich der unteren Stirnhälfte grauweiß bestäubt, die obere Stirnhälfte dunkel; Stirn an der engsten Stelle etwa so breit wie der doppelte vordere Ocellusdurchmesser; Parafrontalborsten zahlreich und kräftig, 1 Paar Vertikalborsten; Augen nackt.

Thorax metallisch glänzend blau, blaugrün oder grün mit violetter Reflexion, dorsal auf dem präsuturalen Mesonotum ein weißer, medianer Längsstreifen, die Humeralschwielen und zumindest das Sternopleuron grauweiß bestäubt; das vordere Spirakulum dunkel;

Chätotaxis: 0+1-2 acr, 1+3 dc (die prst dc hat PERIS (1967) bei der Type übersehen), 4 h, 2 ph, 2 npl, 2-3+6-8 mspl, Prosternum behaart.

Beine dunkelbraun; F_2 in der basalen Hälfte mit einigen a so wie einigen haarähnlichen av und pv Borsten, apikal einige p Borsten; auf T_2 4-6 p Borsten; F_3 mit einer Reihe ad und einer Reihe av Borsten, in der basalen Hälfte mehrere lange, haarähnliche pv Borsten; T_3 in der apikalen Hälfte mit 4-5 av Borsten, eine Reihe ad Borsten fast über die ganze Länge, 1 pd Borste im apikalen Drittel.

Flügel hyalin, Diskalzelle zumindest in den basalen zwei Dritteln nackt, meist aber ganz nackt, nur der apikale Bereich der Flügelmembran beborstet; Adern braun, r_{4+5} dorsal und ventral an der Basis beborstet; die Thorakalschüppchen weißlich.

Abdomen von gleicher Färbung wie der Thorax, das letzte Tergit seitlich schwach bestäubt; ebenso die Sternite.

♀♀: Weibchen dem Männchen sehr ähnlich, die Stirn etwa ein Viertel so breit wie der Kopf, die Strieme V-förmig; außer den kräftigen Parafrontalborsten 1 Paar Vertikalborsten und 1 Paar kräftige Orbitalborsten, 1 Paar Ocellarborsten, auf F_3 nur in der apikalen Hälfte av Borsten, die pv Haare fehlen ebenfalls.

Länge zwischen 5,5 und 8 mm.

Weyerellia ponti n.sp.

Vom British Museum, London, erhielt ich u.a. ein *Muscinae*-Exemplar, das als *Pyrellia bonnarius* bestimmt worden war. Ein Vergleich mit der Type dieser Art ergab, daß es sich um eine andere, neue Art handelte. Ich habe diese Art nach Mr. A. PONT vom British Museum benannt und möchte hiermit meinen Dank für seine Hilfe auszudrücken. Außer diesem Exemplar fand ich unter dem unbestimmten Material des S.A. Institute for Medical Research, Johannesburg einige weitere Tiere, die offensichtlich zu dieser Art gehören. So ist diese Art aus Uganda und Belgisch Kongo bekannt.

♀♀: Gesicht matt bis glänzend braun; Stirn etwa ein Viertel so breit wie der Kopf; ca. 8 Paar kräftige Parafrontalborsten, 2 Paar Orbitalborsten, 1 Paar Ocellarborsten, 1 Paar Vertikalborsten; Augen nackt.

Thorax glänzend violett, ohne weiße dorsale Zeichnung; Meso- und Sternopleuren schwach grauweiß bestäubt; das vordere Spirakulum dunkel; Chätotaxis: 0+1 acr, 0+2-3 dc, 3 h, 1 ph, 2 npl, 1+6 mspl, Prosternum haarig.

Beine violettbraun; F_2 mit einer Reihe a Borsten über die basalen zwei Drittel und 2 p Borsten apikal; T_2 mit etwa 3 p Borsten; F_3 mit einer Reihe ad und in der apikalen Hälfte mit einer Reihe av Borsten; auf T_3 eine Reihe ad Borsten, 2 davon kräftiger, 3-4 av Borsten in der apikalen Hälfte und 1 lange pd Borste im apikalen Drittel.

Flügel hyalin, die Flügelmembran nur im apikalen Drittel beborstet; Adern braun, r_{4+5} dorsal und ventral an der Basis mit ein paar Borsten, kurz nach r-m können ein paar weitere vorhanden sein; das obere Thorakalschüppchen innen bräunlich transparent, außen bräunlichweiß, das untere einschließlich Rand dunkelbraun.

Abdomen mit den Tergiten I und II bräunlichviolett mit bläulicher Reflexion, Tergit III bläulichgrün, das letzte Tergit glänzend violett mit kupferfarbener oder messingfarbener Reflexion. Das letzte Tergit hebt sich gegen das übrige Abdomen auffallend ab.

♂♂: Das Männchen ähnelt dem Weibchen, unterscheidet sich aber in folgenden Punkten: Stirn etwa doppelt so breit wie der vordere Ocellus, Parafrontalborsten zahlreich, aber schwach; nur 1 Paar Vertikalborsten vorhanden; F_3 in der basalen Hälfte mit einigen schwachen av und pv Borsten.

Länge etwa 7 mm.

Fundorte: Weibl. Holotypus von Uganda, Ruwenzori XII. 1934. 3 männl. Paratypen vom Kongo, P.N.A. Rutshuru VI. 1934 leg. DE WITTE.

Weyerellia pyrellioides (CURRAN) nov. combin. (Abb. 12 C, 11 A)

Morellia pyrellioides CURRAN (1928) p. 355; PERIS (1961) p. 352, (1967) p. 39.

Synonym: *Morellia africana* PERIS (1961) p. 355, (1967) p. 39; nov. syn.

Ich habe die Type von *Morellia pyrellioides* CURRAN vom Museum aus New York gesehen und mit Exemplaren vergleichen können, die ich zuvor als *Weyerellia africana* (PERIS) bestimmt hatte. Es handelt sich hierbei offensichtlich um eine Art. PERIS (1967) selbst schließt die Möglichkeit nicht aus, daß es sich um Unterarten handelt. In seiner letzten Bestimmungstabelle (1967) gibt er als Unterscheidungsmerkmal für diese beiden Arten an, daß die weibl. T_3 von *Morellia africana* PERIS keine ad Borsten besitzt, in seiner Originalbeschreibung dieser Art heißt es aber „Tibia III con dos setas *ad* en la mitad de la tibia mas cortas que la anchura de esta en el ♂ y apenas distinguibles de la setulosidad de fondo en la ♀". Hiernach sind also im Gegensatz zu den Angaben in seiner Bestimmungstabelle (1967) 2 kleine ad Borsten vorhanden, die kaum von der übrigen Beborstung zu unterscheiden sind. Für *Morellia pyrellioides* CURRAN nennt er in seiner Bestimmungstabelle (1967): „Tibia III en la ♀ con una seta *ad*, si bien corta y poco distincta". Es haben demnach beide Arten kurze, schwer erkennbare ad Borsten. Da ich von PERIS leider keine Typen erhielt, ist für mich die Originalschreibung ausschlaggebend. Weiterhin will er diese beiden Arten anhand der Orbitalborsten unterscheiden, die bei *Morellia africana* PERIS fehlen sollen. Nun sind gerade bei dieser Gattung die Orbitalborsten sehr schwer zu erkennen, und ihre Existenz ist leicht zu übersehen, wenn sie abgebrochen sind und man auf die kleinen Borstengruben angewiesen ist, die sich kaum von den dunklen Parafrontalia abheben. Da PERIS (1967) bei der einzigen Type von *Weyerellia smaragdina* (SÉGUY) auch die kurze, aber deutlich erkennbare prst dc Borste offenbar nicht bemerkt hat und er die Orbitalborsten auch nicht in der Originalbeschreibung erwähnt, bin ich geneigt anzunehmen, daß er diese Borsten ebenfalls übersehen hat.

Bekannt ist *Weyerellia pyrellioides* (CURRAN) von Uganda, Südafrika, vom Kongo und von Kamerun.

♂♂: Gesicht mit den Parafacialia grau bestäubt, sonst dunkel; Stirn nicht breiter als der doppelte Durchmesser des vorderen Ocellus; Parafrontalborsten zahlreich, aber schwach und kurz, 1 Paar kräftige Vertikalborsten; Augen nackt, die Facetten der Stirnseite schwach vergrößert.

Thorax glänzend blaugrün mit violetter Reflexion und ohne dichte Bestäubung; das vordere Spirakulum dunkel;
Chätotaxis: 0+1 acr, 0+3 dc, 3 h, 2 ph, 2 npl, 1+7 mspl, Prosternum behaart.

Beine glänzend braunschwarz bis schwarz; F_2 mit einigen kurzen a Borsten in der basalen Hälfte so wie einigen feinen, haarähnlichen av und pv Borsten, apikal einige kräftige p Borsten; auf T_2 etwa 5 p Borsten; F_3 mit einer Reihe ad und 3-4 kräftigen av Borsten in der apikalen Hälfte; T_3 mit 5 av Borsten in der apikalen Hälfte, einer Reihe sehr kurzer ad Borsten, von denen 2 in der Mitte etwas kräftiger sind, aber kaum den $\frac{1}{2}$ Tibiadurchmesser erreichen, im apikalen Drittel 1 dünne pd Borste.

Flügel farblos, nur etwa die apikale Hälfte des Flügels beborstet; Adern braun, r_{4+5} dorsal und ventral im basalen Bereich beborstet; das obere Thorakalschüppchen innen transparent außen weiß, das untere gelblichbraun bis braun, der Rand gelblichbraun.

Abdomen wie der Thorax gefärbt, dorsal ohne Bestäubung, ventral schwach bestäubt.

♀♀: Beim Weibchen ist die Stirn glänzend schwarz gefärbt und etwa ein Viertel so breit wie der Kopf, die Strieme verläuft V-förmig; Parafrontalborsten kräftiger entwickelt, außerdem 2 Paar kleine proclinate Orbitalborsten und 1 Paar Vertikalborsten vorhanden. Das untere Thorakalschüppchen gelblichweiß. Sonst ähnlich dem Männchen.

Länge um 6 mm.

Der Holotypus stammt von Garamba Kongo 20° 40'E 4° 10'N VII. 1912 LANG & CHAPIN.

Weyerellia mouschi n.sp. (Abb. 12 B)

Weyerellia mouschi n.sp. ähnelt der vorhergenenden Art, unterscheidet sich aber von ihr, wie in der Tabelle angegeben. Der weibliche Paratypus war mir vom Museum New York als ein weiteres Exemplar von *Weyerellia pyrellioides* zugeschickt worden.

♀♀: Backen und Parafacialia bei bestimmtem Lichteinfall leicht grau bestäubt, die Parafrontalia glänzend schwarz, die Stirnstrieme matt schwarz und V-förmig; Stirn etwa ein Viertel so breit wie der Kopf; 1 Paar langer Vertikalborsten, 2 Paar kleine Orbitalborsten, mehrere kräftige Parafrontalborsten; Augen nackt.

Thorax glänzend dunkelgrün mit blauer Reflexion und ohne Bestäubung; das vordere Spirakulum dunkel;
Chätotaxis: 0+1 acr, 0+2 dc, 4 h, 2 ph, 2 npl, 1+3-5 mspl, Prosternum behaart.

Beine glänzend schwarz; F_2 mit ein paar schwachen p Borsten im apikalen Drittel; T_2 mit etwa 3 p Borsten; auf F_3 eine Reihe ad Borsten, in der apikalen Hälfte 3 av und basal ein paar pv und v Borsten; T_3 mit 2 av und 1 sehr kurzen ad Borsten im mittleren Drittel, 1 pd Borste im apikalen Drittel.

Flügel hyalin, die Flügelmembran im apikalen Drittel beborstet; Adern gelb, apikal werden sie bräunlich, r_{4+5} dorsal an der Basis mit 3-4 Borsten, ventral nur mit 1-2 Borsten, cu hört mit der hinteren Querader auf und läuft höchstens als Falte weiter; die Thorakalschüppchen weiß, das obere innen transparent.

Abdomen metallisch glänzend dunkelgrün.

Länge etwa 5,5 mm.

Fundorte: Weiblicher Holotypus von Rhodesien, Victoria Falls, Nat'l. Park IV. 1961 leg. P. J. SPANGLER. Weibl. Paratypus von Balla Balla, Rhodesien, II. 1931, leg. A. CUTHBERTSON. Der Holotypus im Smithsonian Institution, Washington, der Paratypus im Museum of Natural History, New York.

Weyerellia palpalis n.sp. (Abb. 12 D)

Ähnlich wie bei *Weyerellia ponti* n.sp. erhielt ich ein weibliches Exemplar von dieser Art vom British Museum, London als *Pyrellia purpureoalba* VILL. Ein Vergleich mit der Type von *Pyrellia purpureoalba* VILL. erwies, daß es sich um eine neue Art handelt. Weitere Exemplare hiervon fanden sich unter dem unbestimmten Material des S.A. Institute for Medical Research, Johannesburg. Diese Art ist demnach vom Kongo und von Uganda bekannt.

♀♀: Die untere Gesichtshälfte bei bestimmtem Licht grau bestäubt, die Stirn dunkel; Stirn etwa ein Viertel so breit wie der Kopf, die Strieme V-förmig; mehrere kräftige Parafrontalborsten, 1 Paar lange Vertikalborsten, 1 Paar lange und 1 Paar feine, kurze proclinater Orbitalborsten; die Palpen apikal auffallend verbreitert; Augen nackt.

Thorax glänzend violett, die Pleuren schwach grauweiß bestäubt; das vordere Spirakulum dunkel:
Chätotaxis: allgemeine Behaarung fein und relativ lang, 0+1 acr, 0+1 dc, 2 h, 1 ph, 2 npl, das Prosternum behaart.

Beine dunkelbraun; F_2 mit 2 auffallend kräftigen p Borsten an der Spitze und einigen längeren p Borsten im apikalen Drittel; auf T_2 etwa 3-4 p Borsten; F_3 mit einer Reihe ad und in der apikalen Hälfte einige av Borsten; T_3 in der apikalen Hälfte mit etwa 6 av Borsten, 1 kräftige ad Borste etwa in der Mitte und 1 pd Borste im apikalen Drittel.

Flügel bräunlich, die Membran einheitlich mit Borsten besetzt; Adern braun, r_{4+5} dorsal und ventral zumindest bis r-m beborstet; das obere Thorakalschüppchen innen bräunlich transparent, außen weißlich, das untere einschließlich Rand dunkelbraun.

Abdomen metallisch blaugrün, das letzte Tergit in der basalen Hälfte mit violetten Reflexionen und in der apikalen Hälfte messingfarben, ventral ist das Abdomen bestäubt.

♂♂: Das Männchen ähnelt dem Weibchen, unterscheidet sich aber in folgenden Punkten: Stirn nicht doppelt so breit wie der vordere Ocellus, Parafrontalborsten zahlreich und relativ kräftig, nur 1 Paar Vertikalborsten;

F_3 mit haarähnlichen av und pv Borsten in der basalen Hälfte; F_2 in der apikalen Hälfte mit einigen langen p Haaren, in der Mitte einige kräftige a Borsten.

Länge etwa um 7 mm.

Fundorte: Der weibliche Holotypus von Uganda, Ruwenzori Nyamugaboni, „on dead monkey" leg. HADDOW 1949; 2 männl. und 6 weibl. Paratypen von Belgisch Kongo, P.N.A. vers. Mt. Kamatembe I. 1935 leg. DE WITTE, 1 weibl. Paratype ebenfalls vom P.N.A. von Gitebe VI. 1935, leg. DE WITTE, 1 weibl. Paratype Belgisch Kongo P.N.A. Tsamugussa VIII. 1934 leg. DE WITTE.

Weyerellia weidneri n.sp. (Abb. 12 C)

Von dieser Art liegt mir ein einzelnes Weibchen vor, das von Uganda stammt. Der Hinterleib ist dick und erscheint rötlich, wenn man das Tier von der Ventralseite betrachtet. Ich nehme daher an, daß es sich um eine Art handelt, die zumindest Blut aufnimmt. Ob sie aktiv die Haut verletzt ist unbekannt.

♀♀: Die untere Gesichtshälfte je nach Lichteinfall mehr oder weniger stark grau bestäubt, die Stirn dunkel mit glänzenden Parafrontalia; Stirn etwa ein Viertel so breit wie der Kopf, die Strieme V-förmig; mehrere kräftige Parafrontalborsten, 1 Paar Ocellarborsten, 1 Paar sehr lange Vertikalborsten, 1 Paar Orbitalborsten (ein 2. Paar ist nicht erkennbar); Augen nackt.

Thorax dunkelgrün, matt metallisch glänzend, Pleuren einschließlich Notopleuren grau bestäubt, stark bestäubt ist das Sternopleuron, dorsal ohne helle Zeichnung; das vordere Spirakulum dunkel;
Chätotaxis: 0+1 acr, 0+2 dc, 4 h, 2 ph, 2 npl, 1-2+5 mspl, das Prosternum behaart.

Beine dunkel; F_2 mit einer Reihe kurzer a Borsten in der basalen Hälfte, apikal 2 kräftige p so wie einige feinere p Borsten; auf T_2 etwa 4 p Borsten; T_3 mit einer Reihe ad und apikal einigen av Borsten; auf T_3 in der apikalen Hälfte 2-3 av Borsten und im apikalen Drittel 1 pd Borste.

Flügel farblos, die Membran einheitlich mit Borsten bedeckt; Adern braun; r_{4+5} dorsal über r-m hinaus und ventral nur an der Basis beborstet; das obere Thorakalschüppchen innen transparent, außen weiß, das untere bräunlichgelb mit breitem hellen Rand.

Abdomen dunkelgrün, aber nicht sehr glänzend, das letzte Tergit dagegen glänzend golden-messingfarben und im Kontrast zum übrigen Abdomen. Ventral ist das Abdomen grau bestäubt.

Länge etwa 7 mm.

Das Männchen ist unbekannt.

Fundort: Weibl. Holotypus von Uganda, Ankole 25 mi. s. Kichwamba IV. 1968, leg. P. J. SPANGLER. Diese Art ist nach Herrn Prof. Dr. H. WEIDNER vom Zoologischen Staatsinstitut, Hamburg benannt.

Weyerellia camerunensis (ENDERLEIN) nov. combin.

Commosia camerunensis ENDERLEIN (1935) p. 237.

Vom Zoologischen Museum in Berlin erhielt ich die beiden männlichen Typen von *Commosia camerunensis* ENDERLEIN. Beide zeichnen sich durch das breite, behaarte Prosternum aus und zeigen keine v Borste auf der T_2, so daß sie ohne Zweifel zu dieser Gattung gehören.

♂♂: Untere Gesichtshälfte dunkel, mit schwacher, grauer Bestäubung, die Stirn schwarz und nicht breiter als der vordere Ocellus; zahlreiche, relativ kräftige Parafrontalborsten, 1 Paar kräftige Ocellarborsten, 1 Paar lange Vertikalborsten; Augen nackt, die Facetten der Stirnseite schwach vergrößert.

Thorax glänzend grünlich mit starker violetter oder kupferner Reflexion und ohne dorsale weiße Zeichnung; die Pleuren einschließlich der Notopleuren weiß bestäubt, das vordere Spirakulum dunkel;
Chätotaxis: 0 + 1 acr, 0 + 2 dc, 3 h, 1 ph, 2 npl, 1 + 5-7 mspl, das Prosternum behaart.

Beine dunkel-rotbraun; F_2 mit einer Reihe a Borsten in den basalen zwei Dritteln, in der apikalen Hälfte mehrere kurze, kräftige p und 2 sehr kräftige Borsten an der Spitze; auf T_2 etwa 4 p Borsten; auf F_3 eine Reihe ad und eine Reihe av Borsten, in der basalen Hälfte eine Reihe pv Borsten, alle Borsten der basalen Hälfte lang und haarähnlich; T_3 mit einer Reihe kräftiger ad Borsten fast über die ganze Länge und in der apikalen Hälfte mit 4 av Borsten, im apikalen Drittel 1 pd Borste.

Flügel kräftig bräunlich, die Membran einheitlich mit Borsten besetzt; r_{4+5} dorsal und ventral nur an der Basis beborstet; das obere Thorakalschüppchen innen transparent, außen weiß, das untere weiß mit bräunlichem Schimmer im inneren Bereich.

Abdomen grünlich mit kupferner oder violetter Reflexion, das letzte Tergit violett.

Länge etwa 6,5 mm.

Beide Tiere stammen von Kamerun, Johann-Albrechtshöhe, 12. 1851 und 8. 1851, leg. L. CONRADT.

GATTUNG MUSCA LINNAEUS (1758)

Musca LINNAEUS (1758) p. 989; PATTON (1923) p. 320, (1932) p. 347; MALLOCH (1935) p. 134, (1929) p. 264; CURRAN (1928) p. 359; TOWNSEND (1937) p. 369; SÉGUY (1935) p. 59; WEST (1951) p. 130; HENNIG (1964) p. 967; PERIS (1967) p. 28.

Die Gattung *Musca* stellt innerhalb der *Muscinae* ohne Zweifel eine monophyletische Gruppe dar, da nach PATTON & MACGILL (1925) alle Arten dieser Gattung eine Sinnesgrube im dritten Antennesegment aufweisen. Diese Sinnesgrube soll den anderen Gattungen fehlen. Weiterhin verläuft die Biegung der Media stets knickartig. Auch dieses Merkmal findet sich, mit Ausnahme weniger *Orthellia*-Arten, nur in der Gattung *Musca*. Die Aufteilung dieser Gattung in mehrere Untergattungen oder sogar Gattungen war für lange Zeit ein Streitobjekt. So wurden von MALLOCH (1925) 5 und von TOWNSEND (1937) sogar 10 Gattungen aufgestellt, die die Gattung *Musca* ersetzen sollten. Als Gattungsmerkmale wurden äußere Merkmale verwendet. PATTON (1932) wehrte sich jedoch gegen diese Theorie – „I cannot believe that the presence or absence of a single bristle, the curvature of bristles, the presence and absence of hairs, etc., have any phylogenetic meaning in these flies.“ – und teilte auf Grund seiner Untersuchungen der Hypopygien (1932, 1933, 1936) die Gattung *Musca* in die folgenden 3 Gruppen ein: *Musca domestica*-Gruppe, *Musca lusoria*-Gruppe und *Musca sorbens*-Gruppe. Grundlage dieser Aufteilung ist die verschiedenartige Ausbildung der vorderen und der hinteren Teile der Parameren des Phallosoms. VAN EMDEN (1939) gliedert seine Bestimmungstabelle nach HO (1938), der das weibliche Legerohr näher untersuchte und die Gattung *Musca* in drei Gattungen *Eumusca*, *Viviparomusca* und *Musca* unterteilt. VAN EMDEN (1939) bezeichnet diese aber nur als Gruppen und stellt *Musca lusoria* WIEDEMANN zur *Eumusca*-Gruppe während HO (1938) diese Art als *Viviparomusca* rechnet. *Viviparomusca* und *Eumusca* entsprechen PATTONS (1932) *lusoria*-Gruppe. HENNIG (1964) schließt nicht aus, daß *Eumusca* und *Viviparomusca* nahe verwandt sind, obwohl *Viviparomusca* larvipar ist und jeweils eine Larve im 2. oder 3. Stadium absetzt, während *Eumusca* nach HO (1938) gestielte Eier legt. Die *Musca lusoria*-Gruppe zeichnet sich rein äußerlich durch einen behaarten Suprasquamasteg aus, der bei den Angehörigen von *Viviparomusca* im hinteren Bereich sogar kräftige dunkle Borsten aufweist. PATTONS (1932) *Musca domestica*-Gruppe wird von HO (1938) in der Gattung *Musca* erfaßt. Die *Musca domestica*-Gruppe besteht in der äthiopischen Region nur aus den Unterarten des *Musca domestica* Komplexes, die sich äußerlich durch beborstete Propleuren von den übrigen Arten unterscheiden. Dieses Merkmal ist nach HENNIG (1964) nicht ursprünglich, sondern abgeleitet. Die restlichen Arten der äthiopischen Region, die keinen behaarten Suprasquamalsteg und keine behaarten Propleuren aufweisen, gehören zu PATTONS (1932) *Musca sorbens*-Gruppe. Wie weit eine solche Gruppe unterteilt werden kann, läßt sich bei alleiniger Kenntnis der äthiopischen Arten nicht entscheiden. Sicher ist aber, daß bisher bei allen jüngeren Autoren die Neigung bestand, die Gattung *Musca* in wenige, viele Arten umfassende Gruppen aufzugliedern. Um so weniger verständlich erscheint es daher, daß PERIS (1967) diese Gattung wieder in nicht weniger als 7 Untergattungen aufteilt, von denen z.B. *Lissosterna* BEZZI zwei, und *Philaematomyia* AUSTEN sogar nur eine Art enthalten.

Bei der Untersuchung der Hypopygien habe ich den Eindruck gewonnen, daß diese sich auf Grund der Cerci und Paralobi ebenfalls unterteilen lassen. Die Cerci der Angehörigen der *lusoria*-Gruppe zeigen alle einen kleinen bis großen Vorsprung, während die Cerci der beiden übrigen Gruppen (*sorbens* und *domestica*) gerade oder abgerundet verlaufen. Meines Erachtens ist HOS (1938) Zuordnung von *Musca domestica* und den Unterarten zu der dritten Gattung *Musca* bzw. nach PATTON zur *Musca sorbens*-Gruppe berechtigt. Es bestehen im Bau des Phallosom von der *Musca domestica*-Gruppe und der *Musca sorbens*-Gruppe nicht derartige Unterschiede wie zwischen diesen beiden Gruppen und der *Musca lusoria*-Gruppe, die Cerci der beiden ersteren Gruppen ähneln sich ebenfalls sehr, und allein auf Grund der etwas anders gestalteten Paralobi sollte diese Gruppe nicht abgetrennt werden.

Ich halte es daher für sinnvoll, die Gattung *Musca* in zwei Gruppen zu unterteilen. Um keine neuen Namen und damit noch mehr Verwirrung einzuführen, benenne ich sie PATTON folgend *lusoria*-Gruppe, deren Angehörigen sich allein schon durch die Körpergröße und den behaarten Suprasquamalsteg auszeichnen, und *sorbens*-Gruppe. Die Arten der letzteren sind im Durchschnitt kleiner, und der Suprasquamalsteg ist gewöhnlich nackt. *Musca domestica* mit ihren Unterarten wird als abgewandelte Form aufgefaßt und dieser Gruppe unterstellt. Welche von beiden Gruppen als abgeleitet und welche als ursprünglich angesehen werden soll, läßt sich nicht ohne weiteres entscheiden, da u.U., wie bereits von HENNIG (1964) angedeutet wurde, auch eine Rückentwicklung eine Rolle gespielt haben könnte. Zweifellos scheinen mir aber die viviparen Arten höher entwickelt zu sein. Die Beschreibung für die Gattung *Musca* (einschließlich der Teilgruppen) läßt sich wie folgt geben:

Thorax von dunkler Färbung (Ausnahme *Musca lucidula* Lw., Thorax und Abdomen glänzend dunkelgrün, aber nicht größer als 4 mm), das untere Thorakalschüppchen vergrößert und dem Körper anliegend; Rüssel, Palpen und Antennen dunkel, das dritte Antennenglied stets mit einer Sinnesgrube; T_2 ohne v Borste; Prosternum schmal und behaart, Media mit einem knieartigen Knick. Bei den Männchen der apikale Bereich des Aedeagus stets nackt.

Ähnlich wie einige *Morellia*-Arten fliegen viele Musca-Arten Säugetiere

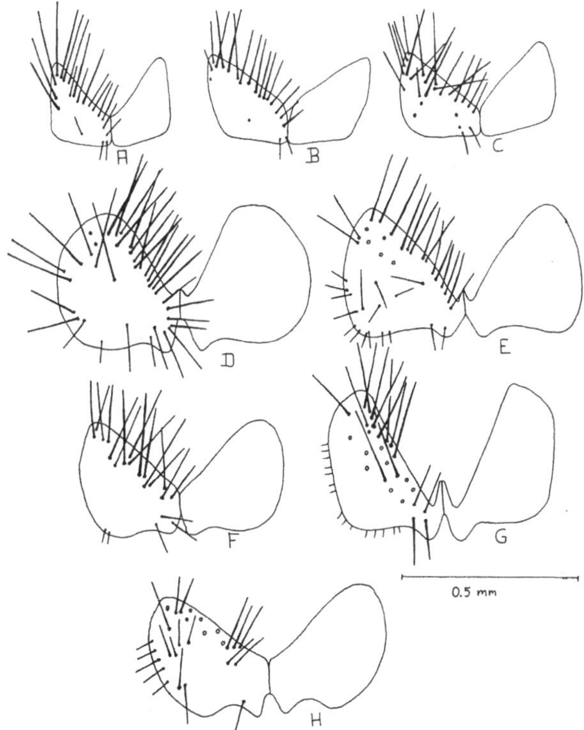

Abb. 13. Dorsalansicht der Cerci von *Musca*:
A *M. d. domestica* L., B *M. d. calleva* WALKER, C *M. d. curviforceps* S.&R., D *M. splendida* PATERSON, E *M. natalensis* VILL., F *M. alpesa* WALKER, G *M. elatior* VILL., H *M. autumnalis ugandae* V. EMDEN.

an, um dort Blut, Haut- oder Schleimabsonderungen aufzusaugen. Einige Arten, wie z.B. *Musca conducens* WALKER, können mit ihren prästomalen Zähnen verheilende Wunden aufkratzen und gelangen so an ihre Nahrung, andere Arten folgen den Stechfliegen und saugen an den von diesen ver-

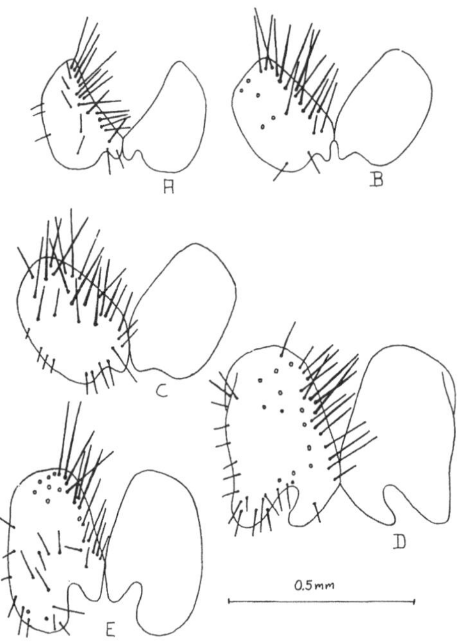

Abb. 14. Dorsalansicht der Cerci von *Musca*:
A *M. xanthomelas* Wd., B *M. munroi* PATTON, C *M. gabonensis* MACQ., D *M. lusoria* Wd., E *M. spangleri* ZIELKE.

ursachten Stichverletzungen. Schließlich ist *Musca crassirostris* STEIN in der Lage, sogar die gesunde Haut zu verletzen und gelangt so an Blut. Abgesehen von der unangenehmen Belästigung des Menschen, können Haustiere wie z.B. Rinder, durch diese Fliegen irritiert werden, was sich durch Verringerung der Milchabgabe und Verluste des Gewichts bemerkbar macht. Weiterhin sind die hämatophagen Arten imstande, Krankheitserreger zu übertragen. PATTON (1932) schreibt sogar: „*Musca* is next to Glossina, the most important *Muscine* genus;“. Er erwähnt u.a. Pestübertragung, Übertragung anderer pathogener Keime auf menschliche Nahrung oder auf den Körper selbst und im veterinärmedizinischen Bereich Übertragungen von Trypanosomen und anderen Parasiten so gilt z.B. *Musca crassirostris* als Überträger von *Habronema* spec.

Verbreitet ist die Gattung *Musca* wohl über die ganze Welt. Die paläarktische, orientalische und äthiopische Region weisen aber die meisten Arten auf. Einige Arten finden sich z.T. als Kulturfolger in Häusern oder zumindest in bewohnten Gegenden. Andere Arten sind nur im Freien anzutreffen. Sie scheinen hier schattige Biotope zu bevorzugen, wenn sie auch einem Wirt in Gebiete folgen, die starker Sonneneinstrahlung ausgesetzt sind. Nach HENNIG (1964) sind sie nach ihrem ursprünglichen Bauplan als Larven wie auch als Imagines von Boviden abhängig.

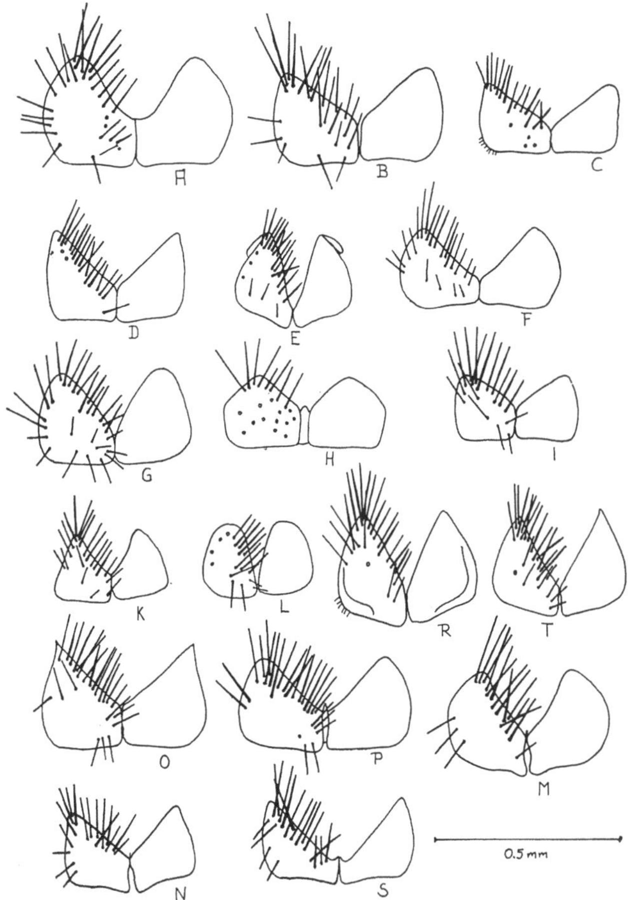

Abb. 15. Dorsalansicht der Cerci von *Musca*:
A *M. interrupta interrupta* WALKER, B *M. interrupta dasyops* STEIN, C *M. lasiophthalma* THOMSON, D *M. vitripennis* MEIGEN, E *M. freedmani* PATERSON, F *M. conducens* WALKER, G *M. lindneri* PATERSON, H *M. liberia* SNYDER, I *M. tempestatum* BEZZI, K *M. fasciata* STEIN, L *M. tempestiva* FALL., M *M. afra* PATERSON, N *M. longipes* PATERSON, O *M. sorbens sorbens* Wd., P *M. sorbens alba* MALLOCH, R *M. ventrosa* Wd., S *M. albina albina* Wd., T *M. crassirostris* STEIN.

Bestimmungstabelle für die Arten der Gattung *Musca*

Seit VAN EMDENS (1969) Bestimmungstabelle ist keine weitere zusammenhängende Bestimmungstabelle erschienen, wenn man von PERIS' (1967) Schlüssel für die Untergattungen absieht. Der folgende Schlüssel wurde in erster Linie nach den auffälligsten Merkmalen ausgerichtet, verwandtschaftliche Beziehungen wurden nur sekundär berücksichtigt.

1. Größe unter 4 mm, Thorax und Abdomen glänzend grün .... *M. lucidula* (LOEW)
– Größe meist über 4 mm, nie glänzend grünlich gefärbt 2
2. Suprasquamalsteg in der hinteren Hälfte mit kräftigen, borstenähnlichen Haaren 3
– Suprasquamalsteg ohne solche Haare, wenn auch die vordere Hälfte schwach behaart sein kann 7
3. Basicostalschuppe gelb 4
– Basicostalschuppe braun bis schwarz 5
4. r_{4+5} ventral bis über r-m hinaus mit feinen Borsten besetzt .... *M. alpesa* WALKER
– r_{4+5} ohne solche Beborstung .... *M. stuckenbergi* n.sp.
5. Das erste Abdominalsegment in beiden Geschlechtern überwiegend orangefarben .... *M. natalensis* VILLENEUVE
– Das erste Abdominalsegment in beiden Geschlechtern dorsal überwiegend schwarz 6
6. Das untere Thorakalschüppchen einschließlich Rand dunkelbraun.... *M. elatior* VILLENEUVE
– Das untere Thorakalschüppchen braun mit weißem oder hellbraunem Rand .... *M. splendida* PATERSON
7. Propleuren vor dem Spirakulum in der Einbuchtung behaart 8
– Propleuren in der Einbuchtung ohne Haare 11
8. Die ersten 2 oder 3 Paare post dc Borsten auffallend schwach .... *M. domestica calleva* WALKER
– Alle post dc Borsten etwa gleich stark 9
9. Zumindest die beiden letzten abdominalen Tergite verdunkelt, die Stirn beim Männchen etwa doppelt so breit wie das Ocellardreieck ... *M. domestica domestica* LINNAEUS
– Abdomen überwiegend gelb oder orangefarben, die männl. Stirn schmaler oder gleichbreit wie das Ocellardreieck 10
10. Beim Männchen das letzte Tergit zumindest an der Spitze verdunkelt, die Stirn etwa so breit wie das Ocellardreieck .... *M. domestica curviforceps* S. & R.
– Das Abdomen nur ganz schwach auf der Mitte des letzten Tergites

verdunkelt, die Stirn schmaler als das Ocellardreieck ....
M. domestica nebulo WIEDEMANN

11. Stpl Borsten fehlen 12
– Stpl Borsten sind vorhanden 13
12. ph Borsten fehlen, die Augen nicht auffällig behaart ....
M. albina albina WIEDEMANN
– ph Borsten vorhanden, die Augen kräftig behaart ....
M. albina polita MALLOCH
13. Augen in beiden Geschlechtern deutlich behaart oder/und die Flügelmembran zumindest im basalen Bereich der Diskalzelle nackt 14
– Augen nackt und die Flügelmembran ganz mit Borsten besetzt ... 20
14. Die Flügelmembran im basalen Bereich der Diskalzelle nackt 15
– Die Flügelmembran einheitlich beborstet 17
15. Die prst dc Borsten fehlen oder sind nur sehr schwach haarähnlich entwickelt .... *M. lasiophthalma* THOMSON
– Die prst dc Borsten sind deutlich entwickelt 16
16. Männl. Stirn breiter als der Vertex, die Augenbehaarung dicht und lang, die Behaarung des Thorax lang und fein ....
M. vitripennis MEIGEN
– Männl. Stirn schmaler als das Ocellardreieck, Augenbehaarung spärlich und kurz, die Behaarung des Thorax borstenförmig kräftig. Weibl. Stirn mit 7 Paar Parafrontalborsten, Augen nackt ....
M. freedmani PATERSON
17. T_1 mit einer auffallenden p Borste im mittleren Drittel ....
M. lindneri PATERSON
– T_1 ohne solche Borste 18
18. r_{4+5} ventral mit einer Borstenreihe, die über r-m hinausgeht ....
M. lasiopa VILLENEUVE
– r_{4+5} höchstens an der Basis mit einigen Borsten 19
19. Das Abdomen des Männchen überwiegend orangefarben, der mediane, dunkle Streifen auf den mittleren Tergiten nimmt weniger als ein Viertel der dorsalen Tergitoberfläche ein. Weibchen dunkel, das untere Thorakalschüppchen weißlich .... *M. interrupta interrupta* WALKER
– Das Abdomen des Männchens überwiegend dunkel, auf den mittleren Tergiten nur kleine, seitliche gelbe Flecken. Das Weibchen dunkel, das untere Thorakalschüppchen einschließlich Rand dunkelbraun ....
M. interrupta dasyops STEIN
20. T_1 mit zumindest einer auffallenden p Borste in der apikalen Hälfte . 21
– T_1 ohne solche p Borste 25
21. T_2 mit einer kräftigen av Borste in der apikalen Hälfte ....
M. longipes PATERSON

– T_2 ohne solche Borste 22

22\. Rüssel mit auffallend langen Labellen, die länger als die doppelte Länge des dritten Antennengliedes sind, nur 1 Paar kräftig entwickelte prst dc Borsten vorhanden .... *M. tempestatum* BEZZI

– Rüssel ohne extrem lange Labellen, 2 Paar kräftige prst dc Borsten vorhanden 23

23\. Thorax einschließlich Scutellum dicht grauweiß bestäubt 24

– Thorax glänzend dunkel, nur ein medianer grauer Längsstreifen vorhanden, Abdomen überwiegend gelb bis orangefarben .... *M. liberia* SNYDER

24\. Thorax mit 4 dunklen Längsbändern, vom männl. Abdomen das erste Tergit überwiegend dunkel, die übrigen Tergite zumindest mit dunklen Längsstreifen. Das weibl. Abdomen dunkel und grau bestäubt, T_1 nur mit 1 p Borste .... *M. conducens* WALKER

– Thorax mit 4 dunklen Längsstreifen, beim Weibchen das Abdomen gelb bis orangebraun, die Tergite mit sehr schmalen Apikal- und Längsbändern, T_1 meist mit 2 p Borsten ... *M. transvaalensis* n.sp....

25\. T_2 mit einer kräftigen av Borste im mittleren Drittel .... *M. crassirostris* STEIN

– T_2 ohne solche av Borste....................................... 26

26\. Abdomen orangegelb ohne jegliche dunkle Zeichnung .... *M. ventrosa* WIEDEMANN

– Abdomen zumindest mit dunklen Flecken 27

27\. Das vordere Spirakulum dunkel.................................. 28

– Das vordere Spirakulum weiß oder hell 29

28\. Der männl. Thorax dorsal ohne jegliche Bestäubung, der hintere Tarsus normal behaart. Beim Weibchen Thorax und Scutellum bestäubt .... *M. tempestiva* FALLEN

– Der Thorax in beiden Geschlechtern dorsal bestäubt, das Scutellum aber unbestäubt. Vom hinteren männl. Tarsus das dritte und vierte Glied mit langen gekrümmten Haaren, die länger als der Tarsusdurchmesser sind .... *M. fasciata* STEIN...

29\. Auf dem postsuturalen Teil des Mesonotums 4 deutliche, dunkle Längsstreifen 30

– Auf dem postsuturalen Teil des Mesonotums nur 2 dunkle Längsstreifen, wenn sich auch auf dem präsuturalen Teil 4 dunkle Streifen befinden können, die aber nach der Thorakalnaht verschmelzen 35

30\. r_{4+5} ventral mit einer Borstenreihe, die weit über r-m hinausgeht ... 31

– $_{4+5}$ ventral nur mit einigen wenigen Borsten an der Basis 32

31\. Das erste und letzte Tergit des männl. Abdomens überwiegend dunkel,

die mittleren Tergite mit breiten Längsstreifen ....
M. lusoria lusoria WIEDEMANN

– Das erste und letzte Tergit des männl. Abdomens überwiegend gelb, der Längsstreifen nur sehr schwach entwickelt....................
M. lusoria kihuris n.ssp.

32. Stammader dorsal mit 2-5 langen Borsten, beim Männchen die Sternite überwiegend orangefarben, die Tergite II und III dorsal orangefarben mit dunklen Längsstreifen .... *M. autumnalis autumnalis* DE GEER

– Stammader nur mit 1 langen dorsalen Borste 33

33. Die Sternite in beiden Geschlechtern schwarz, die ersten 2 oder 3 post dc Borsten fehlen 34

– Abdominale Sternite in beiden Geschlechtern orangefarben, die post dc Borsten sind alle vorhanden .... *M. xanthomelas* WIEDEMANN

34. Beim Männchen die Tergite II und III dorsal orangefarben mit dunklem, medianen Streifen .... *M. autumnalis pseudocorvinae* VAN EMDEN

– Abdomen in beiden Geschlechtern dunkel mit grauer Bestäubung ...
M. autumnalis ugandae VAN EMDEN

35. Hypopleuron mit einigen kräftigen borstenähnlichen Haaren unter dem Spirakulum 36

– Hypopleuron völlig nackt 37

36. Beim Männchen das erste und meist auch das letzte Tergit dunkelbraun, die mittleren mit breitem dunklen Längsband, beim Weibchen das Abdomen von dunkler Grundfarbe ... *M. sorbens sorbens* WIEDOMANN

– Beim Männchen das Abdomen fast ganz gelb, nur ein schwacher dunkler Längsstreifen vorhanden, beim Weibchen das Abdomen gelb mit schwacher dunkler Zeichnung .... *M. sorbens alba* MALLOCH

37. Thorax lateral mit schwarzen, borstenähnlichen Haaren über dem Suprasquamalsteg, r_{4+5} über r-m hinaus beborstet ....
M. setulosa ZIELKE

– Thorax lateral ohne solche Borsten über dem Suprasquamalsteg ... 38

38. Basicostalschuppe schwarz 39

– Basicostalschuppe gelb bis gelbbraun, Thorakalschüppchen hell ... 40

39. r_{4+5} ventral über r-m hinaus beborstet, dorsal nur einige Borsten an der Basis, das untere Thorakalschüppchen hellbraun bis braun, vom männl. Abdomen Tergite I und IV dunkel, die beiden mittleren Tergite mit breitem dunklen Längsstreifen. Weibl. Abdomen dunkel ....
M. patersoni n.sp.

– r_{4+5} ventral nackt, das untere Thorakalschüppchen einschließlich Rand dunkelbraun, Abdomen überwiegend gelb der Längsstreifen nur schwach entwickelt .... *M. spangleri* ZIELKE

40. r_{4+5} ventral nur an der Basis beborstet, nie über r-m hinaus 41

– r_{4+5} ventral bis über r-m hinaus mit Borsten besetzt 42

41. Beim Männchen zumindest die letzten beiden Tergite, beim Weibchen das ganze Abdomen dunkel. Media verläuft ohne sehr starken Knick... *M. afra* PATERSON

– In beiden Geschlechtern das Abdomen unter Einschluß des ersten Tergites überwiegend orangegelb, nur schwach entwickelte dunkle Längsstreifen oder Flecken vorhanden ..... *M. gabonensis* MACQUART.

42. Abdomen unter Einschluß des ersten Tergites in beiden Geschlechtern überwiegend orangegelb .... *M. gabonensis* MACQUART.

– Das erste Tergit in beiden Geschlechtern dorsal überwiegend dunkel, beim Weibchen fast das ganze Abdomen dunkel ... *M. munroi* PATTON

Musca lucidula (LOEW)

Cyrtoneura lucidula LOEW (1856) p. 48;
Musca lucidula STEIN (1913) p. 466; BEZZI (1923) p. 115; SÉGUY (1933) p. 60; PATTON (1932) p. 392, (1933) p. 414; VAN EMDEN (1939) p. 78; HENNIG (1964) p. 1014; PERIS (1967) p. 30.

Synonym: *Synamphoneura africana* BEZZI (1892) p. 190.

Musca lucidula (LOEW) ist von allen anderen *Musca*-Arten sofort durch ihre glänzend grünliche Färbung zu unterscheiden. Ob es sich um eine äthiopische Art handelt, ist zweifelhaft! Ich habe nur Material vom nördlichen Afrika gesehen, die Fundorte lagen in Ägypten, Libyen und im Sudan. Nach PATTON (1933) ist diese Art hämatophag und lebt in der Nähe von Vieh.

♂♂: Gesicht intensiv grau bestäubt; die Stirn nicht breiter als das Ocellardreieck; Parafrontalborsten zahlreich aber sehr fein, 1 Paar lange Vertikalborsten; Augen nackt, die oberen Facetten schwach vergrößert.

Thorax glänzend dunkelgrün mit schwacher grauer Bestäubung, die Pleuren glänzend braun, das vordere Spirakulum bräunlich;
Chätotaxis: 0+1 acr, 0+3 dc, 2 h, 2 ph, 2 npl, 1+1 mspl, 1+2 stpl.

Beine braun; T_1 ohne auffallende Beborstung; F_2 im apikalen Drittel ein paar kräftigere p Borsten, in der Mitte einige a und basal 1 av und 1 pv Borste; T_2 mit einigen p Borsten; F_3 mit einer Reihe ad, in der apikalen Hälfte eine Reihe von av Borsten und im basalen Drittel 1 pv Borste; auf T_3 etwa in der Mitte 1 kräftige av Borste.

Flügel hyalin, die Membran nackt; Adern hellgelb, die Media trifft an der Flügelspitze auf r_{4+5}.

Abdomen glänzend blaugrün.

♀♀: Die Stirn des Weibchens ist etwa ein Drittel so breit wie der Kopf, das Gesicht rotbraun bis tiefschwarz. Kopfbeborstung kräftiger als beim Männchen. Thorax etwas intensiver bestäubt. Vom Abdomen das erste Tergit an der Basis rotbraun.

Länge etwa 3 mm.

Musca alpesa WALKER (Abb. 13 F)

Musca alpesa WALKER (1849) p. 901; PATTON (1936) p. 485; VAN EMDEN (1939) p. 81; PERIS (1967) p. 34.

Synonym: *Musca congolensis* VILLENEUVE (1916) p. 513.

Musca alpesa gehört zur *lusoria*-Gruppe und zeichnet sich durch einen beborsteten Suprasquamalsteg aus. Sie ist von verschiedenen Orten Südafrikas, von Mozambique, vom Sudan und vom Kongo bekannt. Angaben über ihre Biologie liegen nicht vor. Sie wird aber, wie wohl alle Angehörigen von *Viviparomusca*, lebendgebärend sein und zu den hämatophagen Arten gerechnet werden müssen.

♂♂: Untere Gesichtshälfte grauweiß bestäubt, die obere schwarz; Stirn etwa so breit wie der vordere Ocellus; über 20 Paar Parafrontalborsten, 1 Paar Vertikalborsten; Augen nackt, die Facetten der Stirnseite vergrößert.

Thorax mit 2 dunklen sehr breiten Längsstreifen; die Sternopleuren intensiv, die Meso- und Pteropleuren nur teilweise grau bestäubt; das vordere Spirakulum weiß;
Chätotaxis: 0+1 acr, 2+4 dc, 3 h, 2 ph, 2 npl, 1+6-8 mspl, 1+2 stpl.

Beine schwarzbraun; T_1 ohne auffallende Beborstung; F_2 in der basalen Hälfte mit einer Reihe kräftiger pv, einer Reihe a und einigen av Borsten, apikal einige p Borsten; auf T_2 5-6 p Borsten; F_3 in der basalen Hälfte mit einigen pv Borsten, über die Länge verteilt eine Reihe von av so wie eine Reihe von ad Borsten; auf T_3 eine Reihe von ad und in der apikalen Hälfte 2 av Borsten und 1 pd Borste.

Flügel gräulich; Adern dunkelbraun, r_{4+5} dorsal mit etwa 2 Borsten an der Basis, ventral weit über r-m hinaus beborstet; das obere Thorakalschüppchen weißlich mit gelbem Rand, das untere bräunlich mit hellem Rand; Basicostalschuppe gelb. Vom Abdomen Tergite I und IV dunkel, die beiden mittleren gelb, Tergit II mit einem sehr breiten, dunklen Längsstreifen, auf Tergit III dieser schwächer, auf beiden erweitert sich der Längsstreifen apikal, auf Tergit II auch basal. Sternite orangegelb, das letzte braun.

♀♀: Stirn etwa ein Drittel so breit wie der Kopf, das Gesicht grauweiß bestäubt, die Strieme schwarz oder rotbraun; etwa 11 Paar kräftige Parafrontalborsten, Parafrontalia mit zahlreichen Borsten, 1 Paar Ocellarborsten, 2 Paar Vertikalborsten. Thorax intensiv grau bestäubt mit zwei dunklen Längsstreifen; die Thorakalschüppchen weißlich. Abdomen dunkelbraun, die letzten drei Tergite stark grau bestäubt; Sternite braun.

Länge zwischen 6 und 7 mm.

Musca stuckenbergi n.sp.

Diese Art liegt mir nur als einzelnes Weibchen vor. Es wurde 1969 in Pietermaritzburg von Mr. STUCKENBERG gefangen, den es gestochen hatte um dann Blut zu saugen. Es handelt sich hiermit um eine weitere Art, die imstande ist, die gesunde Haut zu verletzen und blutende Wunden zu erzeugen.

♀♀: Gesicht weiß bestäubt, die Strieme schwarz; die Stirn etwas breiter als ein Drittel des Kopfes; etwa 10 Paar Parafrontalborsten, die Parafrontalia mit einigen weiteren Borsten besetzt, 1 Paar kräftiger Ocellarborsten, 2 Paar Vertikalborsten; Augen nackt.

Thorax grau bestäubt mit 2 dunklen Längsstreifen; das vordere Spirakulum weiß;
Chätotaxis: 0+1 acr, 2+4 dc, 3 h, 2 ph, 2 npl, 1+7 mspl, 1+2 stpl. Der Suprasquamalsteg in der hinteren Hälfte mit borstenähnlichen, kräftigen Haaren (also Angehörige der *lusoria*-Gruppe, bzw. *Viviparomusca*).

Beine schwarz; T_1 ohne p Borste; F_2 mit einigen av und pv Borsten so wie ein paar kräftigeren p Borsten an der Spitze; auf T_2 3 p Borsten; F_3 mit einer Reihe ad Borsten und 3 av Borsten in der apikalen Hälfte, im basalen Drittel 1 v Borste; T_3 mit 2 av Borsten in der apikalen Hälfte, die untere stärker als die obere, über die Länge verteilt eine Reihe kurzer ad Borsten. Flügelmembran einheitlich mit Borsten besetzt, wie bei allen Angehörigen der *lusoria*-Gruppe; Adern gelblich bis hellbraun in der basalen Hälfte, braun bis dunkelbraun in der apikalen, r_{4+5} nackt; Basicostalschuppe gelb; das untere Thorakalschüppchen innen weißlich transparent, außen weiß, das untere bräunlich mit weißem Rand.

Abdomen von dunkler Grundfarbe; die letzten drei Tergite dorsal grau bestäubt, so daß nur ein dunkles Längsband so wie schmale Apikal- und Basalbänder auf den Tergiten II und III zu erkennen sind, das letzte Tergit fast ganz grau bestäubt; Sternite dunkelbraun, z.T. grau bestäubt.

Länge etwa 5,5 mm.

Männchen unbekannt.

Fundort: Weibl. Holotypus von Pietermaritzburg, Natal, Südafrika, III. 1969 leg. STUCKENBERG.

Musca natalensis VILLENEUVE (Abb. 13 E)

Musca natalensis VILLENEUVE (1916) p. 512; CURRAN (1928) p. 360; PATTON (1936) p. 483; VAN EMDEN (1939) p. 81; PERIS (1967) p. 35.

Musca natalensis VILLENEUVE, eine weitere vivipare Vertreterin der *lusoria*-Gruppe, ist aus Südafrika, Mozambique und Tanzania bekannt. PATTONS (1936) Vermutung, daß diese Art auf Natal beschränkt ist, trifft also nicht zu.

♂♂: Gesicht silbriggrau, die obere Partie dunkel; Stirn an der engsten Stelle nicht breiter als der vordere Ocellus; etwa 25 Paar Parafrontalborsten, 1 Paar Vertikalborsten; Augen nackt, die Facetten der Stirnseite vergrößert.

Thorax dorsal mit 2 breiten schwarzen Längsstreifen, die Pleuren mehr oder weniger intensiv bestäubt; das vordere Spirakulum gelblichweiß; Chätotaxis: 0+1 acr, 2+4 dc, 3 h, 2 ph, 2 npl, 1+6-8 mspl, 1+2 stpl, Suprasquamalsteg im hinteren Teil mit borstenähnlichen Haaren.

Beine schwarz; T_1 nicht auffallend beborstet; F_2 in der basalen Hälfte mit einer Reihe pv Borsten und einer Reihe a Borsten, über die ganze Länge eine Reihe kürzerer pd Borsten; auf T_2 etwa 4 p Borsten; F_3 mit einer Reihe ad, einer Reihe av und in der basalen Hälfte mit einer Reihe p Borsten; auf T_3 2-3 av Borsten in der apikalen Hälfte, eine Reihe ad Borsten auf den basalen zwei Dritteln so wie 1 pv Borste etwa in der Mitte.

Flügelmembran einheitlich beborstet; Adern dunkelbraun, r_{4+5} ventral über r-m hinaus beborstet, Basicostalschuppe braunschwarz; das obere Thorakalschüppchen innen transparent, außen weiß, das untere braun mit weißen Rand.

Grundfarbe des Abdomens gelb, die dunkle Zeichnung variabel; Tergit I an der Basis dunkel, Tergit II mit einem mehr oder weniger stark entwickelten schwarzen Flecken im mittleren Bereich, Tergit III kann einen ähnlichen Flecken aufweisen; das letzte Sternit bräunlich, die vorderen gelb.

♀♀: Stirn etwa ein Drittel so breit wie der Kopf, die Strieme rotbraun, die Parafrontalia schwarz; etwa 10 Paar Parafrontalborsten, 1 Paar lange Vertikalborsten, 2 Paar kräftige Vertikalborsten, auf den Parafrontalia zahlreiche Borsten; die Abdomenzeichnung ähnlich variabel wie die der Männchen, entweder auf Tergit II und III ein kurzer medianer dunkler Längsstreifen und ein schmales Apikalband, das letzte Tergit apikal dunkel, oder auf jedem Tergit ein dunkler medianer Längsstreifen so wie Apikal- und Basalbänder.

Länge etwa 9 mm.

Musca elatior VILLENEUVE (Abb. 13 G)

Musca elatior VILLENEUVE (1937) p. 4; VAN EMDEN (1939) p. 84; PERIS (1967) p. 35.

Auch diese Art gehört zu *Viviparomusca* und damit zur *lusoria*-Gruppe. Sie wurde von VILLENEUVE vom Kongo beschrieben, und VAN EMDEN (1939) gibt sie von Uganda an. Ich habe nur Exemplare vom Kongo gesehen.

♂♂: Die untere Gesichtshälfte grau bestäubt, die obere schwarz; Stirn nicht breiter als der doppelte Durchmesser des vorderen Ocellus; zahlreiche Parafrontalborsten, 1 Paar Vertikalborsten; Augen nackt, die Facetten der oberen Augenhälfte vergrößert.

Thorax in der Mitte dorsal mit einem grauen Längsstreifen, die Sternopleuren intensiv, die übrigen Pleuren schwach grau bestäubt; das vordere Spirakulum weiß;
Chätotaxis: 0 + 1 acr, 2 + 4 dc, 3 h, 2 ph, 2 npl, 1 + 8 mspl, 1 + 2 stpl.

Beine dunkel; T_1 ohne p Borste; auf F_2 in der basalen Hälfte etwa 5 av und 5-6 v Borsten, fast über die ganze Länge eine Reihe von p Borsten, in der Mitte ein paar kräftige a Borsten; auf T_2 etwa 4 kräftige p Borsten; F_3 mit einer Reihe ad und einer Reihe av Borsten, in der basalen Hälfte einige lange pv Borsten; T_3 nach der Mitte mit 2 av so wie mit einer Reihe ad Borsten, im apikalen Drittel 1 kräftige pd Borste.

Flügel bräunlich, die Membran einheitlich beborstet; Adern dunkel, r_{4+5} dorsal mit etwa 1 Borste, ventral mit einer Reihe von Borsten, weit über r-m hinausgehend; Basicostalschuppe dunkelbraun; das obere Thorakalschüppchen innen bräunlich transparent, außen bräunlich, das untere einschließlich Rand dunkelbraun.

Abdomen gelb, Tergite I und IV dorsal dunkel, die beiden mittleren Tergite jeweils mit einem dunklen medianen Längsstreifen, der sich basal und apikal erweitert und auf Tergit III ein dunkles Apikalband bilden kann. Sternite III und IV gelb, die übrigen dunkel.

♀♀: Stirn etwa ein Drittel so breit wie der Kopf, die Stirnstrieme matt schwarz, die Parafrontalia glänzend schwarz, die untere Gesichtshälfte grau bestäubt. Die Beborstung wie bei den vorhergehenden Arten der *lusoria*-Gruppe. Thorax mit 2 dunklen Längsstreifen und intensiv grau bestäubt; das obere Thorakalschüppchen weißlich mit auffallendem dunklen Rand. Tergite alle von dunkler Grundfarbe, die letzten drei mehr oder weniger stark an den Seiten und dorsal grauweiß bestäubt; Sternite alle dunkel.

Länge etwa 9 bis 10 mm.

Musca splendida PATERSON (Abb. 13 D)

Musca splendida PATERSON (1957) p. 111; PERIS (1967) p. 35.

Diese 1957 von PATERSON beschriebene Art gehört ebenfalls zur *lusoria*-Gruppe und weist wie die übrigen Angehörigen von *Viviparomusca* einen beborsteten Suprasquamalsteg auf. Sie scheint waldige Gegenden zu bevorzugen und wurde bisher nur in der Kapprovinz gefunden.

♂♂: Das Gesicht dunkel, die untere Hälfte schwach bestäubt; Stirn an der engsten Stelle etwa doppelt so breit wie der vordere Ocellus; rund 22 Paar Parafrontalborsten, 1 Paar Vertikalborsten; Augen nackt, Facetten der Stirnseite schwach vergrößert.

Thorax mehr oder weniger stark weiß bestäubt, dorsal auf dem postsuturalen Teil des Mesonotums 2 breite dunkle Längsstreifen, Meso- und Sternopleuren mit einem leichten Grauschimmer; das vordere Spirakulum weiß;
Chätotaxis: 0+1 acr, 2+4 dc, 3 h, 2 ph, 2 npl, 1+9 mspl, 1+2 stpl, die hintere Hälfte des Suprasquamalsteges beborstet.

Beine schwarz; T_1 ohne auffallende Borste; auf F_2 im basalen Drittel 3-4 av, in der basalen Hälfte eine Reihe kurzer a und 5-6 stärkere pv Borsten, fast über die ganze Länge eine Reihe von p Borsten; T_2 mit 3-5 p Borsten; auf F_3 eine Reihe ad und eine Reihe av Borsten so wie in der basalen Hälfte eine Reihe von pv Borsten; T_3 mit einer Reihe ad Borsten und 2 kräftigen Borsten so wie 1 pd Borste in der apikalen Hälfte.

Flügel hyalin, an der Basis bräunlich; die Adern dunkel, r_{4+5} dorsal an der Basis und ventral mindestens bis r-m beborstet; Basicostalschuppe dunkelbraun; das obere Thorakalschüppchen innen weißlich transparent, außen weiß, das untere bräunlich mit hellbraunem Rand.

Vom Abdomen Tergit I dunkel, Tergite II und III gelb mit jeweils einem medianen dunklen Längsstreifen, der sich in der Tergitmitte jeweils verjüngt, Tergit III mit einem dunklen Apikalband, Tergit IV dorsal dunkel wie Tergit I; Sternite I, II und V überwiegend dunkel, III und IV gelb.

♀♀: Die Stirn etwa ein Viertel so breit wie der Kopf, die untere Gesichtshälfte goldbraun bestäubt, die Strieme schwarz. Die Kopfbeborstung ähnelt der der anderen Arten. Thorax ähnlich wie bei den Männchen, aber intensiver bestäubt. Von den Beinen T_3 mit 3 av Borsten. Das untere Thorakalschüppchen weiß mit braunem Schimmer, der Rand blaß.

Das Abdomen von dunkler Grundfarbe, die Tergite II, III und IV stark goldgrau bestäubt, so daß bei bestimmtem Lichteinfall nur ein dunkler medianer Längsstreifen sowie ein Apikal- und ein Basalband auf den beiden mittleren Tergiten zu erkennen sind. Das letzte Tergit ist nur in der Mitte graugelb bestäubt. Sternite I und II dunkel, III gelb, IV und V z.T. gelb.

Länge etwa 8 mm.

Musca domestica LINNAEUS

Musca domestica L., die Stubenfliege, ist Objekt zahlloser Untersuchungen gewesen, und die Literatur über diese Fliegenart und ihre Unterarten ist unübersehbar. HENNIG (1964) gibt ein recht umfassendes Literaturverzeichnis, so daß in der vorliegenden Arbeit nur einige wichtige Arbeiten über die *Musca domestica*-Gruppe der äthiopischen Region genannt werden.

Die Angehörigen des *Musca domestica*-Komplexes zeichnen sich alle durch behaarte Propleuren aus. Bei den Männchen ist im Gegensatz zu den Arten der paläarktischen Region in der Regel nur ein Vertikalborstenpaar kräftig entwickelt. Wie sich die Unterarten voneinander unterscheiden, geht aus der Bestimmungstabelle hervor. Es wird aber immer Zweifelsfälle geben, da zwischen allen Merkmalen Übergänge existieren. Grund für die zahlreichen Untersuchungen dieser Fliegenart, dürfte die hygienische Bedeutung sein. Einige Autoren, wie HOWARD (1912) und CORBO (1953), messen *Musca domestica* eine große hygienische Bedeutung zu, während Autoren wie TESCHNER (1958) und KIRCHBERG (1958) meinen, daß *Musca domestica* in dieser Beziehung überbewertet wird. Sicher ist, daß hierbei das Klima wohl eine entscheidende Rolle spielt, so daß dieser Fliegenart in den einzelnen Gebieten eine verschieden wichtige Rolle als Überträger von Krankheitserregern zufällt. Persönlich konnte ich beobachten, daß *Musca domestica domestica*, wie auch *Musca domestica calleva*, Menschen stark belästigen können, indem sie diese anfliegen, um Schweiß oder andere Hautabsonderungen zu lecken. Dabei wechseln sie den Wirt, wenn möglich, recht häufig. So brauchen die Tiere gar nicht menschlichen Faeces aufzusuchen, um gegebenenfalls Krankheitserreger zu übertragen.

Vertreten ist *Musca domestica* wohl in allen Gebieten der Welt. Innerhalb dieser Gebiete haben sich einige Unterarten entwickelt, die häufig der Grund neuer Artbeschreibungen waren. HENNIG (1964) nennt die fünf unterarten *domestica*, *vicina*, *nebulo*, *cuthbertsoni* und *curviforceps*. *Musca domestica cuthbertsoni* ist aber nach PATERSON (1963) ein Synonym von *Musca domestica calleva* WALKER.

Musca domestica curviforceps S. & R. (Abb. 13 C)

Musca domestica curviforceps SACCHA & RIVOSECCHI (1955) p. 217; HENNIG (1964) p. 1010; PATERSON (1960) p. 397; PERIS (1967) p. 32.

Es handelt sich um eine in der äthiopischen Region weit verbreiteten Unterart von *Musca domestica*, die nach meinen Beobachtungen vorwiegend in Gebäuden zu finden ist.

♂♂: Die untere Gesichtshälfte silbergrau, die Stirn dunkel; die Stirn ist meist etwa so breit wie das Ocellardreieck, oder sogar etwas breiter; zahlreiche feine Parafrontalborsten, 1 Paar langer Vertikalborsten; Facetten der oberen Augenhälfte schwach vergrößert, die Augen nackt.

Thorax grau bestäubt, dorsal mit 4 dunklen Längsstreifen, die Pleuren schwach grau bestäubt; das vordere Spirakulum weiß;
Chätotaxis: 0+1 acr, 2-3+4-5 dc, alle kräftig und etwa gleich lang, 3 h, 2-3 ph, 2 npl, 0-1 +6-8 mspl, 1+2 stpl, Propleuren behaart.

Beine dunkel; T_1 ohne auffallende Beborstung; F_2 mit etwa 1-2 a Borsten in der Mitte, in der basalen Hälfte einige av und pv Borsten, T_2 mit 2-3 kräftigen und einigen kleineren p Borsten; F_3 mit einer Reihe von ad und einer Reihe av Borsten in der apikalen Hälfte.

Flügel hyalin, Membran mit feinen Borsten besetzt; Ader braun; die Thorakalschüppchen weißlich.

Abdomen von gelber Grundfarbe, auf den Tergiten I bis III jeweils ein dunkler medianer Längsstreifen, Tergit IV dunkel Tergite II bis IV schwach grauweiß bestäubt; Sternite gelb.

♀♀: Die Stirn in Höhe des Ocellardreiecks etwa ein Drittel so breit wie der Kopf, das Gesicht silbergrau, die Strieme schwarz; Parafrontalborsten kräftiger als beim Männchen, 1 Paar kräftiger Ocellarborsten, 2 Paar lange Vertikalborsten, 2 Paar kurze, aber kräftige Orbitalborsten.
Chätotaxis und Färbung des Abdomens, der Flügel und der Beine ähnlich

wie beim Männchen. Abdomen orangebraun, Tergit II und III bei einigen Exemplaren mit einem breiten braunen Längsstreifen, bei anderen die Tergite III und IV verdunkelt und gelbgrau bestäubt.

Länge etwa 8 mm.

Musca domestica curviforceps ist bisher nur von der äthiophischen Region bekannt.

Musca domestica calleva WALKER (Abb. 13 B)

Musca calleva WALKER (1894) p. 905; *Musca domestica calleva* PATERSON (1963) p. 226; PERIS (1967) p. 32; PONT (1969) p. 2.

Auch *Musca domestica calleva* findet sich häufig in der äthiopischen Region. Sie ist vorwiegend im Freien, aber auch in Räumen anzutreffen. Wie bereits erwähnt, kann sie recht lästig werden.

♂♂: Gesicht silbergrau bestäubt, die Stirn dunkel; Stirn an der engsten Stelle schmaler als das Ocellardreieck; die Kopfbeborstung ähnelt der vorhergehenden Art, die Parafrontalborsten erscheinen mir aber kräftiger.

Thorax glänzend schwarz, da die 4 dunklen Längsstreifen recht breit sind, das vordere Spirakulum weiß;
Chätotaxis: 0+1 acr, 2-3+4-5 dc, die vorderen 2-3 Paar post dc auffallend kürzer als die hinteren, 3-4 h, sonst wie bei *Musca d. curviforceps*. Das gilt auch für die Chätotaxis der Beine und die Färbung der Flügel. Das untere Thorakalschüppchen kann etwas bräunlicher erscheinen.

Das Abdomen von gelber Grundfarbe, die ersten drei Tergite mit einem dunklen, medianen Längsstreifen, der basal auf den ersten beiden basal verbreitert sein kann, Tergit IV dunkel und grau bestäubt. Sternite gelb.

♀♀: Die Stirn etwa ein Drittel so breit wie der Kopf, Kopfbeborstung wie bei der vorhergehenden Art. Die Abdomenfärbung ist auch hier variabel, entweder sind die Tergite II bis IV überwiegend dunkel gefärbt und zeigen graue Bestäubung, oder sie sind fast ganz gelb und weisen dunkle Längsstreifen auf. Die post dc Borsten sind ebenfalls unterschiedlich kräftig entwickelt.

Länge ebenfalls etwa 8 mm.

Musca domestica domestica LINNAEUS (Abb. 13 A)

Musca domestica LINNAEUS (1761) p. 453; SCHUMANN (1954) p. 263; PATTON (1933); VAN EMDEN (1939) p. 76; HENNIG (1964) p. 997; PERIS (1967) p. 35.

Synonyme: Siehe HENNIG (1964).

Wie bereits angesprochen, haben die einzelnen Formen von *Musca domestica* Anlaß zu zahllosen Art-Neubeschreibungen gegeben. Es liegt nicht im Sinne dieser Arbeit, alle diese Formen und Namen zu nennen, daher sei auf WESTS (1951) und HENNIGS (1964) umfangreiche Abhandlungen über diese Art verwiesen.

Diese weltweit verbreitete Unterart ist in der äthiopischen Region relativ selten anzutreffen. Sie hält sich gewöhnlich nur in Häusern und Ställen auf, kann aber wie *Musca domestica calleva* zur Plage werden.

♂♂: Die Stirn ist fast doppelt so breit wie das Ocellardreieck und erscheint dunkel, die untere Gesichtshälfte ist grauweiß bestäubt. Kopfbeborstung wie bei den anderen *Musca domestica*-Unterarten, aber relativ kräftig. Der Thorax ist grau bestäubt, 4 dunkle Längsstreifen sind aber deutlich zu erkennen. Die post dc Borsten sind alle etwa gleich lang, und die Farbe der unteren Thorakalschüppchen variiert zwischen weißlich gelb und gelblichbraun. Das Abdomen ist dorsal bedeutend dunkler gefärbt, nur die Tergite I und II zeigen dorsal an den Seiten gelbe Flecke. Das Abdomen ist außerdem grauweiß bestäubt, die Sternite sind gelblich.

♀♀: Die Stirn wie bei den anderen Weibchen dieses Komplexes etwa ein Drittel so breit wie der Kopf. Es unterscheidet sich aber von den anderen Unterarten durch das fast ganz dunkle Abdomen, bei dem nur Tergit I leicht gelb gefärbt ist. Ventral sind die Tergite bei den Männchen wie auch bei den Weibchen dieser Form orangegelb.

Musca domestica nebulo WIEDEMANN

Musca nebulo WIEDEMANN (1830) p. 416; *Musca domestica nebulo* PATTON (1933) p. 401; SACCHA (1953) p. 463; PERIS (1967) p. 32.

Vom Entomologischen Institut, Eberswalde, erhielt ich einige Exemplare dieser Unterart, die von Süd-West-Afrika stammten. Sie waren von CURRAN als *Musca domestica nebulo* F. bestimmt worden. Meines Erachtens handelt es sich hierbei aber um *Musca domestica curviforceps* S. & R., da die

Stirn fast immer etwas breiter als das Ocellardreieck ist; das letzte Tergit weist außerdem eine recht dunkle Färbung auf. Diese Unterart des *Musca domestica*-Komplexes ist in der äthiopischen Region noch nicht sicher nachgewiesen. Die Unterschiede zwischen den Männchen dieser und der anderen Unterarten sollen aber kurz nach SACCHA (1953), der von den Männchen der Unterarten *domestica*, *vicina*, *nebulo* und *cuthbertsoni* farbige Abbildungen gibt, genannt werden: Die Stirn ist schmaler als das Ocellardreieck, die post dc Borsten sind alle etwa gleich lang, das letzte Tergit des Abdomens weist nur einen schmalen dunklen Längsstreifen auf.

Musca albina albina WIEDEMANN (Abb. 15 S)

Musca albina WIEDEMANN (1830) p. 415; PATTON (1933) p. 408, (1936) p. 480; VAN EMDEN (1939) p. 77; HENNIG (1964) p. 984; PERIS (1967) p. 29.

Diese Art unterscheidet sich von allen anderen *Musca*-Arten durch das Fehlen der Sternopleuralborsten. Sie ist in der paläarktischen sowie in der äthiopischen Region vertreten, und nach PATTON (1932, 1936) ist es eine Wüstenform. Ich habe aber Exemplare vom Krüger National Park (Transvaal, Südafrika), einem durchaus nicht trockenen Gebiet gesehen, die sich von den Exemplaren von Süd-West-Afrika und vom Sudan kaum unterscheiden. Weiterhin ist mir die Art aus Botswana und von Ägypten bekannt.

♂♂: Kopf von ziemlich runder Form; das Gesicht in der unteren Hälfte dicht grau bestäubt, die Stirn schwarz; Stirn an der engsten Stelle etwa so breit wie das Ocellardreieck; Parafrontalborsten sehr zahlreich und in mehreren Reihen stehend, kurz und haarähnlich, 1 Paar Vertikalborsten, kurz, aber kräftig, Augen nackt, die Facetten etwa alle gleich groß.

Thorax glänzend schwarz ohne graue Bestäubung; das vordere weiß;

Chätotaxis: 0+1 acr, 0+1 dc, 2 h, 0 ph, 2 npl, 0+3 mspl, 0+0 stpl.

Beine glänzend dunkel; T_1 ohne p Borste; F_2 in der basalen Hälfte mit einigen a, apikal mit wenigen p Borsten; auf T_2 etwa 2-3 p Borsten; F_3 mit einer Reihe ad, apikal mit etwa 3 av und basal mit rund 3 pv Borsten; T_3 mit 1 av Borste etwa in der Mitte.

Flügel hyalin, die Membran ist nackt; Adern gelb bis hellbraun; die Thorakalschüppchen weißlich, das untere sehr groß. Vom Abdomen Tergit I dunkel, lateral gelblich, Tergit II apikal und basal mit einem dunklen medianen Fleck. Tergit III nur apikal mit einem Fleck, Tergit VI fast ganz dunkel. Ventral sind die Tergite gelb, die Sternite ebenfalls.

♀♀: Die Stirn ist etwas über ein Drittel so breit wie der Kopf, das Gesicht grauweiß bestäubt, die Strieme rotbraun oder schwarz; Parafrontalborsten sehr klein, zahlreich weitere kleine Borsten auf den Parafrontalia, 2 Paar Vertikalborsten kurz, aber relativ kräftig.

Thorax dicht grau bestäubt mit 2 dünnen dunklen Längsstreifen und 2 breiteren auf dem präsuturalen Teil des Mesonotums. Diese verschmelzen nach der Thorakalnaht zu einem breiten, unscharf begrenzten, dunklen Fleck, die Pleuren mehr oder weniger intensiv grauweiß bestäubt, nur die Sternopleuren ohne jegliche Bestäubung sondern glänzend dunkel. Das Abdomen von dunkler Grundfarbe, Tergite II bis IV grau bestäubt. Bei einigen Weibchen ist die Bestäubung nicht so kräftig entwickelt, Abdomen und Thorax sind dann überwiegend glänzend dunkel gefärbt und zeigen bestimmte Partien bestäubt, nie jedoch die Sternopleuren.

Länge zwischen 4 und 6 mm.

Musca albina polita (MALLOCH)

Lissosterna polita MALLOCH (1929) p. 112;
Musca albina polita PATTON (1932) p. 378; VAN EMDEN (1939) p. 77; HENNIG (1964) p. 986; PERIS (1967) p. 28.

Die Type dieser Art ging während des Krieges im Zoologischen Institut Hamburg* verloren. Seitdem liegen keine neuen Fundortangaben für die Art vor. PATTON (1932) glaubte, daß es sich um eine abnormes Männchen von *Musca albina* WIEDEMANN handelt. HENNIG (1964) bezweifelt das, da sie von Süd-West-Afrika stammt, und hier nach VAN EMDEN (1939) die Art *Musca albina* vertritt. Obwohl ich auch nicht glaube, daß es sich um eine Abnormität handelt, bezweifele ich VAN EMDENS Theorie, da, wie bereits erwähnt, von Süd-West-Afrika auch die Form *albina albina* WIEDEMANN bekannt ist. Eher halte ich es für möglich, daß es sich um eine eigene Art handelt. Ich habe in meiner Bestimmungstabelle die Literaturangaben übernommen, um einen eventuellen Nachweis dieser Art zu ermöglichen.

Musca lasiophthalma THOMSON (Abb. 15 C)

Musca lasiophthalma THOMSON (1868) p. 548; STEIN (1913) p. 467, (1918) p. 187; SÉGUY (1933) p. 60; VAN EMDEN (1939) p. 77; PATERSON (1960) p. 398. PERIS (1967) p. 29; PONT (1969) p. 2.

* Nach Drucklegung dieser Arbeit konnte der irrtümlicherweise als verloren geglaubte Typus untersucht und als Synonym von *Musca lasiophthalma* THOMSON identifiziert werden. (ZIELKE 1971).

Diese Art ist mir aus Südafrika und Rhodesien bekannt. Über die Biologie liegen keine näheren Angaben vor.

♂♂: Untere Gesichtshälfte silberweiß, Stirn rotbraun bis schwarz; Stirn an der engsten Stelle nicht viel breiter als der doppelte vordere Ocellusdurchmesser; Parafrontalborsten zahlreich, Vertikalborsten haarähnlich und kurz; Augen dicht und lang behaart, die Facetten der oberen Augenhälfte vergrößert; Epistom etwas hervorspringend, der Rüssel auffallend lang und dünn.

Thorax glänzend schwarz und ohne Bestäubung; das vordere Spirakulum weiß;
Chätotaxis: 0+1 acr, 0+1 dc, 2 h, 1 ph, 2 npl, 1+2-3 mspl, 1+2 stpl, allgemeine Behaarung sehr lang.

Beine dunkel; T_1 ohne auffallende Beborstung; F_2 in der basalen Hälfte mit einer Reihe von a Borsten, einigen pv und p Borsten, die letzteren auch apikal vorhanden; auf T_2 2-4 p Borsten; F_3 mit einer Reihe von ad Borsten, in der apikalen Hälfte mit einer Reihe av und basal mit ein Paar pv Borsten; auf T_3 eine Reihe ad Borsten und nach der Mitte 1 av Borste.

Flügel hyalin, die Membran etwa im apikalen Drittel beborstet; Adern gelb bis braungelb; die Thorakalschüppchen weißlich, das untere kann einen bräunlichen Schimmer aufweisen.

Abdomen orangegelb bis braun, Tergit I dorsal schwarz, Tergit II mit einem sehr breiten dunklen Längsband, das sich basal erweitert, Tergit III mit einem Längsband, das sich bis zur Mitte verjüngt, bei einem Exemplar ist nur ein dreieckiger Fleck vorhanden. Tergit IV dunkel, Sternite gelb bis orangebraun.

♀♀: Stirn etwas über ein Drittel so breit wie der Kopf, Gesicht überwiegend grau bestäubt, die Stirnstrieme matt schwarz oder rotbraun, etwa 10 Paar kräftige Parafrontalborsten, 2 Paar kräftige Orbitalborsten und zahlreiche kleinere Borsten auf den Parafrontalia, 1 Paar Ocellarborsten und 2 Paar Vertikalborsten. Augenbehaarung nicht so stark und dicht wie bei den Männchen.

Thorax grau bestäubt mit 4 dunklen Längsstreifen. Abdomen von dunkelbrauner Grundfarbe, lateral mehr oder weniger stark graugelb bestäubt, Tergit II bei bestimmtem Lichteinfall mit einem dunklen Längsband sowie einem Apikal- und einem Basalband, die beiden letzten Tergite gewöhnlich ohne deutliche Zeichnung. Sternite braun bis schwarz.

Länge zwischen 5 und 6 mm.

Musca vitripennis MEIGEN (Abb. 15 D)

Musca vitripennis MEIGEN (1826) p. 73; CURRAN (1928) p. 360; PATTON (1933) p. 407; SÉGUY (1933) p. 60; PATTON (1936) p. 477; HENNIG (1964) p. 1029; PERIS (1967) p. 30;
Placomyia vitripennis BEZZI (1923) p. 115.

Synonyme: *Musca phaesioformis* MACQUART (1935) p. 267; *Plaxemyia sugillatrix* R.-D. (1830) p. 392.

Musca vitripennis ist aus der äthiopischen Region nicht mit Sicherheit nachgewiesen worden. SÉGUY (1933) meldet sie vom tropischen Afrika, VAN EMDEN (1939) nimmt dagegen an, daß sie hier durch *Musca lasiophthalma* ersetzt wird. Solange dieser Widerspruch nicht eindeutig geklärt ist, nehme ich sie mit in der Liste der äthiopischen Arten auf, um eine eventuelle Bestimmung zu erleichtern. Die Imagines belästigen Tiere und Menschen um Hautsekrete aufzunehmen, nach MÜLLER (1881) suchen sie aber auch Blütenpflanzen auf.

♂♂: Gesicht einschließlich der Stirn grau bestäubt; Stirn an der engsten Stelle etwas breiter als das Ocellardreieck; rund 15 Paar Parafrontalborsten, die jeweils in 2 Reihen zu stehen scheinen, 1 Paar Vertikalborsten; Augen dicht mit langen Haaren besetzt, die Facetten der oberen Hälfte schwach vergrößert.

Thorax dorsal glänzend schwarz, Sternopleuren schwach grau bestäubt; das vordere Spirakulum weiß;
Chätotaxis: 0+1 acr, 2+3 dc, 3 h, 2 ph, 2 npl, 1+5-7 mspl, 1+2 stpl.

Beine dunkel; T_1 ohne p Borsten; F_2 im apikalen Drittel mit einigen kräftigen p Borsten, in der basalen Hälfte einige av, pv und a Borsten; auf T_2 im mittleren Drittel 2 p Borsten; F_3 mit einer Reihe ad und im apikalen Drittel mit einigen av Borsten; T_3 mit einer Reihe ad und 1 av Borste nach der Mitte.

Flügel hyalin, die Membran nackt; Adern hellgelb in der basalen Hälfte, bräunlich in der apikalen; die Thorakalschüppchen weißlich.

Vom Abdomen das erste und letzte Tergit fast ganz schwarz, auf Tergit II ein breiter, medianer, dunkler Längsstreifen der apikal schmaler wird, auf Tergit III ein Längsstreifen, der sich bis zur Mitte verjüngt, dann aber wieder breiter wird, die restlichen Tergitpartien gelborange. Sternite orange bis bräunlich.

♀♀: PATTON (1936) widerruft seine Aussage von 1933, daß die Augen nackt sind. Die Augen sind aber kürzer als bei den Männchen behaart. Der Thorax ist dicht bestäubt und zeigt 4 dunkle Längsstreifen. Das Abdomen ist schwarzbraun, die Tergite mit mehr oder weniger intensiver grauer bis braungrauer Bestäubung.

Länge etwa 4-5 mm.

Musca freedmani PATERSON (Abb. 15 E)

Musca freedmani PATERSON (1957) p. 108; PERIS (1967) p. 29.

Diese Art ist bisher nur von Botswana und Südafrika bekannt. Sie unterscheidet sich von der vorhergehenden Art durch die z.T. beborstete Flügelmembran und die sehr schwach behaarten Augen, die beim Weibchen sogar nackt sind. Unter dem mir zur Verfügung stehenden Material fanden sich u.a. auch der männl. Holotypus sowie weitere Typen, die sich im S.A. Institute for Medical Research, Johannesburg befinden.

♂♂: Gesicht silbrigweiß; die Stirn nicht breiter als der doppelte Durchmesser des Ocellus; etwa 13 Paar Parafrontalborsten, 1 Paar Vertikalborsten; Augen sehr kurz und unauffällig behaart.

Thorax glänzend dunkel mit einem medianen grauen Längsstreifen; das vordere Spirakulum weiß;
Chätotaxis: 0+1 acr, 2+4 dc, die vorderen post dc sehr schwach, 2 h, 2 ph, 2 npl, 1+2 stpl, 1+4-6 mspl.

Beine schwarz; T_1 ohne auffallende Beborstung; T_2 mit 3-4 p Borsten; T_3 mit 1 av Borste in der apikalen Hälfte und eine Reihe von ad Borsten.

Flügel hyalin, die Membran in der basalen Hälfte nackt; Adern apikal dunkler als basal; Thorakalschüppchen weißlich. Vom Abdomen Tergit I dorsal schwarz bis auf gelbe laterale Ränder, Tergite II und III gelb mit einem breiten medianen Längsstreifen, der sich jeweils in der Tergitmitte verjüngt, Tergit IV fast ganz dunkel, z.T. hell bestäubt, die letzten drei Sternite gelb, die beiden vorderen dunkel.

♀♀: Stirn etwa ein Drittel so breit wie der Kopf. Gesicht bis auf die schwarze Stirnstrieme silbrigweiß. 6-8 Paar kräftige Parafrontalborsten, 1 Paar Ocellarborsten, 2 Paar Vertikalborsten; Augen nackt.

Thorax grau bestäubt mit vier dunklen Längsstreifen.

Abdomen schwarz, die letzten drei Tergite grau bestäubt. Sternite schwarz.

Länge um 4 mm.

Musca lindneri PATERSON (Abb. 15 G)

Musca lindneri PATERSON (1956) p. 158; PERIS (1967) p. 31; PONT (1969) p. 2.

Musca lindneri PATERSON ist von Kenya, Tanzania und vom Kongo bekannt. PATERSON (1956) beschreibt nur das Männchen. Vom British Museum, London, erhielt ich das dazugehörige Weibchen, das von VAN EMDEN als *Musca conducens* identifiziert worden ist. PATERSON (1956) erwähnt bereits die Möglichkeit, daß es zu *Musca lindneri* gehört.

♂♂: Gesicht dunkel, die untere Hälfte grau bestäubt; Stirn nicht breiter als der vordere Ocellus; Parafrontalborsten zahlreich vertreten, 1 Paar langer Vertikalborsten, 1 Paar Ocellarborsten; Augen dicht und lang behaart, die Facetten der Stirnseite vergrößert.

Thorax glänzend schwarz, auf dem vorderen Teil des Mesonotums ein medianer grauweißer Längsstreifen; die Pleuren leicht grauweiß bestäubt; das vordere Spirakulum weiß;
Chätotaxis: 0+1 acr, 2+4 dc, 3 h, 2 ph, 2 npl, 1+6 mspl, 1+2 stpl.

Beine dunkelbraun; T_1 in der Mitte mit einer p Borste; F_2 mit 1 a Borste, basal mit einigen av und pv, apikal mit einigen kräftigen p Borsten; auf T_2 etwa 4 p Borsten; F_3 eine Reihe ad und in der apikalen Hälft einige av Borsten; auf T_3 eine Reihe ad Borsten und in der apikalen Hälfte 1 av und 1 pd Borste.

Flügel bräunlich, die Membran einheitlich mit Borsten besetzt; Adern dunkelbraun; das obere Thorakalschüppchen weißlich, innen transparent, das untere bräunlich mit hellem Rand.

Abdomen von gelber Grundfarbe; Tergit I dorsal dunkel, Tergit II mit einem dunklen Längsstreifen, der ein dunkles Basalband bildet, Tergit III mit einem Längsstreifen und einem Basal- wie auch Apikalband, Tergit IV dunkel. Sternite gelb, das letzte dunkel.

♀♀: Stirn an der engsten Stelle etwa ein Viertel so breit wie der Kopf. Parafrontalborsten kräftiger entwickelt, 2 Paar Vertikalborsten, 1 Paar Ocellarborsten, sowie einige Orbitalborsten; die Behaarung der Augen nicht so lang und dicht wie bei den Männchen.

Thorax grau bestäubt mit 4 dunklen Längsstreifen; das untere Thorakalschüppchen heller.

Abdomen dunkel, Tergite II bis IV dorsal intensiv graugolden bestäubt mit einigen dunklen Flecken. Sternite dunkel mit grauer Bestäubung.

Länge zwischen 5 und 6,5 mm.

Musca lasiopa VILLENEUVE

Musca lasiopa VILLENEUVE (1936) p. 414; VAN EMDEN (1939) p. 80; PERIS (1967) p. 33.

Von dieser Art ist bisher nur das Weibchen bekannt. Vom Musée Royal de l'Afrique Centrale, Tervuren-Belgien, erhielt ich freundlicherweise durch Herrn Dr. DECEILLES Vermittlung die Type zugeschickt. VILLENEUVE beschrieb diese Art vom Kongo.

♀♀: Das Gesicht von schwarzer Grundfarbe, die untere Hälfte grau bestäubt; Stirn etwa ein Drittel so breit wie der Kopf; etwa 9 Paar kräftige Parafrontalborsten sowie zahlreiche kleine Borsten auf den Parafrontalia, 1 Paar langer Ocellarborsten, 2 Paar Vertikalborsten; die Augen dicht und lang behaart.

Thorax von dunkler Grundfarbe mit grauer Bestäubung, dorsal mit 4 dunklen Längsstreifen, die vor dem Scutellum verschmelzen. Scutellum glänzend dunkelbraun, von den Pleuren die Sternopleuren intensiv bestäubt; das vordere Spirakulum braun;
Chätotaxis: 0+1 acr, 2+4 dc, 3 h, 2 ph, 2 npl, 1+5 mspl, 1+2 stpl.

Beine dunkelbraun, die Femura bei bestimmtem Lichteinfall grau bestäubt; T_1 ohne auffallende p Borste; F_2 mit einigen a und pv Borsten in der basalen Hälfte, apikal ein paar p Borsten; T_2 mit 4 p Borsten; auf F_3 eine Reihe von ad und eine von av Borsten; T_3 mit einer Reihe kurzer ad Borsten und in der apikalen Hälfte mit 1 pd und 1 av Borste.

Flügel mit dunklem bräunlichem Schimmer, die Membran einheitlich beborstet; Adern braun, r_{4+5} ventral über r-m hinaus mit Borsten besetzt; das obere Thorakalschüppchen innen transparent bräunlich, außen weißlich mit dunklem, braunem Rand, das untere einschließlich Rand dunkelbraun.

Abdomen dunkel, Tergite II und III lateral mit jeweils einem grau bestäubten Flecken, Tergit IV basal graubraun bestäubt, apikal dunkel; Sternite dunkelbraun.

Länge etwa 7,5 mm.

Musca interrupta interrupta WALKER (Abb. 15 A)

Musca interrupta WALKER (1853) p. 343; CURRAN (1928) p. 360; SÉGUY (1933) p. 60; PATTON (1936) p. 475; VAN EMDEN (1939) p. 77; PATERSON (1960) p. 398; PERIS (1967) p. 30.

Diese Art ist überwiegend in Südafrika gefunden worden, so daß z.B. VAN EMDEN sogar den Fundort als Bestimmungsmerkmal in seiner Tabelle (1939) aufnimmt. Ich konnte diese Art jedoch auch unter dem unbestimmten Material des S.A. Institutes for Medical Research nachweisen, das vom Kongo stammte.

♂♂: Gesicht schwarz; Stirn nicht breiter als der vordere Ocellus; Parafrontalborsten zahlreich, aber sehr fein, 1 Paar kräftige Vertikalborsten; Augen auffallend lang und dicht behaart.

Thorax glänzend schwarz, auf dem vorderen Teil des Mesonotums ein medianer grauweiß bestäubter Längsstreifen, die Pleuren glänzend dunkel mit Ausnahme der unteren leicht grau bestäubten Hälfte des Sternopleurons; das vordere Spirakulum dunkel:
Chätotaxis: 0+1 acr, 0+2 dc, 3 h, 2 ph, 2 npl, 1+6 mspl, 1+2 stpl, die allgemeine Thoraxbehaarung lang und fein.

Beine dunkel: T_1 ohne auffallende p Borste; F_2 in der basalen Hälfte mit 2-3 a, einigen av und einigen pv Borsten, im apikalen Drittel ein paar kräftige p Borsten; auf T_2 etwa 4 p Borsten; auf F_3 eine Reihe ad und in der apikalen Hälfte eine Reihe av Borsten; T_3 mit einer Reihe ad und 1 av Borste nach der Mitte.

Flügel bräunlich; die Membran einheitlich mit Borsten besetzt; Adern dunkelbraun; das obere Thorakalschüppchen innen bräunlich transparent, außen weißlich braun mit dunkelbraunem Rand, das untere einschließlich Rand dunkelbraun. Abdomen auf dem Tergit I dorsal und ventral dunkel, Tergit II dorsal überwiegend dunkel, lateral und ventral gelb, Tergit III nur mit einem dunklen, relativ breiten Längsstreifen, der sich apikal und basal etwas verbreitert, die restlichen Partien des Tergits gelb, Tergit IV dunkel. Sternite dunkel.

♀♀: Stirn etwa ein Drittel so breit wie der Kopf. Die Parafrontalborsten kräftiger als beim Weibchen, 1 Paar Ocellarborsten, 2 Paar Vertikalborsten; Augen dicht behaart, die Haare aber nicht so lang wie beim Männchen.

Chätotaxis und Färbung des Thorax gleichen denen des Männchens; Bestäubung etwas intensiver. Das untere Thorakalschüppchen überwiegend weiß, wenn auch ein Braunschimmer vorhanden sein kann. Das Abdomen ist einheitlich dunkel gefärbt, die Tergite II und III zeigen lateral jeweils einen größeren grau bestäubten Fleck, auf dem letzten Tergit sind diese schwächer entwickelt.

Länge zwischen 5 und 7 mm.

Musca interrupta dasyops STEIN (Abb. 15 B)

Musca interrupta dasyops STE N (1913) p. 468; VILLENEUVE (1914) p. 206; CURRAN (1928) p. 360; SÉGUY (1933) p. 61; VAN EMDEN (1939) p. 77; PERIS (1967) p. 30; PONT (1969) p. 2.

Es handelt sich um eine dunklere Form von *Musca interrupta*, bei der die Männchen sich durch ein sehr dunkles Abdomen auszeichnen. Die Weibchen ließen sich bisher nicht eindeutig trennen. Bei meinen Untersuchungen konnte ich feststellen, daß Weibchen, die an den gleichen Orten wie die Männchen von *Musca interrupta interrupta* WALKER gefangen worden waren, alle helle untere Thorakalschüppchen aufwiesen, während die Weibchen von *Musca interrupta dasyops* STEIN dunkelbraune untere Thorakalschüppchen besitzen. Auf Grund dieser Merkmale sollten diese beiden Unterarten in beiden Geschlechtern zu trennen sein. Bekannt ist mir *Musca interrupta dasyops* STEIN von Tanzania, Kenya, Uganda, Rhodesien, Südafrika und vom Kongo.

♂♂: Kopffärbung, Stirnbreite und Augenbehaarung ähneln ebenso wie der Thorax und die Beine der anderen Unterart, die vorher beschrieben wurde. Das Abdomen ist dunkler gefärbt. Die Tergite II und III sind dorsal überwiegend dunkel gefärbt und weisen eine graue Bestäubung auf, nur die äußersten lateralen Partien erscheinen gelblich. Tergite I und IV sind dunkel wie bei *Musca interrupta interrupta.*

♀♀: Auch das Weibchen gleicht dem der anderen Unterart und läßt sich nur anhand der beschriebenen dunkleren Thorakalschüppchen von diesem unterscheiden.

Länge auch bei dieser Unterart zwischen 5 und 7 mm.

Musca longipes PATERSON (Abb. 15 N)

Musca longipes PATERSON (1957) p. 106; PERIS (1967) p. 32.

Musca longipes PATERSON wurde bisher in Südafrika und Botswana nachgewiesen. Diese Art unterscheidet sich von allen bisher bekannten *Musca*-Arten durch das gleichzeitige Vorhandensein von 1 av Borste auf T_2 und 1 p Borste auf T_1.

♂♂: Gesicht dunkel, die untere Hälfte grauweiß bestäubt; Stirn etwa doppelt so breit wie der vordere Ocellus; zahlreiche Parafrontalborsten, 1 Paar Vertikalborsten; Augen nackt.

Thorax grau bestäubt mit 4 dunklen Längsstreifen, die Pleuren schwach grau bestäubt; das vordere Spirakulum weiß;
Chätotaxis: 0+1 acr, 2+4 dc, 3 h, 2 ph, 2 npl, 1+7 mspl, 1+2 stpl.

Beine dunkel; T_1 mit 1 p Borste in der apikalen Hälfte; auf F_2 2-4 a und apikal einige p Borsten; auf T_2 3 p Borsten; F_3 mit einer Reihe ad und einigen av Borsten in der apikalen Hälfte; T_3 mit 1 av Borste im apikalen Drittel, 2-3 kräftigeren ad Borsten im mittleren Drittel.

Flügel hyalin, die Membran einheitlich beborstet; Adern in der basalen Hälfte hell, in der apikalen dunkel; die Thorakalschüppchen weißlich, das untere mit bräunlichem Schimmer.

Abdomen gelb; auf Tergit II ein medianer dunkler Längsstreifen nur angedeutet, auf Tergit III gut entwickelt, das letzte Tergit vollständig dunkelbraun; Sternite blaß.

♀♀: Stirn etwa ein Drittel so breit wie der Kopf; etwa 8 Paar kräftigere Parafrontalborsten, 1 Paar Ocellarborsten, 2 Paar Vertikalborsten und auf den Parafrontalia zahlreiche kleine kräftige Borsten. Thorax und Beine sowie die Flügel gleichen denen des Männchens. Abdomen orangegelblich mit dunklen apikalen Bändern auf den ersten drei Tergiten, außerdem auf jedem Tergit ein dunkler medianer Längsstreifen.

Länge zwischen 5 und 6 mm.

Musca tempestatum (BEZZI) (Abb. 15 I)

Byomia tempestatum BEZZI (1908) p. 101; MALLOCH (1929) p. 111;
Musca tempestatum BEZZI (1923) p. 116; CURRAN (1928) p. 360; SÉGUY (1933) p. 61; PATTON (1936) p. 477; VAN EMDEN (1939) p. 79; PATERSON (1956) p. 158; PERIS (1967) p. 32; PONT (1969) p. 3.

Diese Art ist nach PATTON (1936) im östlichen Afrika weit verbreitet. PATERSON (1956) gibt sie von Tanzania an. Mir ist sie von Süd-West-Afrika, Südafrika und Botswana bekannt. Es handelt sich um eine haematophage Art, die sich in der Nähe von Vieh oder Menschen aufhält.

♂♂: Gesicht einschließlich Stirn silbriggrau bestäubt; Stirn etwa so breit wie der vordere Ocellus; rund 7 Paar Parafrontalborsten, 1 Paar kräftiger Vertikalborsten; Augen nackt, die Facetten der oberen Augenhälfte auffallend vergrößert. Labellen des Rüssels auffallend groß.

Thorax grau bestäubt, mit 2 sehr breiten dunklen Längsstreifen; das vordere Spirakulum dunkel;
Chätotaxis: 0+1 acr, 1+3 dc, 3 h, 2 ph, 2 npl, 1+5-6 mspl, 1+2 stpl.

Beine dunkelbraun; T_1 mit 1 p Borste etwa in der Mitte; F_2 in der basalen Hälfte mit einer Reihe von a Borsten und 2-3 av so wie 2-3 pv Borsten, im apikalen Drittel einige p Borsten; auf T_2 etwa 3-4 p Borsten; auf F_3 eine Reihe ad und im apikalen Drittel 3 av Borsten; auf T_3 eine Reihe ad Borsten und in der apikalen Hälfte 1 av Borste.

Flügel hyalin, die Membran einheitlich beborstet; Adern dunkelbraun; das obere Thorakalschüppchen weißlich, innen transparent, das untere braun, der Rand gelblich.

Abdomen dunkel, die letzten drei Tergite dicht graugelb bestäubt, so daß nur ein dunkler Längsstreifen und jeweils ein dunkles Apikal- und Basalband zu sehen sind; Sternite dunkel.

♀♀: Gesicht etwa ein Drittel so breit wie der Kopf und bis auf die rotbraune Strieme silbergrau bestäubt. Die übliche Kopfbeborstung. Thorax intensiver grau bestäubt. Abdomen dunkel und bestäubt, die dunkle Zeichnung nicht so deutlich wie bei den Männchen.

Länge etwa 4-5 mm.

Musca liberia SNYDER (Abb. 15 H)

Musca liberia SNYDER (1951) p. 2; PERIS (1967) p. 31.

SNYDER beschreibt diese Art von Robertsport, Liberia. Mir ist die Art von Natal, Südafrika, bekannt. Unter dem mir zur Verfügung stehenden Material befanden sich eine männl. und eine weibl. Paratype.

♂♂: Gesicht schwarz mit stellenweiser leichter, grauer Bestäubung; die Stirn an der engsten Stelle nicht breiter als der doppelte Durchmesser des vorderen Ocellus; zahlreiche Parafrontalborsten, 1 Paar Vertikalborsten; Augen nackt.

Thorax glänzend schwarz ohne deutlichen weiß bestäubten Längsstreifen; das vordere Spirakulum weiß;
Chätatoxis: 0+1 acr, 2+4 dc, 3 h, 2 ph, 2 npl, 1+5-6 mspl, 1+2 stpl.

Beine schwarz; T_1 mit 1 p Borste in der apikalen Hälfte; F_2 in der basalen Hälfte mit einigen av und pv Borsten, apikal einige p Borsten; auf T_2 ungefähr 5 p Borsten; auf F_3 apikal 2-3 av und eine Reihe ad Borsten über die ganze Länge; T_3 mit einer Reihe ad, mit 2-3 kräftigeren ad Borsten, apikal 1 av und 1-2 pd Borsten.

Flügel hyalin, die Membran einheitlich beborstet; Adern braun; die Thorakalschüppchen gelblich.

Abdomen leuchtend gelb, die basale Hälfte von Tergit I und Tergit IV dunkel, letzteres aber gelblich bestäubt.

♀♀: Stirn etwa ein Viertel so breit wie der Kopf. Beborstung wie üblich. Thorax wie beim Männchen glänzend dunkel. Vom Abdomen das erste Tergit dorsal völlig dunkel, die weiteren Tergite orangefarben mit dunklen Längsstreifen. SNYDER (1951) berichtet aber auch von fast völlig gelb erscheinenden Weibchen, die jedoch nicht so leuchten wie die Männchen.

Länge zwischen 5 und 6 mm.

Musca conducens WALKER (Abb. 15 F)

Musca conducens WALKER (1860) p. 138; PATTON (1932) p. 393, (1936) p. 479; VAN EMDEN (1939) p. 79; HENNIG (1964) p. 991; PERIS (1967) p. 35; PONT (1969) p. 2; LINDNER (1969) p. 230.
Byomyia conducens MALLOCH (1929) p. 111.

Synonyme: *Pristirhynchamyia lineata* BRUNETTI (1910) p. 91; *Musca pulla* BEZZI (1911) p. 92.

Musca conducens WALKER ist weit in der paläarktischen Region vertreten. In der äthiopischen Region scheint sie eine der häufigsten Arten zu sein. Mir ist sie aus Südafrika, Mozambique, Rhodesien, Tanzania, Botswana, Liberia, der Goldküste, vom Kongo und von Uganda bekannt. Es handelt sich um eine Art, die nach PATTON (1932) Blut saugt, und sogar verheilende Wunden wieder aufkratzen kann. Ich habe sie in der Nähe von Rindern gefunden. Selbst wurde ich nie durch sie belästigt. Nach PATERSON (1956) heißt es aber: „Dr. LINDNER informs me that this species was a source of great annoyance to the members of the expedition on the plains“.

♂♂: Gesicht grauweiß bestäubt; Stirn an der engsten Stelle höchstens doppelt so breit wie der Durchmesser des vorderen Ocellus; etwa 10 Paar Parafrontalborstenpaare, 1 Paar Vertikalborsten; Augen nackt, Facetten der Stirnseite etwas vergrößert.

Thorax silbriggrau, grauweiß oder braungelb bestäubt mit 4 dunklen Längsstreifen, von denen jeweils 2 in der Mitte des postsuturalen Mesonotums verschmelzen; das vordere Spirakulum weiß;
Chätotaxis: 0+1 acr, 2+4 dc, 3 h, 2 ph, 2 npl, 1+5 mspl, 1+2 stpl.

Beine schwarzbraun; T_1 mit einer p Borste; F_2 mit einer Reihe kurzer, aber kräftiger av Borsten und einige pv Borsten in der basalen Hälfte, apikal einige pd Borsten; auf T_2 etwa 4 p Borsten; auf F_3 eine Reihe von ad und eine Reihe von av Borsten in der apikalen Hälfte; auf T_3 eine Reihe kurzer ad Borsten und nach der Mitte 1 pd und 1 av Borste.

Flügel hyalin, Membran einheitlich mit feinen Borsten besetzt; Adern in der basalen Hälfte gelblich, in der apikalen braun, r_{4+5} ventral mit 1-2 sehr kleinen Borsten auf dem basalen Knoten; das obere Thorakalschüppchen innen transparent, außen weiß, das untere braun mit gelbem Rand.

Abdomen gelblich, Tergit I dorsal dunkel, ebenso Tergit IV, auf den beiden mittleren ein deutlicher dunkler Längsstreifen, Tergit IV gelblich bestäubt. Die Sternite überwiegend gelb.

♀♀: Stirn nicht ganz ein Drittel so breit wie der Kopf. Gesicht grau bestäubt, die Strieme dunkel. Beborstung wie bei den vorhergehenden Arten. Thorax ähnelt in Färbung und Chätotaxis dem des Männchens, ist aber intensiver bestäubt. Flügel etwa heller. Das untere Thorakalschüppchen weißlich, kann aber einen braunen Schimmer aufweisen. Abdomen von dunkler Grundfarbe, die letzten drei Tergite aber mehr oder weniger stark grau, graugelb oder graubraun bestäubt. Tergit II stets mit einem dunklen medianen Längsstreifen, auf Tergit III kann er fehlen, das letzte Tergit ohne dunkle Zeichnung. Sternite dunkel.

Länge zwischen 4 und 6 mm.

Musca transvaalensis n.sp.

Wie *Musca transvaalensis* n.sp. sich von den übrigen *Musca*-Arten unterscheidet, ist aus der Tabelle zu ersehen. Gefangen wurden nur Weibchen, die sich im Bau eines Erdwolfes (*Prosteles cristatus* (SPARRMAN)) aufhielten. Die meiste Tiere wiesen ein sehr pralles gelbes Abdomen auf und waren offensichtlich gravid.

♀♀: Gesicht einheitlich grau bestäubt, die Strieme schwarz; Stirn an der engsten Stelle etwas breiter als ein Viertel der Kopfbreite; 5-7 Paar kräftige Parafrontalborsten; 2 Paar kleine Orbitalborsten, das vordere Paar proclinat, das hintere reclinat, 1 Paar kräftige Ocellarborsten, 2 Paar Vertikalborsten; Augen nackt.

Thorax dicht grauweiß bestäubt, dorsal mit 4 schmalen dunklen Längsstreifen, die sich in der hinteren Mesonotumhälfte etwas verbreitern, aber nicht verschmelzen; das vordere Spirakulum weiß;

Chätotaxis: 0+1 acr, 2+4 dc, die beiden letzten Paare post dc länger und kräftiger als die übrigen dc Borsten, 3 h, 2 ph, 2 npl, 1+6 mspl, 1+2 stpl.

Beine schwarz; T_1 gewöhnlich mit 2 deutlichen p Borsten, es kann aber auch nur 1 vorhanden sein; F_2 mit einigen a Borsten in der Mitte und einigen p Borsten an der Spitze; auf T_2 3-4 p Borsten; F_3 mit einer Reihe ad und in der apikalen Hälfte eine Reihe av Borsten; auf T_3 3-5 ad Borsten und 1 kräftige av Borste nach der Mitte.

Flügel hyalin, die Membran einheitlich beborstet; Adern gelb bis gelbbraun, r_{4+5} ventral an der Basis mit 1-2 kleinen Borsten; das obere Thorakalschüppchen innen transparent, außen weiß, das untere sehr groß und weiß.

Abdomen von orangebrauner Grundfarbe, Tergit I mit einem sehr schmalen dunklen Apikalstreifen, die Tergite II und III ebenfalls mit Apikalstreifen, die etwas breiter sind, auf II und III mehr oder weniger stark entwickelte dunkle Längsstreifen, die Tergite zusätzlich leicht graugelb bestäubt. Sternite gelblich.

Länge zwischen 4 und 5,5 mm.

Männchen unbekannt.

Fundort: Weibl. Holotypus und 9 weibliche Paratype sowie zahlreiche weitere Weibchen von Bloemhof, Transvaal, Südafrika, XII. 1969 leg. E. ZIELKE.

Alle Typen im S.A. Institute for Medical Research.

Musca crassirostris STEIN (Abb. 15 T)

Musca crassirostris STEIN (1903) p. 99; BEZZI (1911 a) p. 117, (1911 b) p. 88; STEIN (1913) p. 467; PATTON (1933) p. 412, (1936) p. 489; VAN EMDEN (1939) p. 79; HENNIG (1964) p. 994; PERIS (1967) p. 32;
Philaetomyia crassirostris AUSTEN (1921) p. 120; BEZZI (1921) p. 337; PATTON & SENIOR WHITE (1924) p. 576; SÉGUY (1933) p. 59.

Synonym: *Philaetomyia insignis* AUSTEN (1909) p. 298.

Musca crassirostris STEIN ist als *Musca*-Art bekannt, die imstande ist, mit Hilfe ihrer kräftig entwickelten prästomalen Zähne die Haut zu verletzen und blutende Wunden zu erzeugen. Ihre Larven sollen sich nach ZIMIN (1951) in der paläarktischen Region ausschließlich im Kuhdung entwickeln. Über die Entwicklung der Larven in der äthiopischen Region liegen mir keine Angaben vor. Es ist aber nicht unwahrscheinlich, daß sie hier ähnlich abläuft. Den Imagines dürfte als Krankheitsüberträgern eine wichtige Rolle zufallen. So wurde von NIESCHULZ (1933) experimental nachgewiesen, daß sie Surra, Milzbrand und Büffelseuche übertragen. Wahrscheinlich können sie noch weitere Krankheiten übertragen. Die Art ist in der äthiopischen Region weit verbreitet, ich habe Material von Mozambique, Südafrika, Rhodesien und Botswana gesehen. Lokal kann sie sehr zahlreich auftreten.

♂♂: Gesicht silbergrau bestäubt; Stirn an der engsten Stelle etwa so breit wie das Ocellardreieck; etwa 17 Paar Parafrontalborsten, 1 Paar Vertikalborsten; Augen nackt, die Facetten der oberen Augenhälfte vergrößert; der Rüssel sehr kurz und auffallend dick, das Mentum stark chitinisiert. Thorax grau bestäubt mit vier dunklen Längsstreifen, die Pleuren grau bestäubt; das vordere Spirakulum weiß;
Chätotaxis: 0+1 acr, 2+4 dc, das vorderste post dc Paar sehr schwach, 3 h, 2 ph, 2 npl, 1+6 mspl, 1+2 stpl.

Beine braunschwarz; T_1 ohne p Borste; F_2 in der basalen Hälfte mit einer Reihe von a Borsten, apikal einige kräftige p Borsten; auf T_2 etwa 3 p Borsten, in der apikalen Hälfte eine deutliche av Borste; F_3 mit einer Reihe ad Borsten und apikal mit 3-4 av Borsten; auf T_3 eine Reihe ad Borsten und nach der Mitte 1 av Borste; im apikalen Drittel kann 1 kleine pd Borste vorhanden sein.

Flügel schwach bräunlich, Membran einheitlich beborstet; Adern braun, r_{4+5} ventral mit ein paar kleinen Borsten an der Basis; das obere Thorakalschüppchen innen transparent, außen weiß, das untere bräunlich mit weißem Rand.

Abdomen einheitlich graugelb bestäubt, die mittleren 2 Tergite können aber andeutungsweise einen dunklen Längsstreifen aufweisen. Sternite schwarzbraun.

♀♀: Stirn fast halb so breit wie der Kopf. Kopfbeborstung wie üblich. Gesicht silbergrau, die Strieme schwarz.

Thorax intensiver bestäubt als beim Männchen, sonst ähnlich. Das untere Thorakalschüppchen weiß. Abdomen wie beim Männchen.

Länge zwischen 5 und 7 mm.

Musca ventrosa WIEDEMANN (Abb. 15 R)

Musca ventrosa WIEDEMANN (1830) p. 656; PATTON & SENIOR WHITE (1924) p. 568; CURRAN (1928) p. 360; PATTON (1933) p. 405, (1936) p. 480; SÉGUY (1933) p. 61; VAN EMDEN (1939) p. 78; PATERSON (1956) p. 158; HENNIG (1964) p. 1028; PERIS (1967) p. 30;
Byomyia ventrosa MALLOCH (1929) p. 266.

Synonyme: *Musca kasauliensis* AWATI (1917) p. 160; *Musca nigrithovax* STEIN (1909) p. 212; *Musca pungoana* KARSCH (1886) p. 259; *Musca xanthomera* WALKER (1859) p. 139.

Musca ventrosa ist von der paläarktischen wie auch von der äthiopischen Region bekannt. Fundorte liegen in Tanzania, Südafrika und Rhodesien. Nach PATTON (1933) handelt es sich um eine Art, die an Wunden von Vieh Blut saugt und somit als Überträger von Krankheitserregern angesehen werden kann.

♂♂: Untere Gesichtshälfte grau, die Stirn dunkel; Stirn nicht breiter als der vordere Ocellus; 13 Paar Parafrontalborsten, 1 Paar Vertikalborsten; Augen nackt, die oberen Facetten vergrößert.

Thorax sehr schwach grau bestäubt und mit 4 sehr breiten, glänzend schwarzen Längsbändern, die Pleuren ebenfalls schwach bestäubt; das vordere Spirakulum weiß;
Chätotaxis: 0+1 acr, 2+4 dc, 3 h, 2 ph, 2 npl, 1+5 mspl, 1+2 stpl.

Beine braun; T_1 ohne p Borste; auf F_2 in der basalen Hälfte 1 kräftige a Borste, einige av und einige pv Borsten, apikal ein paar kräftige p Borsten; auf T_2 etwa 4 p Borsten; F_3 mit einer Reihe ad und in der apikalen Hälfte eine Reihe von av Borsten, im basalen Drittel ein paar pv und av Borsten; T_3 mit einer Reihe ad Borsten, nach der Mitte mit 1 av Borste. Flügel hyalin, Membran einheitlich beborstet; Adern gelb; die Thorakalschüppchen weiß.

Abdomen einheitlich gelb ohne dunkle Zeichnung.

♀♀: Das Weibchen ähnelt sehr dem Männchen, unterscheidet sich aber durch die breitere Stirn, die etwa ein Viertel so breit wie der Kopf ist. Die Parafacialia silbrigweiß bestäubt, die Parafrontalia glänzend, die Strieme matt schwarz gefärbt. Etwa 10 Paar Parafrontalborsten, 2 Paar Vertikalborsten, 2 Paar kleine Orbitalborsten und 2 Paar Vertikalborsten. Die Parafrontalia mit zahlreichen kleinen, aber kräftigen Borsten besetzt. Thorax und Abdomen wie beim Männchen.

Länge zwischen 4,5 und 6 mm.

Musca tempestiva FALLEN (Abb. 15 L)

Musca tempestiva FALLEN (1823) p. 53; STEIN (1913) p. 467; CURRAN (1928) p. 361; MALLOCH (1929) p. 110; PATTON (1933) p. 410, (1936) p. 480; SÉGUY (1933) p. 61: VAN EMDEN (1939) p. 79; HENNIG (1964) p. 1024; PERIS (1967) p. 31.

Musca tempestiva FALLEN scheint in der südlichen äthiopischen Region wenig oder gar nicht vertreten zu sein. Bekannt ist mir die Art nur von Kamerun und Tanzania. Weitere Exemplare, die ich untersuchen konnte, stammten alle aus der paläarktischen Region.

♂♂: Gesicht bis auf das dunklere Ocellardreieck silbergrau bestäubt; etwa 14 Paar Parafrontalborsten, relativ lang und haarähnlich, 1 Paar Vertikalborsten; Augen nackt, die Facetten der Stirnseite vergrößert.

Thorax von dunkler Grundfarbe und dorsal ohne Bestäubung, lateral die Sternopleuren intensiv weißgrau bestäubt; das vordere Spirakulum dunkel;
Chätotaxis: 0+1 acr, 2+4 dc, 3 h, 2 ph, 2 npl, 1+7-8 mspl, 1+2 stpl.

Beine dunkelbraun bis schwarz; T_1 ohne p Borste; F_2 basal mit einigen v, in der Mitte mit ein paar a Borsten und apikal mit einigen p Borsten; auf T_2 3-4 p Borsten; F_3 mit einer Reihe ad und einigen av Borsten in der apikalen Hälfte; auf T_3 eine Reihe von ad Borsten, etwa in der Mitte 1 av Borste.

Flügel hyalin, die Membran einheitlich mit Borsten besetzt; Adern gelblich; das obere Thorakalschüppchen wie üblich innen transparent, außen weiß, das untere bräunlich weiß.

Abdomen von dunkler Grundfarbe, dorsal dicht grau bestäubt besonders auf dem letzten Tergit. Sternite dunkel und schwach grau bestäubt.

♀♀: Stirn etwa ein Drittel so breit wie der Kopf, Gesicht einschließlich Stirnstrieme grau bestäubt, letztere allerdings bedeutend schwächer. 1 Paar Ocellarborsten, 2 Paar Vertikalborsten, 2 Paar proclinate Orbitalborsten, die Parafrontalborsten kräftiger. Thorax einschließlich Scutellum grau bestäubt mit 4 dunklen Längsstreifen; das untere Schüppchen weiß. Abdomen fast einheitlich schwach grauweiß bestäubt.

Länge etwa 3 bis 4 mm.

Musca fasciata STEIN (Abb. 15 K)

Musca fasciata STEIN (1910) p. 149, (1913) p. 466; PATTON (1936) p. 478; VAN EMDEN (1939) p. 79; PATERSON (1960) p. 398; PERIS (1967) p. 31; PONT (1969) p. 2.

Diese Art ist ebenfalls haematophag und findet sich in der Nähe von Vieh. Ich wurde durch sie belästigt, indem sie versuchte, Schweiß zu lecken. *Musca fasciata* STEIN scheint in der äthiopischen Region weit verbreitet zu sein. Als Verbreitungsgebiete können Rhodesien, Mozambique, Tanzania, Südafrika, Süd-West-Afrika, Botswana, Madagaskar und Mauritius genannt werden. Sie variiert stark in der Größe. So befinden sich unter meinem

Material 2 Weibchen aus Botswana, die nur 2,7 mm lang sind, aber völlig mit den übrigen Exemplaren übereinstimmen, außer daß das eine dunkelbraun gefärbt ist, während die anderen schwarz sind.

♂♂: Gesicht fast einheitlich silbergrau bestäubt; Stirn an der engsten Stelle etwa doppelt so breit wie der vordere Ocellus; rund 7-8 Paar Parafrontalborsten, 1 Paar Vertikalborsten; Augen nackt, Facetten der Stirnseite schwach vergrößert.

Thorax dorsal grau bestäubt, das Scutellum aber glänzend dunkel, dorsal mit 4 dunklen Längsstreifen im vorderen Teil des Mesonotums, im postsuturalen Teil nur 2 dunkle Streifen; nur die Sternopleuren leicht grau bestäubt; das vordere Spirakulum dunkel;
Chätotaxis: 0+1 acr, 2+4 dc, 3 h, 2 ph, 2 npl, 1+5-6 mspl, 1+2 stpl, bei einem Exemplar 1+3 stpl.

Beine dunkelbraun; T_1 ohne p Borste; F_2 mit einer Reihe av Borsten sowie einer Reihe von a Borsten in der basalen Hälfte, in der basalen Hälfte außerdem einige pv, apikal ein paar kräftige p Borsten; auf T_2 etwa 4 p Borsten; F_3 mit einer Reihe ad und einer Reihe av Borsten, die in der Mitte unterbrochen ist, in der basalen Hälfte einige pv Borsten; T_3 mit einer Reihe ad Borsten und 1 av Borste in der Mitte. Der hintere Tarsus mit langen gekrümmten Haaren auf den Gliedern III und IV.

Flügel hyalin, Membran einheitlich mit feinen Borsten bedeckt; Adern braun, r_{4+5} ventral gewöhnlich an der Basis mit einigen kleinen Borsten; das obere Thorakalschüppchen innen transparent bräunlich, außen weißlich, das untere außen braun, innen weißlich.

Abdomen von dunkler Grundfarbe, die letzten drei Tergite grau bestäubt, auf allen drei Tergiten jeweils ein dunkler, medianer Längsstreifen, der mehr oder weniger deutlich entwickelt ist; ähnliches gilt für Apikalbänder auf den beiden mittleren Tergiten. Sternite schwarz.

♀♀: Stirn an der engsten Stelle ungefähr ein Drittel der Kopfbreite, Stirnstrieme rotbraun bis schwarz, Gesicht silbergrau bestäubt. Beborstung des Kopfes wie üblich. Thoraxzeichnung ähnelt der des Männchens, die Bestäubung erscheint aber intensiver. Das Abdomen weniger stark bestäubt. Der hintere Tarsus zeigt keine langen Haare auf den Gliedern III und IV, Behaarung auf den Beinen ist allgemein schwächer.

Länge etwa zwischen 2,7 und 5 mm.

Musca lusoria lusoria WIEDEMANN (Abb. 14)

Musca lusoria WIEDEMANN (1830) p. 411; STEIN (1913) p. 466, (1918) p. 187; CURRAN (1928) p. 360; PATTON (1932) p. 379, (1936) p. 481; VAN EMDEN

(1939) p. 80; SÉGUY (1933) p. 59, (1941) p. 123; PATERSON (1960) p. 398; PERIS (1967) p. 33; PONT (1969) p. 3.

Synonym: *Musca teste* BEZZI (1911) p. 89.

Musca lusoria WIEDEMANN gehört mit ihren beiden Unterarten zur *Musca lusoria*-Gruppe, besitzt aber nicht wie die Angehörigen von *Viviparomusca* einen beborsteten Suprasquamalsteg, sondern weist lediglich in der vorderen Hälfte des Suprasquamalsteges feine Haare auf. *Musca lusoria lusoria* WIEDEMANN ist in der äthiopischen Region weit verbreitet und kann lokal sehr zahlreich vertreten sein. Sie fliegt Vieh und Mensch an, um Schweiß zu lecken, oder, falls kleine Wunden vorhanden sind, dort auch Blut aufzunehmen. Dabei ist sie sehr hartnäckig, folgt dem Wirt lange Zeit und wird zur regelrechten Plage. Vorwiegend Weibchen konnte ich auf frisch abehäuteten Tieren beobachten. Hier nahmen sie mit Vorliebe Lymphflüssigkeit auf. Der folgenden Beschreibung liegen Exemplare aus folgenden Ländern zu Grunde: Südafrika, Süd-West-Afrika, Lesotho, Swaziland, Botswana, Malawi, Sudan, Kongo, Rhodesien, Uganda, Kenya und Liberia.

♂♂: Gesicht bis auf die dunkle Stirnstrieme silbergrau bestäubt; die Stirnbreite variiert zwischen dem halben Durchmesser des vorderen Ocellus und dem doppelten Durchmesser; etwa 20 Paar Parafrontalborsten, 1 Paar käftige Vertikalborsten; Augen nackt, die Facetten der oberen Augenhälfte stark vergrößert.

Thorax grauweiß bestäubt, dorsal mit 4 dunklen Längsstreifen; das vordere Spirakulum weiß;
Chätotaxis: 0+1 acr, 2+4 dc, alle gleich lang und kräftig, 3 h, 2 ph, 2 npl, 1+2 stpl.

Beine dunkel; T_1 ohne p Borste; F_2 mit einer kräftigen allgemeinen Beborstung, apikal ein paar kräftige p und in der basalen Hälfte einige a Borsten; T_2 mit einigen p Borsten; auf F_3 eine Reihe ad und eine Reihe av Borsten, basal 3-4 pv Borsten; T_3 mit einer Reihe ad und 2-3 av Borsten nach der Mitte, im apikalen Drittel 1 pd Borste.

Flügel schwach bräunlich, Membran einheitlich beborstet; Adern braun, r_{4+5} ventral weit über r-m hinaus beborstet, dorsal nur 2-3 Borsten an der Basis; das obere Thorakalschüppchen weißlich oder bräunlich, das untere überwiegend braun, kann aber in der Intensität der Färbung variieren.

Abdomen mit dem ersten Tergit dorsal überwiegend dunkel, ebenso das letzte Tergit, die beiden mittleren mit einem breiten dunklen Längsstreifen, sonst gelb bis orangebraun, dunkle Apikal- und Basalbänder können vorhanden sein; Sternite orangegelb, das letzte und die beiden ersten dunkel.

♀♀: Die Stirnbreite variiert zwischen ein Viertel und ein Drittel der Kopfbreite, Gesicht sibergrau bestäubt mit rotbrauner bis schwarzer Stirnstrieme; 1 Paar Ocellarborsten, 10 bis 12 Paar kräftige Parafrontalborsten und zahlreiche kurze kräftige Borsten auf den Parafrontalia, 2 Paar Vertikalborsten. Thorax kräftiger bestäubt als beim Männchen mit ebenfalls vier dunklen Längsstreifen, die Farbe der Bestäubung variiert zwischen grauweiß und goldbraun. Von den Beinen F_3 nur in der apikalen Hälfte mit av Borsten, die längeren Haare auf F_2 fehlen. Abdomen von dunkler Grundfarbe mit mehr oder weniger kräftiger Bestäubung auf den Tergiten, das Tergit II kann seitlich etwas orangebraun gefärbt sein. Sternite orangebraun bis braun gefärbt.

Ähnlich wie die Färbung dieser Art recht variabel ist, variiert auch die Körperlänge. Ich habe aber auch Exemplare gefunden, die nur 5,5 mm maßen. Die größten waren 8,8 mm lang. Die Durchschnittsgröße scheint bei 7,5 bis 8 mm zu liegen.

Musca lusoria kihuris n.ssp.

Von dieser Unterart lassen sich bisher nur die Männchen eindeutig unterscheiden. Die Weibchen ähneln sehr den Weibchen der anderen Form, zeigen aber auffallend kürzere vordere post dc Borsten. Das ist als Unterscheidungsmerkmal nicht ausreichend, da gerade bei dieser Art viele Variationen auftreten. Bekannt ist mir diese Unterart nur von Tanzania.

♂♂: Gesicht silbergrau, die Stirnstrieme schwarz; Stirn gut doppelt so breit wie der vordere Ocellus; Beborstung wie bei *Musca lusoria lusoria.*

Thoraxfärbung ähnlich der der anderen Unterart, die Beborstung erscheint etwas schwächer, die vorderen post dc Borsten auffallend kürzer als die hinteren. Auf F_2 keine kräftige allgemeine Beborstung. Das untere Thorakalschüppchen überwiegend weißlich mit braunen Schimmer.

Abdomen mit dem ersten Tergit dorsal überwiegend gelb, ein schmaler dunkler Längsstreifen ist vorhanden, der sich basal etwas verbreitert, Tergite II und III überwiegend gelborange mit einem schmalen dunklen Längsstreifen, der auf dem dritten Tergit schmaler wird, das letzte Tergit gelb ohne dunkle Zeichnung, nur graugelb bestäubt.

Länge etwa 7,3 mm.

Fundort: 3 Männchen und 1 Weibchen aus Kihurio, Tanzania.

Musca autumnalis autumnalis DE GEER

Musca autumnalis DE GEER (1776) p. 83; HENNIG (1964) p. 986.

Diese Art ist in der äthiopischen Region noch nicht vertreten. Da sie aber in der paläarktischen Region häufig auftritt, und auch in Nordamerika erst relativ neu eingewandert ist, soll sie hier erwähnt werden, zumal bisher zwei Unterarten in der äthiopischen Region gefunden worden sind. Nähere Angaben über Biologie und bisher erschienene Literatur finden sich bei HENNIG (1964).

♂♂: Untere Gesichtshälfte grau bestäubt, die obere dunkel; Stirn an der engsten Stelle nicht breiter als der doppelte vordere Ocellus; Parafrontalborsten zahlreich, 1 Paar Vertikalborsten; Augen nackt, die Facetten der Stirnseite etwas vergrößert.

Thorax grau bestäubt mit vier dunklen Längsstreifen; das vordere Spirakulum weiß;
Chätotaxis: 0+1 acr, 2+4 dc, 3 h, 1 ph, 2 npl, 1+7 mspl, 1+2 stpl.

Beine dunkel; T_1 ohne p Borste; auf F_2 in der Mitte 2 kräftige a, basal einige av und pv Borsten, apikal ein paar p Borsten; auf T_2 ein paar p Borsten; F_3 mit einer Reihe ad und in der apikalen Hälfte einige av Borsten; auf T_3 eine Reihe ad und in der apikalen Hälfte 2 av und 1 pd Borste.

Flügel hyalin, Membran einheitlich beborstet; Adern braungelb, Stammader mit 3-4 Haaren, r_{4+5} dorsal und ventral mit ein paar Borsten im basalen Bereich, das obere Thorakalschüppchen weißlich, das untere braunweiß mit hellem Rand.

Abdomen mit den Tergiten I und IV dorsal dunkel, Tergit IV grau bestäubt, die beiden mittleren Tergite gelb mit jeweils einem dunklen Längsstreifen, der auf II basal und auf III apikal erweitert ist. Sternite II und III gelb, die übrigen dunkel.

♀♀: Stirn etwa ein Drittel so breit wie der Kopf; das Gesicht grau, die Strieme schwarz. Beborstung wie üblich. Beim Thorax ist die Bestäubung intensiver, und das untere Thorakalschüppchen ist weiß. Das Abdomen dunkel mit mehr oder weniger dichter grauer Bestäubung, Sternite dunkel.

Länge zwischen 7,5 und 9 mm.

Musca xanthomelas WIEDEMANN (Abb. 14 A)

Musca xanthomelas WIEDEMANN (1824) p. 102, (1830) p. 416; PATTON (1933) p. 423, (1936) p. 481; VAN EMDEN (1939) p. 80; HENNIG (1964) p. 1031; PERIS (1967) p. 33; PONT (1969) p. 3.

Synonyme: *Musca albomaculata* MACQUART (1843) p. 151; *Musca dorsomaculata* MACQUART (1843) p. 152; *Musca rufiventrix* MACQUART (1843) p. 155.

Musca xanthomelas ist in der paläarktischen wie auch in der äthiopischen Region weit verbreitet. Mir ist sie aus Südafrika, Rhodesien, Botswana,

Mozambique, Süd-West-Afrika, Uganda und auch von Madagaskar bekannt. Auch diese Art tritt lokal recht zahlreich auf. Ich habe sie stets in der Nähe von Vieh bzw. Wild getroffen. Obwohl es sich um eine blutsaugende Art handeln soll, habe ich sie ebenfalls wie *Musca lusoria* WIEDEMANN auf abgehäuteten Tieren beobachten können, wo die Fliegen Lymphflüssigkeit aufnahmen.

♂♂: Gesicht außer der oberen dunklen Stirnhälfte silberweiß bestäubt; Stirn nicht breiter als der doppelte vordere Ocellus; etwa 25 Paar Parafrontalborsten, 1 Paar Vertikalborsten; Augen nackt.

Thorax grau bestäubt mit 4 dunklen dorsalen Längsstreifen, die Pleuren grau; das vordere Spirakulum weiß;
Chätotaxis: 0+1 acr, 2+4-5 dc, 3-4 h, 2-3 ph, 2 npl, 1+5-8 mspl, 1+2 stpl.

Beine dunkelbraun; T_1 ohne p Borsten; F_2 in der basalen Hälfte mit einigen a, av und pv Borsten, die apikalen zwei Drittel mit einer Reihe ad, in der apikalen Hälfte eine Reihe av, basal einige pv Borsten; auf T_3 eine Reihe ad Borsten, in der apikalen Hälfte 2 av und 1 pd Borste.

Flügelmembran einheitlich beborstet; Adern braun, r_{4+5} dorsal mit 1, ventral mit etwa 4 Borsten an der Basis, die Stammader dorsal mit 1 Haar, die Thorakalschüppchen weiß bis gelblich.

Abdomen orangegelb, das erste und letzte Tergit mehr oder weniger dorsal verdunkelt, auf den beiden mittleren jeweils ein medianer dunkler Längsstreifen, der sich apikal erweitert und auf Tergit III ein dunkles Apikalband bilden kann. Sternite gelborange.

♀♀: Stirn etwa ein Drittel so breit wie der Kopf. Gesicht grau bestäubt, die Stirnstrieme dunkel.

Zeichnung des Thorax undeutlicher. Das Abdomen überwiegend orangebraun, jedes Tergit dorsal mit einem breiten dunklen Längsstreifen, der sich in der basalen Hälfte jeweils verbreitert, auf Tergit III meist ein dunkles Apikalband. Seitlich ist das Abdomen schwach grau bestäubt.

Länge zwischen 5 und 7 mm.

Musca autumnalis ugandae VAN EMDEN (Abb. 13 H)

Musca autumnalis ugandae VAN EMDEN (1939) p. 84; PERIS (1967) p. 33.

VAN EMDEN (1939) beschreibt diese Art von Uganda, ich habe mehrere Exemplare vom Kongo gesehen.

♂♂: Untere Gesichtshälfte silbrigweiß, Stirn dunkel; Stirn an der engsten Stelle nicht breiter als der halbe vordere Ocellusdurchmesser; Parafrontalborsten zahlreich, 1 Paar Vertikalborsten; Augen nackt und mit auffallend vergrößerten Facetten.

Thorax grau mit 4 breiten dunklen Längsstreifen, die bereits in der Mitte des postsuturalen Teils des Mesonotums verschmelzen; das vordere Spirakulum weißlichbraun;
Chätotaxis: 0+1 acr, 2+2 dc, 3 h, 2 ph, 2 npl, 1+5-6 mspl, 1+2 stpl.

Beine schwarz; T_1 ohne p Borste; F_2 mit einigen av und pv Borsten in der basalen Hälfte und einige p Borsten apikal; auf T_2 etwa 4-5 p Borsten, 1 ad Borste im apikalen Drittel; auf F_3 eine Reihe von av und eine Reihe ad, basal einige pv Borsten; auf T_3 eine Reihe ad Borsten, nach der Mitte 1 pd und 1 av Borste.

Flügel grau, Membran einheitlich beborstet; Adern braun, r_{4+5} dorsal und ventral mit ein paar Borsten an der Basis, die Stammader dorsal mit 1 Haar; das obere Thorakalschüppchen gelblichweiß, innen wie üblich transparent, das untere grauweiß mit orangefarbenem Rand.

Abdomen von schwarzer Grundfarbe, die letzten drei Tergite mehr oder weniger intensiv grau bestäubt. Die Sternite alle schwarz.

♀♀: Stirn über ein Drittel so breit wie der Kopf, Gesicht überwiegend grau bestäubt, die Strieme dunkel. Thorax dichter grau bestäubt. Sonst ähnlich dem Männchen.

Länge etwa 8 mm.

Musca autumnalis pseudocorvinae VAN EMDEN

Musca autumnalis pseudocorvinae VAN EMDEN (1939) p. 83; PERIS (1967) p. 33.

Von dieser Art habe ich leider kein Exemplar sehen können, so daß ich für die Bestimmungstabelle Literaturangaben verwertet habe. VAN EMDEN beschreibt sie von Kenya. Weitere Fundorte sind mir nicht bekannt. Ebensowenig liegen Angaben über die Biologie vor.

Musca sorbens sorbens WIEDEMANN (Abb. 15 O)

Musca sorbens WIEDEMANN (1830) p. 418; PATTON (1932) p. 377, (1933) p. 403, (1936) p. 472; VAN EMDEN (1939) p. 78; PERIS (1963) p. 114, (1967) p. 78.
Synonyme: *Musca angustifrons* THOMSON (1868) p. 546; *Musca vetustissima* WALKER (1849) p. 473; PONT (1969) p. 3; LINDNER (1969) p. 230.

Musca sorbens sorbens WIEDEMANN ist in der äthiopischen Region weit verbreitet, tritt lokal sehr zahlreich auf und ersetzt wohl in einigen Gebieten *Musca domestica*, da auch sie nach PATTON (1936) Lebensmittel aller Art, aber auch Faeces aufsucht.

♂♂: Gesicht fast einheitlich grauweiß bestäubt, nur die obere Stirnhälfte dunkel; Stirnbreite variiert zwischen einem halben und dem doppelten Ocellusdurchmesser; zahlreiche Parafrontalborsten, 1 Paar Vertikalborsten; Augen nackt.

Thorax von schwarzer Grundfarbe mit grauer Bestäubung, mit 2 breiten dunklen Längsstreifen auf dem hinteren Teil des Mesonotums, die Pleuren grau bestäubt, besonders stark die Sternopleuren; das vordere Spirakulum weiß;
Chätotaxis: 0+1 acr, 2+4 dc, 4 h, 2 ph, 2 npl, 1+6-8 mspl, 1+2 stpl, auf dem Hypopleuron zahlreiche feine Borsten unter dem Spirakulum. Die Borsten sind trotz ihrer Größe wegen ihrer dunklen Farbe leicht zu übersehen!

Beine dunkel; T_1 ohne p Borste; F_2 mit 1-2 a Borsten etwa in der Mitte, mit einigen av und pv Borsten im basalen Bereich so wie etwa 4 p Borsten apikal; auf T_2 etwa 4 p Borsten; auf F_3 eine Reihe ad und in der apikalen Hälfte einige av Borsten; T_3 mit einer Reihe ad und 2 av Borsten nach der Mitte, in der apikalen Hälfte 1-2 pd Borsten.

Flügel hyalin, Membran einheitlich beborstet; Adern gelb bis braun, r_{4+5} an der Basis ventral ein paar kleine Borsten; das untere Thorakalschüppchen braun mit breitem hellen Rand.

Abdomen gelb, Tergite I und IV aber dorsal dunkel, die beiden mittleren Tergite mit einem dunklen Längsstreifen, der jeweils ein dunkles Apikalband bilden kann; Sternite gelblich.

♀♀: Stirn etwa ein Drittel so breit wie der Kopf, die Strieme dunkel, das Gesicht sonst grau. Thorax intensiver bestäubt. Abdomen von dunkler Grundfarbe, die Tergite dicht grau bestäubt, die beiden mittleren zeigen jeweils einen dunklen Längsstreifen und ein dunkles Apikalband, Tergit IV nur an der Spitze bestäubt. Sternite ebenfalls dunkel und grau bestäubt.

Länge zwischen 5 und 7 mm.

Wie bereits erwähnt, ist diese Art weit verbreitet, mir ist sie von Malawi, Rhodesien, Süd-West-Afrika, Tanzania, Mozambique, Uganda, Südafrika und auch von Madagaskar bekannt.

Musca sorbens alba MALLOCH (Abb. 15 P)

Musca alba MALLOCH (1929) p. 265;
Musca sorbens alba VAN EMDEN (1939) p. 79; PERIS (1967) p. 31.

Diese Unterart ist relativ selten in der äthiopischen Region zu finden. So habe ich nur ein paar Exemplare vom Sudan, Fort Lamy und vom Kongo gesehen.

♂♂: Gesicht dicht silbergrau bestäubt, die Strieme gut entwickelt und rotbraun; Stirn an der engsten Stelle etwa eineinhalb mal so breit wie das Ocellardreieck; etwa 17 Paar Parafrontalborsten, 1 Paar Vertikalborsten; Augen nackt.

Thorax dunkel, aber intensiv grau bestäubt, zwei dunkle Längsstreifen deutlich erkennbar, Pleuren dicht grau bestäubt; das vordere Spirakulum weiß;
Chätatoxis: 0+1 acr, 2+4-5 dc, die 2-3 post dc Paare schwächer als die hinteren, 3 h, 2-3 ph, 2 npl, 1+2 stpl, 1+6-7 mspl, Hypopleuron mit Borsten besetzt.

Beine wie bei *Musca sorbens sorbens* WIEDEMANN, das Gleiche gilt für die Flügel, die Adern sind etwas heller, das untere Thorakalschüppchen ist weiß.

Abdomen mit gelber Grundfarbe, die ersten drei Tergite nur mit einem schmalen, dunklen Längsstreifen, der auf dem letzten Tergit fehlt; die Sternite überwiegend gelblich.

♀♀: Die Weibchen besitzen eine Stirn, die etwa ein Drittel so breit wie der Kopf ist, das Gesicht ist grauweiß bestäubt, die Strieme rotbraun. Thorax dicht mehlig weiß bestäubt, besonders stark die Pleuren. Flügeladern hellgelb, die Thorakalschüppchen weiß. Abdomen blaßgelb mit dichter weißer Bestäubung, die ersten drei Tergite mit einem sehr dünnen, dunklen Längsstreifen, die Sternite gelblich.

Länge etwa 6-7 mm.

Musca setulosa ZIELKE (Abb. 22 I)

Musca setulosa ZIELKE (1970).

Diese Art zeichnet sich durch haarähnliche Borsten aus, die nicht auf, sondern über dem Thorakalsteg stehen. Von dieser Art sind nur 2 Weibchen aus Uganda bekannt.

♀♀: Untere Gesichtshälfte grau bestäubt, die obere dunkel; Stirn an der engsten Stelle etwa ein Drittel so breit wie der Kopf; etwa 10 Paar kräftige Parafrontalborsten, 2 Paar kleine Orbitalborsten, einige kurze Borsten auf den Parafrontalia, 1 Paar Ocellarborsten, 2 Paar Vertikalborsten; Augen nackt.

Thorax dunkel mit grauer Bestäubung, dorsal auf dem postsuturalen Teil des Mesonotums 2 breite dunkle Längsstreifen; das vordere Spirakulum weiß;
Chätotaxis: 0+1 acr, 2+4 dc, 3 h, 2 ph, 2 npl, 1+6 mspl, 1+2 stpl.

Beine schwarz; T_1 ohne p Borste; T_2 mit 4-5 p Borsten; T_3 mit 2 av und 2 pd Borsten in der apikalen Hälfte, und einer Reihe von ad Borsten. Flügel bräunlich, Membran einheitlich mit Borsten besetzt; Adern braun, r_{4+5} ventral über r-m hinaus beborstet; das obere Thorakalschüppchen gelblichweiß, das untere weiß mit bräunlichem Schimmer.

Abdomen schwarz, Tergit I nicht bestäubt, die letzten drei Tergite grau bestäubt, die Tergite aber mit dunklen Längs-, Apikal- und Basalbändern.

Länge etwa 8 mm.

Männchen unbekannt.

Musca patersoni n.sp. (Abb. 23 E)

Diese Art ähnelt *Musca munroi* PATTON, unterscheidet sich aber von ihr durch die dunkle Basicostalschuppe.

♂♂: Gesicht dunkel, die untere Hälfte schwach grau bestäubt; Stirn an der engsten Stelle schmaler als der vordere Ocellus; Parafrontalborsten zahlreich, lang und haarähnlich, 1 Paar Vertikalborsten; Augen nackt, die Facetten der oberen Augenhälfte stark vergrößert.

Thorax glänzend schwarz, dorsal mit einem kurzen, medianen grauen Längsstreifen, Humeralschwielen, Notopleuren und Sternopleuren grau bestäubt; das vordere Spirakulum weiß;
Chätotaxis: 0+1 acr, 2+4 dc, alle lang, 3 ph, 2 ph, 2 npl, 1+6-7 mspl, 1+2 stpl, Suprasquamalsteg in der vorderen Hälfte behaart (Angehörige der *Musca lusoria*-Gruppe).

Beine dunkelbraun; T_1 ohne p Borste; F_2 mit einigen a Borsten in der Mitte, basal einige v, im apikalen Drittel ein paar p Borsten; auf T_2 3-4 p Borsten; F_3 mit einer Reihe ad, in den apikalen zwei Dritteln eine Reihe av und basal 2 pv Borsten; auf T_3 mit einer Reihe ad und in der apikalen Hälfte 2-3 av Borsten.

Flügel dunkelgrau, Membran einheitlich beborstet; Adern dunkelbraun, r_{4+5} ventral weit über r-m hinaus beborstet, dorsal nur mit einigen Borsten an der Basis; Basicostalschuppe dunkelbraun; das obere Thorakalschüppchen innen bräunlich transparent, außen weißlichgelb, das untere braun mit schmalem hellen Rand.

Abdomen orangegelb, das erste und letzte Tergit dunkel, die beiden mittleren mit einem dunklen medianen Längsstreifen, der auf Tergit II basal und auf Tergit III apikal erweitert ist, das letzte Tergit grau bestäubt.

♀♀: Stirn etwa ein Drittel so breit wie der Kopf, die untere Gesichtshälfte silberweiß bestäubt, die obere dunkel; Parafrontalborsten kräftiger als beim Männchen entwickelt, 2 Paar Orbitalborsten, das vordere proclinat, das hintere reclinat, mehrere kleine Borsten auf den Parafrontalia, 2 Paar Vertikalborsten, 1 Paar langer Ocellarborsten. Thorax dicht grau bestäubt mit 2 dunklen Längsstreifen. Von den Flügeln die Ader r_{4+5} ventral dichter beborstet als bei den Männchen, das untere Thorakalschüppchen hellbraun.

Abdomen von dunkler Grundfarbe, die letzten drei Tergite mit einem grau bestäubten Fleck auf jeder Seite des einzelnen Tergites.

Länge etwa 6,5 bis 8 mm.

Fundorte: Männl. Holotypus, 4 männl. und 4 weibl. Paratypen von Belgisch Kongo P.N.A. Mubiliba VI. 1935 leg. DE WITTE, 2 weibl. Paratypen von P.N.A. Tshamugussa VIII. 1934 leg. DE WITTE, 1 männl. Paratype von P.N.A. Mt. Sesero VIII. 1934 leg. DE WITTE, 1 weibl. Paratype von Ruanda, Kibga II. 1935 leg. DE WITTE. Der Holotypus und alle Paratypen im S.A. Institute for Medical Research, Johannesburg.

Diese Art wurde nach Herrn Dr. H. E. PATERSON benannt, der die Muscidensammlung des S.A.I.M.R. zum größten Teil aufgebaut hat.

Musca spangleri ZIELKE (Abb. 14 E)

Musca spangleri ZIELKE (1970).

Diese Art ist bisher nur von Uganda bekannt. Über ihre Biologie liegen keine Angaben vor.

♂♂: Gesicht überwiegend schwarz; die Stirn an der engsten Stelle nicht viel breiter als der vordere Ocellus; zahlreiche kleine Parafrontalborsten, 1 Paar Vertikalborsten; Augen nackt, die Facetten der oberen Hälfte vergrößert.

Thorax glänzend dunkel, dorsal mit einem medianen grau bestäubten Längsstreifen, an den Seiten schwach grau bestäubt; das vordere Spirakulum weiß;
Chätotaxis: 0 + 1 acr, 2 + 4 dc, die vorderen 2 post dc Paare sehr kurz, 3h, 2 ph, 2 npl, 1 + 6-7 mspl, 1 + 2 stpl.

Beine dunkelbraun; T_1 ohne p Borste; T_2 mit 4 p Borsten; T_3 mit 2 av Borsten in der apikalen Hälfte und 1 kräftige ad Borste etwa in der Mitte, im apikalen Drittel 1 pd Borste.

Flügel bräunlich, die Membran einheitlich mit Borsten besetzt; Adern braun, r_{4+5} an der Basis mit einigen wenigen kleinen Borsten; die Basicostalschuppe dunkelbraun; das obere Thorakalschüppchen bräunlich transparent, das untere braun.

Abdomen überwiegend gelb gefärbt, auf Tergit I nur ein dunkler medianer Fleck, Tergit II mit einem dunklen medianen Längsstreifen, der sich basal und apikal erweitert, Tergit III apikal und basal mit einem kleinen medianen dunklen Fleck, Tergit IV in der Mitte verdunkelt, seitlich gelb, die letzten beiden Tergite seitlich gelblich bestäubt. Sternite gelb, das letzte apikal dunkel.

Länge ungefähr 5,5 mm.

Weibchen unbekannt.

Musca afra PATERSON (Abb. 6 E, 15 M)

Musca afra PATERSON (1956) p. 160; PERIS (1967) p. 30.

Musca afra PATERSON ist von Tanzania und von Südafrika nachgewiesen. Diese Art zeigt eine Media, die nach der Vorbiegung keine starke Eindellung aufweist (Abb. 6 E).

♂♂: Gesicht dunkel, die untere Hälfte grau bestäubt; die Stirn etwa so breit wie das Ocellardreieck; Parafrontalborsten lang und zahlreich, 1 Paar Vertikalborsten; Augen nackt.

Thorax dunkel, dorsal mit einem grauen Längsstreifen, die Pleuren leicht grau bestäubt, intensiver die Sternopleuren; das vordere Spirakulum weiß; Chätotaxis: 0 + 1 acr, 2 + 4 dc, die vorderen 2 Paare post dc schwach entwickelt, 3 h, 2 ph, 2 npl, 0 + 6-7 mspl, 1 + 2 stpl.

Beine schwarz; T_1 ohne auffallende p Borste; auf F_2 2 a in der Mitte und einige p Borsten apikal, basal 1 av und 1 pv Borste; T_2 mit 3-4 p Borsten; auf F_3 eine Reihe ad Borsten, 4 av Borsten im apikalen Bereich, basal 1 pv

Borste; auf T_3 eine Reihe ad und 1-2 av Borsten in der apikalen Hälfte.

Flügel bräunlich, die Membran einheitlich beborstet; Adern gelblich bis braun, Media ohne deutliche Eindellung nach dem Knick; die Thorakalschüppchen weißlich.

Vom Abdomen das erste und letzte Tergit dunkel, die mittleren Tergite seitlich etwas gelb und mit breitem dunklen Längsband und Basalbändern. Das III. und IV. Sternit gelb, die übrigen dunkel. Das Abdomen seitlich grau bestäubt.

♀♀: Stirn nicht ganz ein Drittel so breit wie der Kopf. Beborstung wie üblich. Auf dem Thorax die 2 vorderen post dc Paare noch schwächer als beim Männchen.

Das Abdomen dorsal dunkel, die letzten drei Tergite dicht grau bestäubt, die beiden mittleren zeigen andeutungsweise einen dunklen Längsstreifen sowie Apikal- und Basalbänder.

Länge zwischen 5 und 6 mm.

Musca munroi PATTON (Abb. 14 B)

Musca munroi PATTON (1936) p. 487; VAN EMDEN (1939) p. 81; PATERSON (1960) p. 398; PERIS (1967) p. 33.

Musca munroi PATTON scheint in der äthiopischen Region relativ weit verbreitet zu sein. So habe ich Exemplare von Kenya, Uganda, Südafrika, Tanzania, und Kamerun gesehen. Sie gehört zur *Musca lusoria*-Gruppe und weist in der vorderen Hälfte des Suprasquamalsteges Haare auf.

♂♂: Gesicht dunkel, die untere Gesichtshälfte kann mehr oder weniger stark grau bestäubt sein; Stirn an der engsten Stelle schmaler als der vordere Ocellus; über 20 Paar Parafrontalborsten, relativ lang und dünn, 1 Paar Vertikalborsten; Augen nackt, die Facetten der oberen Hälfte auffallend vergrößert.

Thorax braunschwarz mit einem medianen dorsalen grauen Längsstreifen; das vordere Spirakulum weiß;

Chätotaxis: 0+1 acr, 2+4 dc, 3 h, 2 ph, 2 npl, 1+6-7 mspl, 1+2 stpl.

Beine dunkel; T_1 ohne p Borste; auf F_2 vor der Mitte einige a, basal einige av und pv Borsten, apikal ein paar p Borsten; T_2 mit 4 p Borsten; F_3 mit der üblichen Reihe ad, einer Reihe av und basal einigen pv Borsten; auf T_3 eine Reihe ad Borsten, in der apikalen Hälfte 2 av und 1 pd Borste.

Flügel bräunlich, Membran einheitlich beborstet; Adern braun, r_{4+5}

dorsal mit etwa 5 Borsten an der Basis, ventral weit über r-m hinaus beborstet; die Basicostalschuppe hellgelb bis hellbraun; das obere Thorakalschüppchen weißlichbraun, das untere von hellbraun bis braun gefärbt.

Abdomen von gelber Grundfarbe, das erste und letzte Tergit dunkelbraun, die beiden mittleren mit einem dunklen, medianen Längsstreifen, der jeweils apikal und basal erweitert ist, die beiden vorderen Sternite schwarz, die übrigen gelb.

♀♀: Stirn etwa ein Drittel so breit wie der Kopf. Färbung und Beborstung des Kopfes wie bei den anderen Arten der *lusoria*-Gruppe. Thorax dichter grau bestäubt, auf dem postsuturalen Teil des Mesonotums 2 dunkle breite Längsstreifen, die durch sehr dünne graue Längsstreifen unterteilt sein können, die Thorakalschüppchen weißlich.

Abdomen von dunkler Grundfarbe, das letzte Tergit fast ganz, die beiden mittleren mehr oder weniger intensiv an den Seiten grau bestäubt. Sternite wie bei den Männchen.

Länge um 7 mm.

Musca gabonensis MACQUART (Abb. 6 F, 14 C)

Musca gabonensis MACQUART (1855) p. 115; PATTON (1936) p. 482; PATERSON (1960) p. 399; PERIS (1967) p. 34; PONT (1969) p. 3; LINDNER (1969) p. 230.

Synonyme: *Musca scatophaga* MALLOCH (1925) p. 333; CURRAN (1928) p. 360; *Musca aethiops* STEIN (191;) p. 467.

PATERSON (1960) glaubte, daß die westafrikanischen Angehörigen dieser Art auf r_{4+5} ventral bis über r-m hinaus beborstet sind, während die südafrikanischen Vertreter ventral nur an der Basis beborstet sind und ein etwas dunkleres Abdomen aufweisen. Ich hatte Gelegenheit, z.T. größeres Material dieser Art von folgenden Ländern zu untersuchen: Kenya, Rhodesien, Uganda, Zambia, Kongo, Südafrika. Hierbei konnte ich feststellen, daß die Männchen fast alle nur an der Basis beborstet waren, während bei den Weibchen von einem Fundort die Beborstung variieren kann, so daß beide Formen nebeneinander zu finden sind, das Gleiche gilt für die Färbung des Abdomens.

♂♂: Gesicht grauweiß bestäubt; Stirn etwa so breit wie der vordere Ocellus; Parafrontalborsten zahlreich, aber fein und lang, 1 Paar kräftiger Vertikalborsten; Augen nackt, die Facetten der Stirnseite vergrößert.

Thorax glänzend dunkel mit einem kurzen medianen grauweiß bestäubten Längsstreifen; das vordere Spirakulum weiß;
Chätotaxis: 0+1 acr, 2+4-5 dc, 4 h, 2 ph, 2 npl, 1+6-8 mspl, 1+2 stpl, der Suprasquamalsteg in der vorderen Hälfte behaart (Angehörige der *lusoria*-Gruppe).

Beine dunkelbraun; T_1 ohne p Borste; F_2 basal mit etwa 3 av und 4 pv, apikal einige p Borsten; auf T_2 4 p Borsten; auf T_3 2 av und 1-2 pd Borsten nach der Mitte sowie eine Reihe kurzer ad Borsten.

Flügel bräunlich, Membran einheitlich beborstet, Adern braun, r_{4+5} dorsal und ventral mit ein paar Borsten an der Basis, bei einigen Weibchen ventral auch bis über r-m beborstet; Basicostalschuppe hell; das obere Thorakalschüppchen gelblichweiß, das untere weiß mit bräunlichem Schimmer.

Abdomen von orangegelber Grundfarbe, Tergit I in der Mitte etwas verdunkelt, die übrigen Tergite können einen mehr oder weniger deutlich entwickelten dunklen Längsstreifen aufweisen, die Sternite sind orangegelb gefärbt, können aber braune Flecke zeigen.

♀♀: Stirn über ein Drittel so breit wie der Kopf, Gesicht grau, die Stirnstrieme dunkel. Kopfbeborstung ähnlich den anderen Arten. Der Thorax dicht grau bestäubt mit 2 dunklen Längsstreifen auf dem hinteren Teil des Mesonotums.

Das Abdomen von orangebrauner Grundfarbe, die dunkle Zeichnung ist variabel, das erste Tergit ist aber stets überwiegend hell gefärbt, die hinteren Tergite weisen fast alle einen dunklen Apikalstreifen auf, auf den mittleren Tergiten kann zusätzlich ein dunkler medianer Längsstreifen mehr oder weniger deutlich entwickelt sein. Bei einigen Exemplaren sind die Apikalbänder sehr breit und nehmen mitunter fast das halbe Tergit ein.

Länge zwischen 6,5 und 8,5 mm.

GATTUNG CURRANOSIA PATERSON (1957)

Curranosia PATERSON (1957) p. 445; PERIS (1967) p. 4;.

Auf Grund eines nackten apikalen Aedeagus und einer unbeborsteten Infra-alar-Erhebung erhob PATERSON (1957) die drei Arten *Orthellia pilarara* SNYDER, *Orthellia prima* CURRAN und *Orthellia gemma* (BIGOT) zu einer eigenen Gattung *Curranosia*, die sich wie folgt charakterisieren läßt: Körperfarbe metallisch glänzend, das untere Thorakalschüppchen groß und dem Körper anliegend, der Suprasquamalsteg in der hinteren Hälfte mit kräftigen, borstenähnlichen Haaren besetzt, die Infra-alar-Erhebung nackt, auf den Flügeln die Media stets in einer voll ausgerundeten Kurve verlaufend, T_1 stets ohne p Borste, T_2 mit einer sehr kräftigen v oder pv Borste und einigen kleineren p Borsten, Prosternum schmal. Bei den Männchen der apikale Teil des Aedeagus nackt.

Die Arten der Gattung *Curranosia* sind über die äthiopische Region verbreitet.

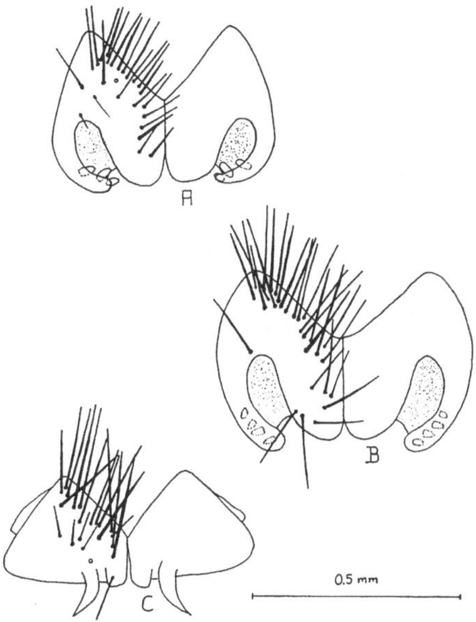

Abb. 16. Dorsalansicht der Cerci von *Curranosia*:
A *C. pilarara spekei* (JAENNICKE), B *C. pilarara pilarara* (SNYDER), C *C. gemma* (BIGOT).

Bestimmungstabelle für die Arten der Gattung *Curranosia*

1. Das vordere Spirakulum weiß 4
– Das vordere Spirakulum dunkel 2
2. Ader r_1 dorsal mit 1 bis mehreren kleinen Borsten gegenüber der Mitte der Subcostalzelle .... *C. prima* (CURRAN)
– Ader r_1 dorsal unbeborstet 3
3. Flügel bräunlich (ziemlich dunkel), der vordere Rand einschließlich r_{2+3} schwach verdunkelt .... *C. cerciformis* n.sp.
– Flügel graubräunlich, der Rand nicht verdunkelt ... *C. gemma* (BIGOT)

4. Der vordere Flügelrand verdunkelt bis zur Spitze von r_{4+5} ....
C. pilarara vansomeri (SNYDER)
– Der vordere Flügelrand nicht verdunkelt 5
5. Das untere Thorakalschüppchen in beiden Geschlechtern braun, das Sternopleuron kaum bestäubt. T_3 mit 2-3 av ....
C. pilarara pilarara (SNYDER)
– Das untere Thorakalschüppchen in beiden Geschlechtern rein weiß, Sternopleuren dicht grauweiß bestäubt; T_3 mit 3-4 av Borsten ....
C. pilarara spekei (JAENNICKE)

Curranosia prima (CURRAN)

Orthellia prima CURRAN (1935) p. 16; SNYDER (1951) p. 30;
Curranosia prima PATERSON (1967) p. 445; PERIS (1967) p. 43.

PERIS (1967) setzt *Morellia bootes* SÉGUY als Synonym zu *Curranosia prima*, aber wie bereits erwähnt gehört *Morellia bootes* zu *Pyrellina distincta* WALKER. Weiterhin soll nach PERIS (1967) *Pyrellia abacina* SÉGUY ein Synonym von dieser Art sein; da aber PERIS bei *Morellia bootes* die auffallend kleinen Thorakalschüppchen übersehen und die Art sogar nicht in die richtige Gattung eingeordnet hat, bezweifele ich, ob diese Synonymsetzung berechtigt ist! Bekannt ist *Curranosia prima* (CURRAN) von Liberia, Rhodesien, Mozambique und von Kamerun.

♂♂: Gesicht rötlichbraun; Stirn an der engsten Stelle schmaler als der vordere Ocellus; Parafrontalborsten sehr schwach entwickelt, 1 Paar langer Vertikalborsten; Augen nackt.

Thorax blauviolett mit grünlicher Reflexion, höchstens das Sternopleuron schwach graugelblich bestäubt; das vordere Spirakulum dunkel; Chätotaxis: 0+1 acr, 2+4 dc, 3 h, 2 ph, 3 posta, 1+9 mspl, 1+3 stpl.

Beine dunkelbraun; F_2 apikal mit 1 kräftigen p Borste, in der basalen Hälfte mit 1-2 langen dünnen pv Borsten; F_3 mit einer Reihe ad und einer Reihe av Borsten, die basalen av Borsten haarähnlich; T_3 in der apikalen Hälfte mit 3 av Borsten, basal 1 ad und etwa in der Mitte eine weitere ad, im apikalen Drittel 1 pd Borste.

Flügel schwach bräunlich, die Membran einheitlich beborstet; Adern hellbraun, r_1 dorsal mit 3-4 Borsten gegenüber der Subcostalzelle, r_{4+5} dorsal und ventral bis r-m mit Borsten besetzt; das obere Thorakalschüppchen innen transparent, außen weiß, das untere innen weißlich, außen bräunlich.

Abdomen grünlichblau.

♀♀: Stirn etwa ein Viertel so breit wie der Kopf, die untere Gesichtshälfte schwach weißlich bestäubt, die Parafrontalia und das Ocellardreieck glänzend schwarz, das Ocellardreieck zieht sich sehr weit nach vorne. Die Parafrontalborsten kräftiger als beim Männchen, 1 Paar kräftige Ocellarborsten, 2 Paar Vertikalborsten und 1 Paar Orbitalborsten. Auf den Flügeln r_{4+5} auch nach r-m schwach beborstet. Im übrigen ähnelt das Weibchen dem Männchen.

Länge etwa um 8 mm.

Curranosia cerciformis n.sp. (Abb. 23 F)

Diese Art ähnelt sehr stark *Curranosia gemma* (BIGOT), ist aber eindeutig anhand des Hypopygiums zu unterscheiden. Weitere Unterschiede lassen sich der Bestimmungstabelle entnehmen.

♂♂: Gesicht dunkel, bei bestimmtem Lichteinfall die Parafacialia schwach bestäubt; Stirn an der engsten Stelle nicht breiter als der vordere Ocellus; zahlreiche Parafrontalborsten, 1 Paar Vertikalborsten; Augen nackt, die Facetten der oberen Augenhälfte auffallend vergrößert.

Thorax glänzend blauviolett ohne Bestäubung; das vordere Spirakulum dunkel;

Chätotaxis: 0+1 acr, 2+4 dc, 2 h, 2 ph, 3 posta, 1+6-8 mspl, 1+2-3.

Beine dunkelbraun; F_2 in der basalen Hälfte mit einigen kurzen v und apikal mit ein paar p Borsten; F_3 mit einer Reihe ad und einer Reihe av Borsten, die basalen av Borsten haarähnlich, ebenfalls basal 1 sehr lange pv Borste, auf T_3 1 auffallend kräftige ad Borste in der Mitte und 3 av Borsten in der apikalen Hälfte, im apikalen Drittel 1 pd Borste.

Flügel bräunlich, der vordere Rand bis etwa zur r_{2+3} etwas stärker verdunkelt, die Membran einheitlich mit Borsten besetzt; Adern braun, r_{4+5} bis r-m oder darüber hinaus dorsal und ventral mit Borsten besetzt; das obere Thorakalschüppchen innen bräunlich transparent, außen weiß, das untere einschließlich Rand dunkelbraun.

Abdomen glänzend violett mit blauer Reflexion.

♀♀: Das Weibchen ähnelt dem Männchen, die Stirn ist aber etwa ein Drittel so breit wie der Kopf, das Ocellardreieck ist etwa bis zur Stirnhälfte nach vorne gezogen.

Länge 8-9 mm.

Fundorte: Männl. Holotypus vom Kongo P.N.A. Mayumbu VI. 1935 leg. DE WITTE, 1 männl. Paratype P.N.A. Lac. Mugunga II. 1934 leg. DE WITTE, 1 männl. Paratype Kamerun Buea leg. PREUSS, 2 weibl. Paratypen vom Kongo, P.N.A. Rumangabo IV. 1945 leg. DE WITTE, 1 weibl. Paratype Gorongoza, Mozambique IX. 1957 leg. STUCKENBERG. Bis auf eine männl. Paratype, die sich im Zoologischen Museum, Berlin, befindet, sind alle übrigen Typen im S.A. Institute for Medical Research, Johannesburg.

Curranosia gemma (BIGOT) (Abb. 16 C)

Pyrellia gemma BIGOT (1878) p. 34;
Orthellia gemma SNYDER (1951) p. 28;
Curranosia gemma PATERSON (1957) p. 445; PERIS (1967) p. 43.

Synonyme: *Pyrellia distincta* VILLENEUVE (1916) p. 148; CURRAN (1935) p. 17; VAN EMDEN (1939) p. 67; *Pyrellia arctifrons* STEIN (1913) p. 474; *Commosia parva* ENDERLEIN (1935) p. 237 nov. syn.

Diese Art ist relativ weit verbreitet, so ist sie von Spanisch Guinea, Uganda, Liberia, Mozambique, Südafrika, Belgisch Kongo, der Goldküste und Angola bekannt. SNYDER (1951) erwähnt bereits, daß diese Art hinsichtlich der Chätotaxis recht variabel ist. Das fand ich bestätigt. Vom Zoologischen Museum, Berlin, erhielt ich leihweise die Type von *Orthellia parva* (ENDERLEIN). Es handelt sich eindeutig um ein Exemplar von *Curranosia gemma* (BIG.).

♂♂: Gesicht dunkel, die Parafacialia können leicht grau bestäubt sein; Stirn an der engsten Stelle etwa so breit wie der vordere Ocellus; etwa 14 Paar relativ kräftige Parafrontalborsten, 1 Paar Vertikalborsten; Augen nackt, die Facetten der Stirnseite stark vergrößert.

Thorax blauviolett oder blaugrün ohne weiße Bestäubung; das vordere Spirakulum dunkel;
Chätotaxis: 0+1 acr, 2+4 dc, 3 h, 2 ph, 2 npl, 3 posta, 1+8 mspl, 1+3 stpl.

Beine dunkelbraun; auf F_2 in der basalen Hälfte 2-3 pv und apikal ein paar p Borsten; F_3 mit einer Reihe ad und einer Reihe av, in der basalen Hälfte einige pv Borsten; auf T_3 eine Reihe kurzer ad Borsten, 1 auffallend kräftige davon in der Mitte; in der apikalen Hälfte 3 av und 1-2 pd Borsten.

Flügel graubräunlich, Membran einheitlich beborstet; Adern dunkelbraun, r_{4+5} dorsal und ventral mit einer Borstenreihe bis r-m; das obere Thorakalschüppchen innen transparent, außen bräunlich, das untere einschließlich Rand braun.

Abdomen variabel in der Färbung, es finden sich Exemplare mit blauem, blaugrünem und blauviolettem Abdomen.

♀♀: Die Weibchen sind grün, blaugrün oder blauviolett gefärbt, die Stirn ist etwa ein Viertel so breit wie der Kopf, etwa 10 Paar kräftige Parafrontalborsten, 2 Paar Vertikalborsten, 1 Paar Ocellarborsten und einige kleine Borsten auf den Parafrontalia. Sonst ähnlich dem Männchen, auf F_3 nur in der apikalen Hälfte av Borsten.

Länge zwischen 5 und 6 mm.

Curranosia pilarara vansomeri (SNYDER)

Orthellia pilarara vansomeri SNYDER (1951) p. 33;
Curranosia pilarara PATERSON (1957) p. 445; PERIS (1967) p. 43.

Da ich von dieser Art leider keine Exemplare sehen konnte, habe ich für die Bestimmungstabelle SNYDERS (1951) Angaben verwertet. Ich bezweifele aber, ob es sich wirklich um Unterarten und nicht um getrennte Arten handelt. Eine Untersuchung des Hypopygiums könnte hierüber Auskunft geben.

Curranosia pilarara pilarara (SNYDER) (Abb. 16 B)

Orthellia pilarara SNYDER (1951) p. 30;
Curranosia pilarara PATERSON (1957) p. 445; PERIS (1967) p. 43.

Ich nehme an, dass PERIS (1967) in seiner Bestimmungstabelle mit *Curranosia pilara* (SNYDER, 1951) diese Art meint. *Curranosia pilarara pilarara* (SNYDER) ist von SNYDER (1951) aus Kenya beschrieben worden. Ich habe außerdem Exemplare vom Kongo gesehen.

♂♂: Gesicht einschließlich der unteren Stirnhälfte silbriggrau gefärbt, die obere Stirnhälfte dunkel; Stirn an der engsten Stelle nicht breiter als der doppelte Ocellusdurchmesser; etwa 15 Paar Parafrontalborsten, 1 Paar Vertikalborsten; Augen nackt.

Thorax metallisch violett glänzend, der präsuturale Teil des Mesonotums grauweiß bestäubt, 2 schmale dunkle Längsstreifen heben sich davon ab, von den Pleuren nur die Sternopleuren ventral schwach bestäubt; das vordere Spirakulum weiß;
Chätotaxis: 0+1 acr, 2+3-4 dc, 3 h, 2 ph, 2 npl, 3 posta, 1+7 mspl, 1+2 stpl.

Beine braunschwarz; F_2 basal mit 1 av und 1 v Borste, apikal einige kräftige p Borsten; auf F_3 eine Reihe ad und eine Reihe av Borsten, vor der Mitte 1 pv Borste; T_3 mit 2 av Borsten in der apikalen Hälfte, 1 ad Borste etwa in der Mitte und 1 pd Borste im apikalen Drittel.

Flügel bräunlich, Membran einheitlich beborstet; Adern dunkelbraun, r_{4+5} dorsal und ventral schwach bis über r-m hinaus beborstet; das obere Thorakalschüppchen innen transparent, außen weiß, das untere dunkelbraun.

Abdomen blau mit grünlicher Reflexion, das letzte Tergit etwas grau bestäubt.

♀♀: Das Weibchen ähnelt sehr dem Männchen, die Stirn ist nicht ganz ein Drittel so breit wie der Kopf, die Beborstung ist kräftiger, und es zeigen sich neben der üblichen Beborstung 2 Paar proclinate Orbitalborsten. F_3 ist schwächer beborstet. Abdomen blaugrün bis blauviolett gefärbt.

Länge zwischen 6 und 8 mm (Abb. 16 B).

Curranosia pilarara spekei (JAENNICKE) nov. combin. (Abb. 6 D, 16 C)

Lucilia spekei JAENNICKE (1866) p. 374.

Synonyme: *Pyrellia aethiopis* CORTI (1895) p. 140; *Orthellia aethiopis* PERIS (1967) p. 56; nov. syn.

Vom Musée Naturelle Histoire, Paris, erhielt ich 2 Weibchen, die u.a. folgende Beschriftung „Pyrellia aethiopis CORTI-spekei JAENN.“ aufwiesen. Der Handschrift nach hatte es VILLENEUVE geschrieben. PERIS (1967) hat ebenfalls diese beiden Weibchen gesehen und sie als *Orthellia aethiopis* (CORTI) identifiziert und somit eine neue Kombination geschaffen. Dabei hat er offensichtlich übersehen, daß die Infra-alar-Erhebungen keine Borsten aufweisen und die beiden Exemplare somit eindeutig zur Gattung *Curranosia* gehören. Da außerdem das vordere Spirakulum auffallend weiß gefärbt ist, führt eine Bestimmung zu *Curranosia pilarara* (SNYDER). Von beiden bekannten Unterarten unterscheidet sich aber diese Form durch die weißen Thorakalschüppchen und die Flügel ohne verdunkelten Rand. Es handelt sich hierbei also um eine weitere Unterart von *Curranosia pilarara* (SNYDER). Ein Vergleich dieser beiden Weibchen, die aus Uganda stammen, mit zahlreichem weiteren Material dieser Art aus Uganda, das ich von der Smithsonian Institution, Washington, erhalten habe, ergab, daß diese konspezifisch waren. Da sie auch mit JAENNICKES (1866) Beschreibung von *Lucilia spekei* übereinstimmen, kommt dieser Art nach den Prioritätsgesetzen der Name *Curranosia pilarara spekei* (JAENNICKE) zu.

♂♂: Stirn nicht viel breiter als der vordere Ocellus; die Facetten der oberen Augenhälfte vergrößert.

Thorax metallisch blaugrün gefärbt, der präsuturale Teil des Mesonotums und die Sternopleuren intensiv grau bestäubt. F_2 mit mehreren kräftigen v Borsten in der basalen Hälfte; T_3 außer 1 ad und 1 pd mit 3-4 av Borsten in der apikalen Hälfte. Flügel fast hyalin, r_{4+5} dorsal bis und ventral über r-m hinaus beborstet. Die Thorakalschüppchen weiß.

Abdomen wie der Thorax gefärbt, das letzte Tergit apikal schwach grau bestäubt.

♀♀: Auf F_3 nur apikal av Borsten; T_3 mit 2-4 av Borsten. Thorakalschüppchen weiß, die Bestäubung des Körpers intensiver als beim Männchen. Im übrigen ähnelt diese Form der zuvor beschriebenen Unterart.

Bekannt ist diese Form von *Curranosia pilarara* (SNYDER) bisher nur von Uganda.

GATTUNG ORTHELLIA ROBINEAU-DESVOIDY (1863)

Orthellia ROBINEAU-DESVOIDY (1863) p. 837; MALLOCH (1923) p. 505; CURRAN (1935) p. 4; SÉGUY (1937) p. 400; VAN EMDEN (1939) p. 67; SNYDER (1951) p. 6; PERIS (1967) p. 44.

Synonyme: *Euphoria* ROBINEAU-DESVOIDY (1863) p. 799; *Pseudopyrellia* GIRSCHNER (1893) p. 306; *Lasiopyrellia* VILLENEUVE (1913) p. 151; TOWNSEND (1931) p. 369; PERIS (1967) p. 49; *Pseudogymnosoma* TOWNSEND (1918) p. 150; PERIS (1967) p. 46; *Pseudorthellia* TOWNSEND (1918) p. 44; *Stenomitra* ENDERLEIN (1934) p. 416; *Anacrostichia* ENDERLEIN (1934) p. 417; *Commosia* ENDERLEIN (1934) p. 421.

Ähnlich wie bei der Gattung *Musca* wurde auch bei der Gattung *Orthellia* schon mehrfach versucht, dieselbe zu unterteilen. So teilte SÉGUY (1937) sie auf Grund des verschiedenen Verlaufs der Media in zwei Gattungen *Euphoria* R.-D. und *Orthellia* R.-D., ENDERLEIN (1934) machte drei Gattungen aus *Orthellia*, und VAN EMDEN (1939) unterteilte die Gattung in zwei Abschnitte („Section I", „Section II"), wobei der erste Abschnitt („Section I") aus zwei Gruppen („Group A", „Group B") besteht. SNYDER (1951) vermeidet es bewußt, die Gattung zu unterteilen, da seiner Meinung nach alle *Orthellia*-Arten der Welt für eine solche Aufgliederung erfaßt werden müßten. PERIS (1967) hat die Gattung *Orthellia* dann wieder in drei Untergattungen unterteilt, die wohl in etwa VAN EMDENS (1939) Aufteilung entsprechen.

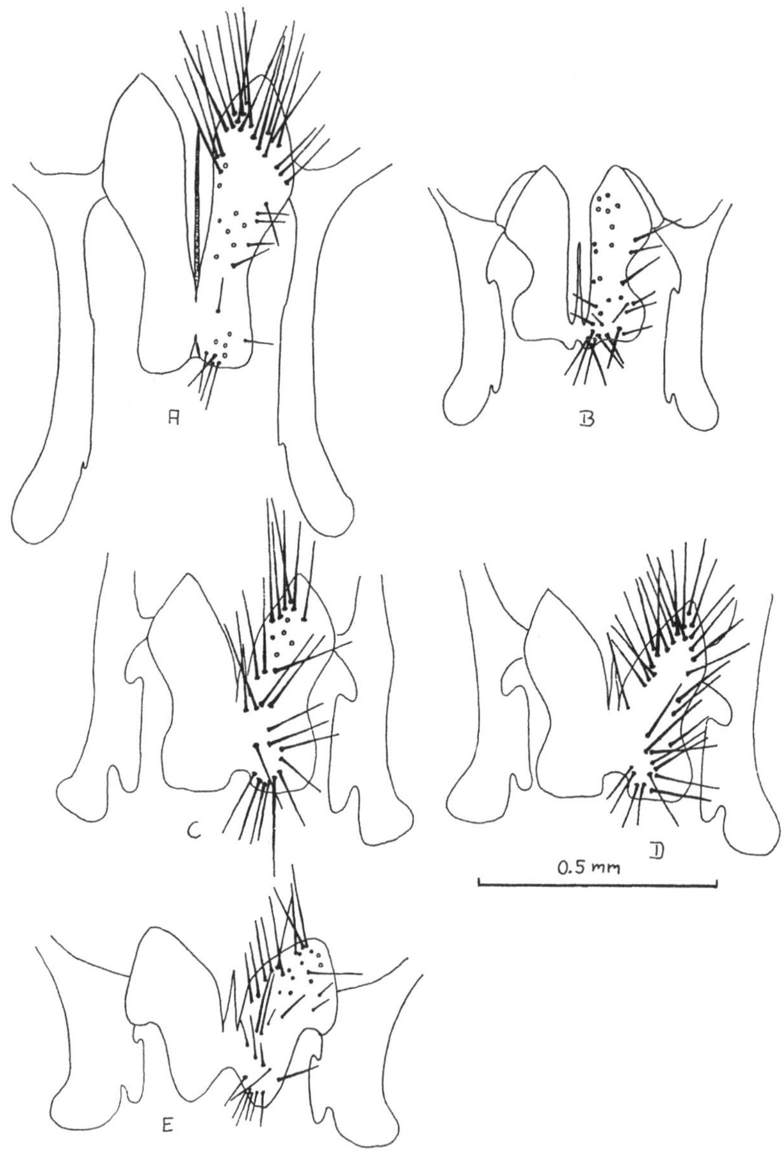

Abb. 17. Dorsalansicht der Cerci und Paralobi von *Orthellia*:
A *O. bequaerti* (VILL.), B *O. albigena* (STEIN), C *O. cyanea* (FABR.), D *O. prenes* CURRAN. E *O. rhingiaeformis* (VILL.).

Obwohl ich mich grundsätzlich SNYDERS (1951) Meinung anschließe, halte ich jedoch VAN EMDENS (1939) Aufteilung in zwei Abschnitte („Section I", „Section II") für berechtigt. Die Arten, die er unter Section II zusammenfaßt, charakterisiert er wie folgt: „Epistoma more or less produced, the ventral surface of the head straight and conspicuously so much longer than the head at the base of the antennae (Fig. 5). Proboscis long and slender, the mentum three or more times as long as high. Eyes hairy (the hairs very short and sparse in *rhingiaeformis* and *albigena*, sometimes absent in the latter)". Bei der Untersuchung der Hypopygien konnte ich feststellen, daß diese Gruppe sich durch lange Paralobi und anders geformte Cerci (Abb. 17) auszeichnet. PERIS (1967) erfaßt diese Gruppe in der Untergattung *Lasiopyrellia* VILLENEUVE. Die von ihm aus dieser Gruppe

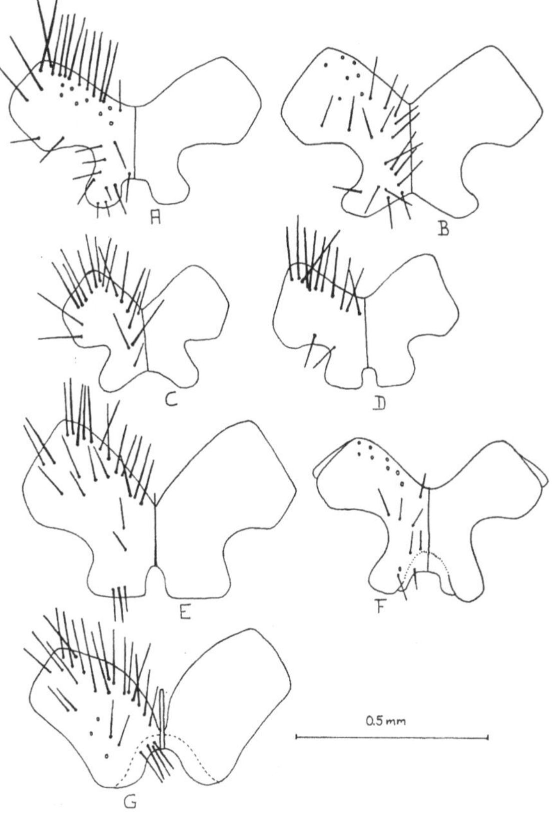

Abb. 18. Dorsalansicht der Cerci von *Orthellia*:
A *O. nudissima* (LOEW), B *O. limbata* (VILL.), C *O. trimaculata* SNYDER, D *O. bimaculata* (STEIN), E *O. aurantiaca* (VILL.), F *O. inflata* (TOWNSEND), G *O. semipunctata* SNYDER.

neu beschriebene Art *Orthellia gorii* PERIS hat nach seiner Abbildung ebenfalls sehr lange Paralobi und bestätigt meine Ansicht. Dieser Gruppe stehen die restlichen Arten der Gattung *Orthellia* gegenüber. Ob hier eine Unterteilung auf Grund der punktartigen Struktur der Körperoberfläche, wie sie VAN EMDEN (1939) vorschlägt, berechtigt ist, bezweifele ich. Die Cerci von *Orthellia aurantiaca* (VILL.) (Abb. 18 E), einer Art mit „Punktstruktur", gleichen z.B. sehr den Cerci anderer Arten, die nicht diese Oberflächen-

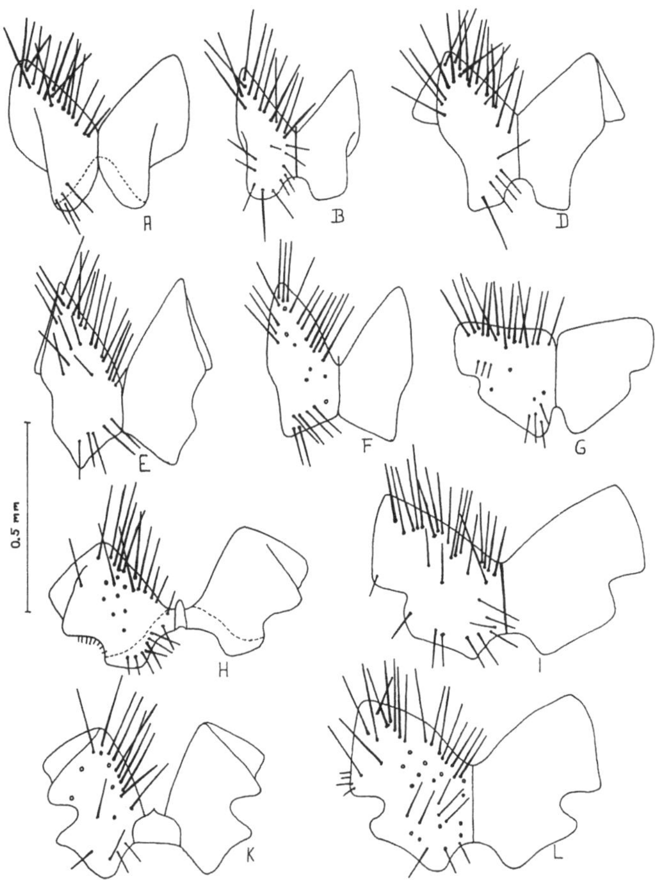

Abb. 19. Dorsalansicht der Cerci von *Orthellia*:
A *O. laxifrons* (VILL.), B *O. orbitalis* (STEIN), D *O. macroviola* SNYDER, E *O. pura* CURRAN, F *O. annia* n.sp., G *O. viola* (BIGOT), H *O. intacta* CURRAN, I *O. maculisquama* VILL., K *O. marginipennis* STEIN, L *O. analis* CURRAN.

struktur aufweisen (Abb. 20). Andererseits zeigen die in der Abb. 19 aufgeführten Arten z.T. recht ungewöhnlich gestaltete Cerci, obwohl sie äußerlich kaum voneinander zu trennen sind. Eine bedeutend einheitlichere Gruppe von Cerci ist auf der Abb. 20 zu sehen. diese Arten weisen aber z.T. äußerlich keine solchen einheitlichen Merkmale auf, wie z.B. eine punktförmige Oberflächenstruktur. Die Cerci der Arten mit dieser Oberflächenstruktur sind in Abb. 18 zusammengestellt. Auch hier ist keine einheitliche Gruppierung zu erkennen wie bei der *Lasiopyrellia*-Gruppe. Ich halte aus diesem Grunde eine Unterteilung der Gattung *Orthellia* in zwei Untergattungen – *Lasiopyrellia* und *Orthellia* – für berechtigt.

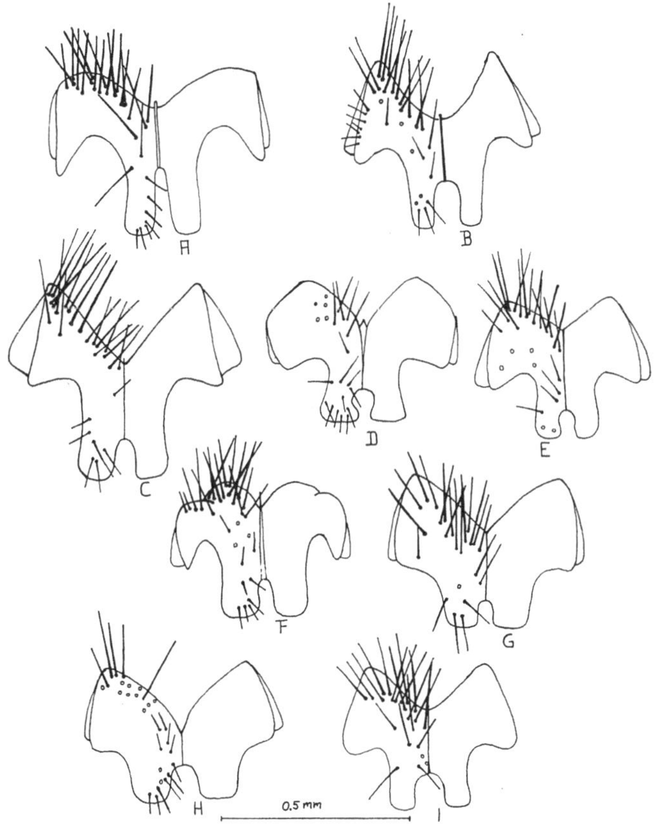

Abb. 20. Dorsalansicht der Cerci von *Orthellia*:
A *O. chrysopyga* v. EMDEN, B *O. viridifrons* (MACQ.), C *O. scatophaga* MALLOCH, D *O. racilia* (WALKER), E *O. dubia* MALLOCH, F *O. hirticeps* (STEIN), G *O. macrops* CURRAN, E *O. boersiana* (BIGOT), I *O. sororella* (VILL.).

Wie SNYDER (1951) mache ich hiervon aber keinen Gebrauch, da meines Erachtens *Orthellia* genau wie *Musca* eine monophyletische Gruppe darstellt und möglichst als Einheit behandelt werden sollte. Die Monophylogenie bei der Gattung *Musca* wird u.a. durch die Sinnesgrube auf dem dritten Antennensegment begründet, bei *Orthellia* ist meines Erachtens die Begründung durch die stark chitinisierten dornen- oder schuppenförmigen Anhänge des apikalen Aedeagus gegeben, die sich bei keiner anderen Gattung dieser Unterfamilie, bzw. sogar Familie finden.

Nachdem MALLOCH (1923) die borstenähnlichen Haare auf dem hinteren Suprasquamalsteg als Unterscheidungsmerkmal zwischen *Pyrellia* und *Orthellia* entdeckte, und PATERSON (1957) die Arten mit einer nackten Infra-alar-Erhebung von *Orthellia* abspaltete, läßt sich die Gattung *Orthellia* wie folgt charakterisieren: Metallisch glänzend gefärbter Körper, das untere Thorakalschüppchen groß und dem Körper anliegend, das Prosternum schmal, auf dem hinteren Teil des Suprasquamalsteges borstenähnliche

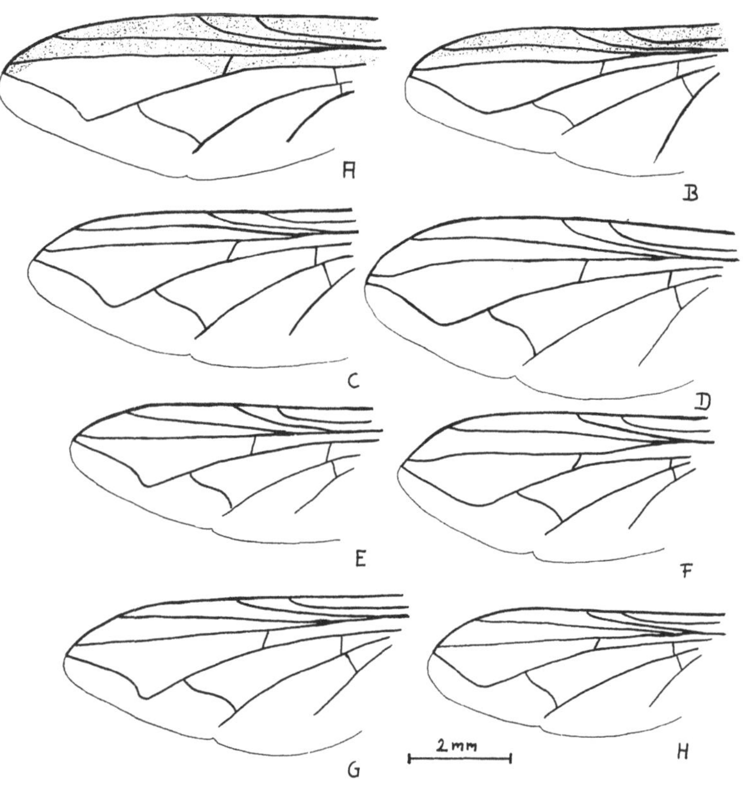

Abb. 21. Flügeladernverlauf in der apikalen Hälfte der Flügel von *Orthellia*: A *O. distinctipennis* SNYDER, B *O. intacta* CURRAN, C *O. chrysopyga* V. EMDEN, D *O. analis* CURRAN, E *O. racilia* (WALKER), F *O. laxifrons* (VILL.), G *O. boersiana* (BIGOT), H *O. macrops* CURRAN.

Haare, die Infra-alar-Erhebung stets mit einigen kleineren Borsten; T_1 ohne p Borste; T_2 immer mit 1 langen pv oder v Borste und einigen kleineren p Borsten; die Media verläuft entweder in einer voll ausgerundeten Kurve oder ist knickartig gebogen. Bei den Männchen ist der apikale Teil des Aedeagus stets mit chitinisierten, borstenähnlichen Anhängen versehen.

HENNIG (1964) meint, daß es schwer sei, den genauen Artenbestand dieser Gattung anzugeben, da die Synonymie vieler Arten noch nicht hinreichend geklärt sei. So erfassen SNYDER (1951) und PERIS (1967) ebenfalls nicht alle Arten. Ich habe versucht, mit der Unterstützung der zu Anfang aufgeführten Museen und Institute von allen bekannten äthiopischen Arten Exemplare zu erhalten und miteinander zu vergleichen. Hierbei ergab sich, daß von der äthiopischen Region jetzt 37 Arten dieser Gattung bekannt sind, die in der folgenden Bestimmungstabelle erfaßt werden.

Bestimmungstabelle für die Arten der Gattung *Orthellia*

1. Zumindest der Thorax, meist aber auch das Abdomen mit einer punktförmigen Oberflächenstruktur 2
– Thorax und Abdomen ohne solche Oberflächenstruktur 11
2. Vorderrand der Flügel auffällig dunkelbraun bis schwarz gefärbt... 3
– Vorderrand nicht auffällig gegen die übrige Membran abgehoben ... 7
3. Abdomen gelb .... *O. aurantiaca* (VILLENEUVE)
– Abdomen metallisch grün, blau oder violett glänzend 4
4. Antennen und Palpen dunkelbraun bis schwarz ....
O. limbata (VILLENEUVE)
– Antennen und Palpen gelb 5
5. Thorax in der vorderen Hälfte ohne weiße dorsale Bestäubung ......
O. zumpti n.sp.
– Thorax dorsal mit einem weißen Fleck oder Streifen auf dem vorderen Teil des Mesonotums 6
6. Coxae und Femora gelb .... *O. trimaculata* SNYDER
– Coxae und Femora dunkel .... *O. bimaculata* (STEIN)
7. Abdomen gelb .... *O. inflata* (TOWNSEND)
– Abdomen metallisch glänzend grün, blau oder violett 8
8. Flügelmembran einheitlich dicht mit feinen Borsten besetzt ....
O. semipunctata SNYDER
– Zumindest die Diskalzelle im basalen Bereich nackt 9
9. Antennen gelborange, das untere Thorakalschüppchen einschließlich Rand dunkelbraun .... *O. rubrifacies* MALLOCH
– Das untere Thorakalschüppchen einschließlich Rand weißlich 10

10. Antennen dunkelbraun bis schwarz, Beine dunkelbraun . . . .
O. nudissima (LOEW)
– Antennen braun, Beine gelbbraun, Palpen gelblichbraun. Auffallend kleine Art . . . . *O. gracilis* (ENDERLEIN)
11. Flügel mit dunklem Vorderrand (Abb. 21 A, B) 12
– Flügel ohne dunklen Vorderrand 14
12. Thorax auf dem vorderen Teil des Mesonotums mit einem weiß bestäubten Längsstreifen . . . . *O. marginipennis* (STEIN)
– Thorax dorsal ohne Bestäubung 13
13. Media knickartig nach vorne gebogen, nach dem Knick mit einer Eindellung (Abb. 21 A) . . . . *O. distinctipennis* SNYDER
– Media verläuft in einer voll ausgerundeten Kurve und ohne Eindellung (Abb. 21 B) . . . . *O. intacta* CURRAN
14. Flügelmembran einheitlich dicht mit feinen Borsten besetzt 15
– Zumindest der basale Bereich der Diskalzelle nackt 31
15. Augen auffallend dicht und lang behaart 16
– Augen nackt oder kaum erkenntlich behaart 18
16. 2 Paar prst dc Borsten vorhanden 17
– Höchstens 1 Paar sehr schwacher prst dc, gewöhnlich aber keine prst dc Borsten vorhanden . . . . *O. sororella* VILLENEUVE
17. Untere Gesichtshälfte stark hervorspringend, beinahe so weit, wie die Antennen lang sind (Abb. 22 C) . . . . *O. bequaerti* (VILLENEUVE)
– Untere Gesichtshälfte nicht so auffallend hervorspringend (Abb. 22 E)
O. hirticeps (STEIN)
18. Die untere Gesichtshälfte springt weiter vor, als die Antennen lang sind (Abb. 22 A) . . . . *O. rhingiaeformis* (VILLENEUVE)
– Untere Gesichtshälfte weniger stark hervorspringend 19
19. Die vordere Hälfte des Mesonotums mit einem weißen Fleck oder Streifen 20
– Thorax dorsal unbestäubt 25
20. Media knickartig gebogen und mit einer Eindellung nach dem Knick (Abb. 21 C) . . . . *O. chrysopyga* VAN EMDEN
– Media verläuft in einer ausgerundeten Kurve und ohne Eindellung aus 21
21. Das letzte Tergit von gleicher Grundfarbe wie das Abdomen und ohne Kontrast zum Abdomen 22
– Das letzte Tergit von grüner bis messingfarbener Farbe und damit im scharfen Kontrast zur Farbe des übrigen Abdomens 24
22. Das letzte Tergit intensiv grauweiß bestäubt (Abb. 21 D) . . . .
O. analis CURRAN
– Das letzte Tergit ohne intensive Bestäubung 23

23. Die untere Gesichtshälfte weiter vorspringend als an der Antennenbasis, 2 + 2 dc Borsten . . . . *O. gorii* PERIS
– Die untere Gesichtshälfte nicht auffallend hervorspringend, 2 + 3 dc Borsten . . . . *O. thoracica* n.sp.
24. Das untere Thorakalschüppchen rein weiß . . . . *O. aureopyga* MALLOCH
– Das untere Thorakalschüppchen bräunlich bis dunkelbraun . . . . *O. maculisquama* (VILLENEUVE)
25. Media knickartig gebogen, nach dem Knick mit einer Eindellung (Abb. 21 E) . . . . *O. racilia* (WALKER)
– Media verläuft nicht knickartig (Abb. 21 F) 26
26. Oralborsten vorhanden 28
– Oralborsten fehlen 27
27. 1 sehr kleine prst dc Borste vorhanden, die höchstens ein halb so lang ist, wie die ph Borste auf gleicher Höhe . . . . *O. orbitalis* (STEIN)
– 1 kräftige prst dc Borste vorhanden, die ebenso kräftig wie die ph Borste auf der gleichen Höhe ist . . . . *O. laxifrons* (VILLENEUVE)
28. Die letzte vorhandene prst dc Borste steht auf gleicher Höhe wie die hintere ph Borste . . . . *O. viola* (BIGOT)
– Die letzte vorhandene prst dc Borste steht auf der Höhe der vorderen ph Borste 29
29. Nur ein Paar kräftige prst dc Borsten vorhanden 30
– 2 Paar prst dc Borsten vorhanden, die sehr weit vorn stehen . . . . *O. macroviola* SNYDER
30. Körperfarbe überwiegend grün, r_{4+5} ventral nur an der Basis beborstet *O. pura* CURRAN
– Körperfarbe überwiegend violett, r_{4+5} dorsal und ventral weit über r-m hinaus beborstet . . . . *O. annia* n.sp.
31. Thorax dorsal in der vorderen Hälfte grauweiß bestäubt 32
– Thorax dorsal ohne Bestäubung 34
32. Augen lang behaart, beim Weibchen bedeutend kürzer, aber deutlich zu erkennen (Abb. 22 B) . . . . *O. cyanea* (FABRICIUS)
– Augen nackt 33
33. 2 Paar kräftige prst dc Borsten vorhanden (Abb. 22 D) . . . . *O. albigena* (STEIN)
– Höchstens 1 Paar schwach entwickelter prst dc Borsten vorhanden, gewöhnlich aber gar keine . . . . *O. viridifrons* (MACQUART)
34. Keine oder nur 1 Paar schwach entwickelter prst dc Borsten vorhanden *O. dubia* MALLOCH
– 2 Paar kräftige prst dc Borsten vorhanden 35
35 Media nur mit einem abgerundeten Knick, und ohne Eindellung nach dem Knick (Abb. 21 H) . . . . *O. macrops* CURRAN

– Media mit einem deutlichen Knick und einer Eindellung (Abb. 21 G) 36
36. Gewöhnlich 1+3 stpl, männl. untere Thorakalschüppchen dunkelbraun, Körperfarbe blaugrün .... *O. boersiana* (BIGOT)
– Gewöhnlich 1+2 stpl, männl. untere Thorakalschüppchen hellbraun mit weißem Rand, Körperfarbe hellviolett ... *O. scatophaga* MALLOCH

Orthellia aurantiaca (VILLENEUVE) (Abb. 18 E)

Pyrellia nudissima aurantiaca VILLENEUVE (1916) p. 512;
Orthellia aurantiaca MALLOCH (1923) p. 512; SÉGUY (1933) p. 62; CURRAN (1935) p. 9; VAN EMDEN (1939) p. 70; SNYDER (1951) p. 17; PERIS (1967) p. 46.

Synonym: *Stenomitra fuelleborni* ENDERLEIN (1934) p. 417.

Orthellia aurantiaca (VILLENEUVE) ist von verschiedenen Orten Südafrikas, von Mozambique, Tanzania und vom Kongo bekannt. Über ihre Biologie liegen keine Angaben vor.

♂♂: Untere Gesichtshälfte rötlichbraun mit teilweiser weißlicher Bestäubung; Stirn an der engsten Stelle viel schmaler als der vordere Ocellus; Parafrontalborsten sehr schwach und nur über der Antennengrube und unter dem Ocellardreieck vorhanden, 1 Paar Vertikalborsten; Augen nackt, die Facetten der Stirnseite schwach vergrößert.

Thorax violett mit blauer Reflexion, die Oberfläche weist eine deutliche Punktstruktur auf; das vordere Spirakulum dunkel;
Chätotaxis: 0+0 acr, 2+2 dc, sehr fein und haarähnlich, 3 h, 0 ph, 2 npl, 2 posta, 0+5 mspl, 1+2 stpl.

Beine braun, die Femora gelblichbraun; F_2 in der basalen Hälfte mit einigen dornenähnlichen a Borsten und einigen ad Borsten, apikal die üblichen p Borsten; F_3 mit einer Reihe ad Borsten und in der basalen Hälfte einigen haarähnlichen av Borsten, apikal mehrere kräftige av Borsten, in der Mitte 1 längere v Borste; auf T_3 1 schwache av Borste etwa in der Mitte.

Flügel hyalin, der vordere Rand mit drei braunen langgestreckten Flecken, Membran in der basalen Hälfte nackt; Adern gelbbraun bis braun, auf r_{4+5} dorsal und ventral höchstens bis r-m eine Reihe Borsten; Thorakalschüppchen weißlich.

Abdomen einheitlich gelb bis orangegelb.

♀♀: Stirn etwas breiter als ein Viertel der Kopfbreite, die untere Gesichtshälfte weiß bestäubt, die Parafrontalia glänzend schwarz; etwa 7 Paar relativ schwacher Parafrontalborsten, 2 Paar Vertikalborsten, 1 Paar Ocellarborsten. Auf F_3 fehlen die basalen av Borsten. Im übrigen gleicht das Weibchen dem Männchen.

Länge zwischen 7 und 9 mm.

Orthellia limbata (VILLENEUVE) (Abb. 18 B)

Pyrellia nudissima limbata VILLENEUVE (1916) p. 512;
Orthellia limbata MALLOCH (1923) p. 516; SÉGUY (1933) p. 62, (1941) p. 122; CURRAN (1935) p. 10; VAN EMDEN (1939) p. 70; SNYDER (1951) p. 18; PERIS (1967) p. 46.

Synonym: *Stenomitra tessmanni* ENDERLEIN (1934) p. 416.
Nach SNYDER (1951) leben diese Tiere im tiefen Wald und wurden auf menschlichen Faeces gefunden. Bekannt sind sie aus Liberia, Uganda und dem Kongo.

♂♂: Gesicht dunkel, die untere Hälfte kann schwach bestäubt sein; Stirn an der engsten Stelle schmaler als der vordere Ocellus; Parafrontalborsten ähnlich wie bei der vorhergehenden Art schwach entwickelt, 1 Paar Vertikalborsten; Augen nackt.

Thorax glänzend blau oder blaugrün mit punktartiger Oberflächenstruktur; das vordere Spirakulum dunkel;
Chätotaxis: 0+0 acr, 0+1 dc, 2-3 h, 0 ph, 2 npl, 2 posta, 0+6 mspl, 1+2 stpl.

Beine glänzend schwarz; auf F_2 1 pv Borste etwa in der Mitte; auf F_3 eine Reihe kurzer ad Borsten, 1 av und 1 pv Borste in der apikalen Hälfte; T_3 mit 1 av Borste etwa in der Mitte.

Flügel leicht bräunlich, der vordere Rand durchgehend braun gefärbt, die Membran im basalen Bereich der Diskalzelle nackt; Adern dunkelbraun, r_{4+5} dorsal und ventral nicht über r-m hinaus mit Borsten besetzt; das obere Thorakalschüppchen innen braun transparent, außen weißbraun, das untere bräunlich.

Abdomen blau oder grün.

♀♀: Die Stirn etwas breiter als ein Viertel des Kopfes; die Parafrontalborsten kräftiger, 2 Paar Vertikalborsten und 1 Paar Ocellarborsten. Körperfarbe violett, sonst dem Männchen sehr ähnlich.

Länge 8 bis 9 mm.

Orthellia zumpti n.sp.

Diese Art ähnelt *Orthellia bimaculata* (STEIN), unterscheidet sich aber von ihr durch das Fehlen des weißen, medianen Längsstreifens. SNYDER (1951) erwähnt in seiner Arbeit zwei Exemplare, die keinen weißen Längsstreifen besitzen. Er glaubt, daß es *Orthellia bimaculata* (STEIN) ist. Es dürfte sich mit ziemlicher Wahrscheinlichkeit um *Orthellia zumpti* n.sp. handeln. STEIN (1918) erwähnt in seiner Beschreibung von *bimaculata* einen weißen, medianen Längsstreifen, und ich habe Exemplare gesehen, die zu STEINS Beschreibung sehr gut passen.

♀♀: Gesicht glänzend violett bis rotbraun, bei bestimmtem Lichteinfall schwach grau bestäubt; die Stirn ist nicht ganz ein Drittel so breit wie der Kopf; Rüssel braun, Palpen und Antennen orangegelb; die Parafrontalborsten zahlreich, aber relativ schwach, 2 Paar schwache Orbitalborsten, 2 Paar Vertikalborsten, 1 Paar Ocellarborsten; Augen nackt.

Thorax blau mit grünlicher Reflexion und Punktstruktur, dorsal ohne weiße Zeichnung, die Sternopleuren im vorderen Bereich leicht braungelb bestäubt; das vordere Spirakulum dunkel;
Chätotaxis: 0+0 acr, 2+2 dc, sehr kurz, 2 posta, 2 h, 2 ph, 2 npl, 0+4 mspl, 1+2 stpl.

Beine glänzend rotbraun, die Beborstung allgemein sehr schwach, F_2 mit 1 p Borste im apikalen Bereich; T_2 mit 1 langen v Borste nach der Mitte; auf F_3 eine Reihe relativ schwacher ad Borsten und 1-2 av Borsten in der apikalen Hälfte; T_3 mit 2 kleinen av Borsten in der apikalen Hälfte.

Flügel hyalin, der vordere Rand mit 2 dunklen, langen Flecken, die kurz nach der Einmündung von r_1 in die Costa voneinander getrennt sind, die basale Hälfte der Membran nackt, die apikale fein beborstet; Adern gelblichbraun und nackt, die Media verläuft in einer vollausgerundeten Kurve; das obere Thorakalschüppchen innen hyalin, außen weiß, das untere gelblich. Abdomen metallisch grünblau glänzend und mit feinem Punktmuster. Es finden sich keine Borsten, sondern nur Haare. Das letzte Tergit am apikalen Rand rotbraun gefärbt.

Länge 7 bis 8 mm.

Männchen unbekannt.

Fundort: Weibl. Holotypus von Uamgebiet Bosum, V. 1914 leg. TESSMANN. 2 weibl. Paratypen vom Kongo, Lac Eduard V. 1935, leg. DAMAS. (Alle drei Typen im S.A. Institute for Medical Research.) Diese Art wurde nach Herrn Dr. Dr. F. ZUMPT, dem Leiter der entomologischen Abteilung des S.A. Institutes for Medical Research, benannt.

Orthellia trimaculata SNYDER (Abb. 18 C)

Orthellia trimaculata SNYDER (1951) p. 19; PERIS (1967) p. 46.

SNYDER beschreibt die Art von Nigeria, mir ist sie vom Uamgebiet bekannt. Unter dem mir zur Verfügung stehenden Material befand sich u.a. eine männl. Paratype.

♂♂: Gesicht gelblichbraun, die obere Stirnhälfte etwas dunkler; die Augen stoßen an der engsten Stelle der Stirn fast zusammen; Parafrontalborsten bis auf ein paar schwache über der Antennengrube und unter dem Ocellardreieck zurückgebildet, 1 Paar kräftige Vertikalborsten; Augen nackt, die Facetten der Stirnseite vergrößert. Antennen und Palpen auffallend gelb, Rüssel dunkel.

Thorax dunkelblau mit violetter Reflexion, auf dem vorderen Teil des Mesonotums ein grau bestäubter, medianer Längsstreifen; das vordere Spirakulum dunkel;
Chätotaxis: 0+0 acr, 2+1 dc, die relativ schwach sind, 1 h, 0 ph, 2 npl, 2 posta, 0+3 mspl, SNYDER nennt außerdem 1+2 stpl, ich kann bei meinem Exemplar nur die letzte stpl eindeutig von den Haaren unterscheiden.

Von den Beinen die Femura gelb, die Tibien und Tarsen braun; auf F_2 einige kurze v Dornen und apikal ein paar p Borsten; auf F_3 eine Reihe ad, 2 av Borsten in der apikalen Hälfte und 1 pv Borste etwa in der Mitte; T_3 mit 1-3 av Borsten in der apikalen Hälfte.

Flügel hyalin, am vorderen Rand mit drei braunen Flecken, die sich bis zur Spitze erstrecken, die Membran in der apikalen Hälfte mit feinen Borsten besetzt, basal nackt; r_{4+5} dorsal und ventral mit einigen wenigen Borsten; die Thorakalschüppchen weißlich.

Das Abdomen blauviolett, die Behaarung relativ kurz.

♀♀: Stirn etwa ein Viertel so breit wie der Kopf, die untere Gesichtshälfte silbrigweiß, die Parafrontalia glänzend schwarz; Parafrontalborsten kräftiger, 2 Paar Vertikalborsten, 1 Paar Ocellarborsten, 2 Paar Orbitalborsten. Thorax und Abdomen wie auch bei den Männchen mit Punktmuster. Sonst dem Männchen ähnlich.

Länge zwischen 6 und 8 mm.

Orthellia bimaculata (STEIN) (Abb. 18 D)

Pyrellia bimaculata STEIN (1918) p. 187;
Orthellia bimaculata MALLOCH (1923) p. 516; SÉGUY (1933) p. 62; VAN EMDEN (1939) p. 71; CURRAN (1935) p. 6; SNYDER (1951) p. 18; PERIS (1967) p. 46.

STEIN (1918) beschrieb von dieser Art nur das Weibchen ausführlicher. SNYDER (1951) hat, wie bereits erwähnt, wohl Exemplare von *Orthellia zumpti* n.sp. als Vorlage gehabt und gibt daher in seiner Bestimmungstabelle „Coxae and femora infuscated; without a whitish pruinescent mesonotal spot .... bimaculata (STEIN)" als charakteristische Merkmale für *Orthellia bimaculata* (STEIN) an. PERIS (1967) der wohl auch diese Art nicht gesehen hat, übernimmt dementsprechend SNYDERS Fehler in seine Bestimmungstabelle. Nach STEINS Beschreibung und nach den von mir untersuchten Exemplaren besitzt *Orthellia bimaculata* einen medianen, weißen Fleck auf dem präsuturalen Teil des Mesonotums. STEIN beschreibt die Art aus Uganda, ich habe Exemplare von Uganda und vom Kongo gesehen. Die Biologie ist mir nicht bekannt.

♂♂: Gesicht glänzend rotbraun bis dunkel; die Stirn an der engsten Stelle nicht breiter als der vordere Ocellus; die Antennen sind auffallend orangegelb gefärbt, ebenso die Palpen; Ocellarborsten schwach entwickelt, 1 Paar Vertikalborsten; Augen nackt, die Facetten der Stirnseite vergrößert.

Thorax blauviolett, dorsal mit einem kleinen, medianen, weißen Längsstreifen bzw. Fleck, die Oberflächenstruktur punktartig; das vordere Spirakulum dunkel;
Chätotaxis: 0 + 0 acr, 0 h, 0 ph, 2 npl, 0 + 0 dc, 0 + 3 mspl, 2 posta, 1 + 1 stpl, die vordere stpl sehr klein. Die übrige Behaarung kurz und dicht.

Beine rotbraun bis dunkelbraun; auf F_3 eine Reihe feiner ad, apikal ein paar av, basal ein paar haarähnliche av und pv Borsten; auf T_3 1-2 av Borsten in der apikalen Hälfte.

Auf den Flügeln am vorderen Rand 2 deutlich voneinander getrennte braune, längliche Flecke (auch dieses Merkmal steht im Widerspruch zu SNYDERS Beschreibung); die Membran nur in der apikalen Hälfte fein beborstet; Adern gelbbraun, r_{4+5} an der Basis mit einigen vereinzelten kleinen Borsten; die Thorakalschüppchen weißlich.

Das Abdomen metallisch blauviolett.

♀♀: Die Stirn etwas über ein Viertel so breit wie der Kopf, das Gesicht mit der Beborstung ähnlich den zuvor beschriebenen Arten. Abdomen und Thorax einheitlich blaugrün gefärbt.
Chätotaxis ähnlich der der Männchen.

Länge etwa 7 bis 8 mm.

Orthellia inflata (TOWNSEND) (Abb. 18 F)

Pseudogymnosoma inflata TOWNSEND (1918) p. 151,
Orthellia inflata MALLOCH (1923) p. 507; SÉGUY (1933) p. 63; CURRAN (1963) p. 9; SNYDER (1951) p. 16; PERIS (1967) p. 46.

PERIS (1967) führt in seiner Bestimmungstabelle eine Art *infra* (TOWNS. 1918) auf, die in den Merkmalen mit *Orthellia inflata* (TOWNSEND) übereinstimmt. Ich nehme an, daß er damit auch diese Art meint. Von dieser Art habe ich nur die Typen gesehen, die mir von der Smithsonian Institution, Washington, freundlicherweise für meine Untersuchungen überlassen wurden. Bekannt ist diese Art nur von Angola.

♂♂: Gesicht von violettbrauner Grundfarbe; die Stirn nicht breiter als der vordere Ocellus; zahlreiche Parafrontalborsten, 1 Paar Vertikalborsten; Augen nackt, die oberen Facetten auffallend vergrößert.

Thorax braunviolett bis blauviolett, Oberflächenstruktur mit Punktmuster; das vordere Spirakulum dunkel;
Chätotaxis: 2+2 dc, alle sehr fein und haarähnlich, 0+0 acr, 2 h, 2 npl, 0 ph, 2 posta, 0+3-4 mspl, 0+1 stpl.

Beine rotbraun bis braun; die Beborstung der Beine wie üblich, auf T_3 1 feine av Borste in der Mitte.

Flügel hyalin, der apikale Bereich fein beborstet, die basale Hälfte nackt; Adern gelblich, r_{4+5} an der Basis mit ein paar sehr feinen Borsten; die Thorakalschüppchen gelblichweiß.

Abdomen leuchtend gelb, die letzten 2 Segmente in der Mitte etwas verdunkelt (wahrscheinlich Verwesungserscheinungen).

♀♀: Das Weibchen ähnelt dem Männchen, die Stirn ist aber etwas breiter als ein Drittel der Kopfbreite. Die Beborstung ist stärker entwickelt und ähnelt der der anderen Weibchen. Der Thorax erscheint etwas kräftiger violett gefärbt.

Länge um 7 mm.

Von den drei männl. Typen weist eine Type dunkle Flügelflecke auf und gehört offensichtlich zu *Orthellia aurantiaca* (VILL.). Eine ähnliche Vermutung äußerte auch SNYDER (1951), der diese Typen ebenfalls sah.

Orthellia semipunctata SNYDER (Abb. 18 G)

Orthellia semipunctata SNYDER (1951) p. 8; PERIS (1967) p. 46.

Diese Art wurde von SNYDER (1951) aus Liberia beschrieben. Ich habe nur ein Paratypen-Pärchen gesehen.

♂♂: Das Gesicht überwiegend dunkel, bei bestimmtem Lichteinfall ein schwacher Grauschimmer erkennbar; die Stirn nicht breiter als der vordere Ocellus; etwa 14 Paar Parafrontalborsten, relativ schwach entwickelt, 1 Paar kräftige Vertikalborsten; Augen nackt, die Facetten der Stirnseite etwas vergrößert.

Thorax metallisch blau mit sehr schwach entwickeltem Punktmuster; das vordere Spirakulum dunkel;
Chätotaxis: 0+0 acr, 2+4 dc, alle relativ kurz, 2 h, 2 ph, 2 npl, 2 posta, 1+2 stpl, SNYDER (1951) berichtet von Exemplaren mit 1+3 stpl, 0+4 mspl.

Beine glänzend rotbraun; F_3 mit einer Reihe schwacher, haarähnlicher ad, in der apikalen Hälfte 1-2 v Borsten; auf T_3 in der apikalen Hälfte 4 av Borsten, im apikalen Drittel 1 pd Borste.

Flügel hellbräunlich, die Membran einheitlich mit Borsten bedeckt; Adern hellbraun, r_{4+5} dorsal bis r-m und ventral nur an der Basis beborstet; das obere Thorakalschüppchen innen transparent und außen weißbräunlich, das untere braun.

Abdomen dunkel-blaugrün.

♀♀: Die Stirn des Weibchens etwa ein Viertel so breit wie der Kopf, etwa 12 Paar Parafrontalborsten, 2 Paar Vertikalborsten, 1 Paar Ocellarborsten Das untere Thorakalschüppchen heller als beim Männchen. Im übrigen dem Männchen sehr ähnlich.

Länge zwischen 7 und 9 mm.

Ich habe ebenso wie SNYDER (1951) diese Art in die Gruppe mit einer punktähnlichen Oberflächenstruktur gestellt, obwohl dieses Kennzeichen sehr schwach entwickelt ist. Wahrscheinlich ist sie auch mit dieser Gruppe nicht verwandt. Sie zeigt eine intensivere Beborstung, und die Cerci des Hypopygiums (Abb. 18 G) weichen auffallend von denen der übrigen Arten dieser Gruppe ab (Abb. 18 A-F).

Orthellia rubrifacies MALLOCH

Orthellia rubrifacies MALLOCH (1923) p. 511; SÉGUY (1933) p. 63; CURRAN (1935) p. 14; SNYDER (1951) p. 16; PERIS (1967) p. 46.

MALLOCH (1923) beschreibt *Orthellia rubrifacies* von Kenya, ich habe Exemplare vom Kongo und von Rhodesien gesehen. Allerdings handelt es sich nur um Weibchen.

♀♀: Gesicht überwiegend hellbraun bis rot gefärbt, nur vereinzelt schwache graue Bestäubung; die Stirn etwas breiter als ein Viertel der Kopfbreite; die Parafrontalia lackschwarz; die ersten 2 Antennenglieder hell-rotbraun, das letzte bräunlich; zahlreiche Parafrontalborsten, 2 Paar Vertikalborsten, 1 Paar Ocellarborsten; Augen nackt.

Thorax metallisch violett, dorsal mit einem weißen, medianen, kurzen Längsstreifen auf dem vorderen Teil des Mesonotums, Thorax mit Punktstruktur; das vordere Spirakulum braun;
Chätotaxis: 0+0 acr, 1+2 dc, das prst dc Paar sehr schwach entwickelt, aber eindeutig von den übrigen Haaren zu unterscheiden, 3 h, 2 ph, 2 npl, 2 posta, 0+6 mspl, 1+2 stpl.

Beine glänzend dunkelbraun; F_3 mit einer Reihe ad und einigen av Borsten, in der Mitte 1 pv Borste; auf T_3 etwa 3 feine av Borsten. Flügelmembran in der basalen Hälfte nackt; Adern braun, r_{4+5} dorsal und ventral an der Basis mit ein paar Borsten; das obere Thorakalschüppchen innen transparent bräunlich, außen weiß, das untere dunkelbraun.

Abdomen wie der Thorax violett gefärbt.

Länge etwa 9,5 mm.

♂♂: Ist mir unbekannt.

Orthellia nudissima (LOEW) (Abb. 18 A)

Pyrellia nudissima LOEW (1852) p. 660; BEZZI (1911) p. 82; STEIN (1913) p. 457; SÉGUY (1933) p. 63, (1952) p. 162;
Orthellia nudissima MALLOCH (1923) p. 506; CURRAN (1928) p. 358, (1935) p. 6; VAN EMDEN (1939) p. 70; SÉGUY (1941) p. 122; SNYDER (1951) p. 18; PATERSON (1956) p. 163; PERIS (1967) p. 46; PONT (1969) p. 4; LINDNER (1969) p. 230.

Synonyme: *Lucilia nigrocincta* BIGOT (1858) p. 368; *Pyrellia flavicalyptrata*

MACQUART (1855) p. 134; *Pseudopyrellia nuda* HOUGH (1898) p. 173; *Pyrellia torpida* WALKER (1858) p. 214 nov. syn.

Orthellia nudissima (LOEW) ist in der äthiopischen Region weit verbreitet. Häufig wurde sie auf menschlichem Faeces gefunden. Fundorte liegen in Liberia, Nigeria, Ghana, Uganda, Mozambique, Somaliland, Tanzania, Kenya, Kamerun, Sudan und im Kongo.

Ein Vergleich von WALKERS (1850) Beschreibung von *Pyrellia torpida* mit *Orthellia nudissima* (LOEW) läßt mit ziemlicher Sicherheit erkennen, daß es sich um dieselbe Art handelt. Da die Type von *Pyrellia torpida* offensichtlich verlorengegangen ist, setze ich *Pyrellia torpida* WALKER auf Grund der Beschreibung synonym zu *Orthellia nudissima* (LOEW).

♂♂: Gesicht schwarz, die untere Hälfte mit schwacher grauer Bestäubung; die Stirn etwa so breit wie der vordere Ocellus; zahlreiche kurze, haarähnliche Parafrontalborsten, 1 Paar Vertikalborsten; Augen nackt, die Facetten der Stirnseite vergrößert.

Thorax blaugrün und wie das Abdomen mit feinem Punktmuster; das vordere Spirakulum dunkel;
Chätotaxis: 0 + 0 acr, 2 + 3 dc, relativ kurz, 3 h, 1 kleine ph, 2 npl, 2 posta, 0 + 5 mspl, 1 + 2 stpl.

Beine schwarz; F_2 basal mit 2 v Borsten und den üblichen apikalen p Borsten; F_3 mit einer Reihe ad Borsten, in der Mitte 1 pv Borste und in der apikalen Hälfte 2 av Borsten; auf T_3 1 dünne av Borste.

Flügel hyalin, die Membran im apikalen Drittel mit feinen Borsten besetzt; Adern braun bis dunkelbraun, r_{4+5} dorsal über r-m hinaus ventral nur an der Basis beborstet; die Thorakalschüppchen weiß.

Abdomen blaugrün.

♀♀: Die Stirn des Weibchens etwas breiter als ein Viertel der Kopfbreite; die untere Gesichtshälfte silbrigweiß, die Parafrontalia glänzend schwarz, die Stirnstrieme matt schwarz; Parafrontalborsten kräftiger als beim Männchen, 2 Paar Vertikalborsten, 1 Paar Ocellarborsten. Körperfarbe und Chätotaxis ähneln sehr dem Männchen.

Länge zwischen 7 und 8 mm.

Orthellia gracilis (ENDERLEIN)

Stenomitra gracilis ENDERLEIN (1935) p. 239;
Orthellia gracilis PERIS (1967) p. 61.

Vom Zoologischen Museum Berlin erhielt ich ein weibliches Exemplar, das als *Stenomitra hösemanni* ENDERLEIN etickettiert war, aber als Type ausgezeichnet und unter *Stenomitra gracilis* im Museumsmaterial eingeordnet war. Da mir keine Art *hösemanni* bekannt ist, nehme ich an, daß es sich um einen früheren Manuskriptnamen für *gracilis* handelt. Ich habe dieses Exemplar untersucht. Es handelt sich eindeutig um eine *Orthellia*-Art, die nahe mit *Orthellia nudissima* (LOEW) verwandt zu sein scheint.

♀♀: Gesicht glänzend violett, die untere Hälfte weiß bestäubt; die Stirnstrieme hellbraun; Rüssel, Palpen und Antennen hellbraun; Stirn an der engsten Stelle nicht ganz ein Drittel so breit wie der Kopf; die untere Gesichtshälfte auffallend hervorspringend; Augen nackt.

Thorax blauviolett mit einem Punktmuster und ohne Bestäubung; das vordere Spirakulum dunkel;
Chätotaxis: 0+0 acr, 1+2 dc, 2 h, 0 ph, 2 npl, 2 posta, 0+3 mspl, 1+2 stpl.

Beine gelb bis gelbbraun; F_3 mit einer Reihe schwacher ad Borsten und 2-3 av Borsten in der apikalen Hälfte; T_3 unbeborstet.

Flügel hyalin, zumindest das basale Viertel der Diskalzelle und ihre Umgebung nackt; Adern gelblichbraun, r_{4+5} dorsal mit einigen Borsten an der Basis, die Media verläuft in einer Kurve; das obere Thorakalschüppchen innen transparent, außen weiß, das untere transparent mit weißem Rand.

Das Abdomen ist stark geschrumpft. Die Farbe ist violett, auf dem letzten Tergit ist ein bräunlicher Schimmer vorhanden.

Länge etwa 4,5 mm.

♂♂: Unbekannt.

Fundort: 1 Weibchen S. Kamerun, leg. HÖSEMANN.

Orthellia marginipennis (STEIN) (Abb. 19 K)

Cryptolucilia marginipennis STEIN (1918) p. 147;
Orthellia marginipennis MALLOCH (1923) p. 510; SÉGUY (1933) p. 62, (1941) p. 122; CURRAN (1935) p. 6.

Diese Art wurde von SNYDER (1951) nicht in seinem Bestimmungsschlüssel aufgenommen, er erwähnt sie aber bei seiner Beschreibung von *Curranosia pilarara vansomeri* (SNYDER), wobei er die Möglichkeit äußert, daß diese beiden Arten identisch sind. Da aber *Orthellia marginipennis* (STEIN) ein dunkles vorderes Spirakulum aufweist, *Curranosia pilarara* (SNYDER) ein weißes besitzt und die Infra-Alar-Erhebung bei letzterer nackt ist, kann es sich nicht um dieselbe Art handeln. STEIN (1918) beschreibt die Art von Uganda, ich habe Exemplare von Uganda und vom Kongo gesehen.

♂♂: Gesicht dunkelbraun bis schwarz; Stirn nicht breiter als der vordere Ocellus; etwa 20 Paar schwach entwickelter Parafrontalborsten, 1 Paar Vertikalborsten; Augen nackt.

Thorax glänzend blau bis blauviolett, auf dem präsuturalen Teil des Mesonotums grauweiß bestäubt; das vordere Spirakulum dunkel; Chätotaxis: 2+4 dc, 3 h, 2 ph, 2 npl, 3 posta, 1+9 mspl, 1+3 stpl.

Beine braun; auf F_2 einige p Borsten im apikalen Drittel und ein paar av und pv Borsten in der basalen Hälfte; F_3 mit 1 langen pv Borste in der basalen Hälfte, einer Reihe ad und einer Reihe av Borsten; auf T_3 2 av Borsten in der apikalen Hälfte, 1 ad Borste etwa in der Mitte und 1 pd Borste im apikalen Drittel.

Flügel bräunlich, der vordere Rand einschließlich bis r_{4+5} dunkelbraun, Membran einheitlich mit feinen Borsten besetzt; Adern braun, r_{4+5} ventral über r-m hinaus, dorsal etwa bis r-m beborstet; das obere Thorakalschüppchen innen transparent, außen weiß, das untere dunkelbraun.

Abdomen blau mit grünlichen oder violetten Reflexionen, das letzte Tergit grauweiß bestäubt.

♀♀: Stirn etwa ein Viertel so breit wie der Kopf, untere Gesichtshälfte weißlich bestäubt, Stirnstrieme matt schwarz, Parafrontalia glänzend gefärbt wie der Thorax; etwa 10 Paar Parafrontalborsten, 2 Paar Orbitalborsten, 1 Paar Ocellarborsten und 2 Paar Vertikalborsten. Chätotaxis ähnlich der des Männchens, aber 2+3-4 dc und 2-3 h; der dunkle Rand der Flügel schmaler; r_{4+5} dorsal und ventral über r-m hinaus beborstet. Vom Abdomen das letzte Tergit schwächer bestäubt.

Länge etwa 7 mm.

Orthellia distinctipennis SNYDER (Abb. 21 A)

Orthellia distinctipennis SNYDER (1951) p. 24; PERIS (1967) p. 47.

Von dieser Art habe ich nur ein Männchen von Togo gesehen. SNYDER (1951) beschreibt die Art von Liberia und gibt an, daß sie im Schatten auf menschlichem Faeces gefunden wurde.

♂♂: Gesicht überwiegend grau bestäubt; Stirn an der engsten Stelle nicht breiter als der vordere Ocellus; Parafrontalborsten zahlreich, aber schwach, 1 Paar Vertikalborsten; Augen nackt.

Thorax grünlich mit blauer Reflexion ohne dorsale Bestäubung; das vordere Spirakulum dunkel;
Chätotaxis: 2 + 3 dc, 4 h, 2 ph, 2 npl, 3 posta, 1 + 7-9 mspl, 1 + 2 stpl, nach SNYDER (1951) schwankt die Anzahl der stpl zwischen 1 + 1 und 1 + 3 stpl.

Beine braun; F_2 apikal mit den üblichen p Borsten und in der Mitte mit 1 v Borste; auf F_3 eine Reihe ad und eine Reihe av Borsten, die apikalen av Borsten kräftiger, in der Mitte 1 lange pv Borste; auf T_3 im mittleren Drittel 1 ad und 2 av Borsten, die von SNYDER genannte pd Borste, die kaum von den anderen üblichen Borsten zu unterscheiden sein soll, ist bei meinem Exemplar nicht vorhanden.

Flügel bräunlich, die Membran einheitlich mit Borsten besetzt; der vordere Rand mit einem breiten braunen Band, das sich apikal von r-m bis r_{4+5} erstreckt, basal von r-m bis m_1; Adern braun, r_{4+5} dorsal an der Basis, ventral über r-m hinaus mit feinen Borsten besetzt; das obere Thorakalschüppchen innen braun transparent, außen weiß, das untere braun; Media verläuft knickartig und weist nach dem Knick eine Eindellung auf.

Abdomen metallisch blaugrün glänzend.

♀♀: Das Weibchen unterscheidet sich nach SNYDER (1951) durch die größere Stirnbreite, und F_3 zeigt keine haarähnlichen av Borsten in der basalen Hälfte.

Länge etwa 9 mm.

Orthellia intacta CURRAN (Abb. 19 H, 21 B)

Orthellia intacta CURRAN (1935) p. 10; SNYDER (1951) p. 35; PERIS (1967) p. 48.

Auch von dieser Art habe ich nur die Männchen gesehen. Die Art wurde von CURRAN aus dem Kongo beschrieben, PERIS (1967) gibt sie von Spanish Guinea an, und ich habe Exemplare vom Kongo gesehen.

♂♂: Gesicht in der unteren Hälfte grauweiß bestäubt, die obere dunkel; Stirn an der engsten Stelle etwas schmaler als der doppelte Ocellusdurchmesser; zahlreiche haarähnliche Parafrontalborsten, 1 Paar Vertikalborsten; Augen nackt. Thorax glänzend blau mit violetter Reflexion und ohne dorsale Bestäubung; das vordere Spirakulum dunkel;

Chätotaxis: 2 + 3-4 dc, 3 h, 2 ph, 2 npl, 3 posta, 1 + 6 mspl, 1 + 2-3 stpl.

Beine braun; F_3 mit einer Reihe ad, in der apikalen Hälfte mit einer Reihe av Borsten und in der Mitte mit 1 pv Borste; T_3 mit einer Reihe kurzer ad Borsten, die letzte auffallend kräftiger, in der apikalen Hälfte 2 av und im apikalen Drittel 1 pd Borste.

Flügel am vorderen Rand bis r_{4+5} braun gefärbt, Membran einheitlich beborstet; Adern braun, r_{4+5} dorsal nicht bis r-m, ventral über r-m hinaus beborstet; die Thorakalschüppchen weißlich bis bräunlich.

Abdomen blaugrün.

Länge 7 bis 8 mm.

Orthellia sororella VILLENEUVE (Abb. 20 I)

Orthellia sororella VILLENEUVE (1926) p. 66; VAN EMDEN (1939) p. 69; SNYDER (1951) p. 12; PERIS (1967) p. 47.

Synonym: *Orthellia lasiophthalma* MALLOCH (1928) p. 473; CURRAN (1935) p. 8.

VILLENEUVE beschreibt diese Art vom Kongo, VAN EMDEN (1939) hat sie von Kenya gesehen. Meine Exemplare stammen von Ruanda und vom Kongo.

♂♂: Gesicht überwiegend dunkel; die Stirn nicht breiter als der doppelte vordere Ocellus; Parafrontalborsten zahlreich, haarähnlich und lang, 1 Paar kräftige Vertikalborsten; Augen dicht mit langen Haaren besetzt.

Thorax grün bis blau mit blauer bzw. violetter Reflexion; das vordere Spirakulum dunkel;
Chätotaxis: 0 + 2 dc, 2 h, 1 ph, 2 npl, 3 posta, 0 + 4-5 mspl, 1 + 2 stpl.

Beine dunkelbraun bis schwarz; F_2 auf der ventralen Oberfläche mit zahlreichen langen Haaren, apikal einige p Borsten; auf F_3 eine Reihe ad und eine Reihe av Borsten, die basalen av haarähnlich; auf T_3 eine Reihe kurzer ad Borsten mit 1 kräftigen ad Borste in der Mitte und 2 av Borsten in der apikalen Hälfte.

Flügel leicht bräunlich, Membran einheitlich beborstet; Adern braun, r_{4+5} an der Basis mit einigen Borsten; das obere Thorakalschüppchen innen bräunlich transparent, außen weiß mit braunem Rand, das untere einschließlich Rand dunkelbraun.

Abdomen von grün bis blau gefärbt.

♀♀: Augen nicht so dicht behaart, Stirn nicht ganz ein Drittel so breit wie der Kopf, untere Gesichtshälfte weiß bestäubt, Strieme matt dunkel,

Parafrontalia wie der Thorax gefärbt, Beborstung kräftiger als beim Männchen, wie üblich bei den *Orthellia*-Arten. F_2 weniger dicht und auffällig behaart. Das untere Thorakalschüppchen überwiegend weiß, wenn auch mitunter ein bräunlicher Schimmer vorhanden sein kann.

Länge etwa zwischen 7 und 8 mm.

Orthellia bequaerti (VILLENEUVE) (Abb. 17 A, 22 C)

Pyrellia bequaerti VILLENEUVE (1916) p. 145; MALLOCH (1923) p. 516; *Orthellia bequaerti* CURRAN (1935) p. 8; VAN EMDEN (1939) p. 72; SNYDER (1951) p. 12; PERIS (1967) p. 49.

Orthellia bequaerti (VILLENEUVE) ist von Uganda, Südafrika, Kongo und Ruanda bekannt. Über ihre Biologie liegen keine Angaben vor.

♂♂: Untere Gesichtshälfte silbriggrau, die obere dunkel; Stirn an der engsten Stelle nicht breiter als der doppelte Durchmesser des vorderen Ocellus; etwa 18-20 Parafrontalborsten, lang und haarähnlich, 1 Paar Vertikalborsten; die untere Gesichtshälfte auffallend hervorspringend; Augen dicht und lang behaart.
Thorax grün mit bläulicher Reflexion; das vordere Spirakulum dunkel; Chätotaxis: 2 + 3 dc, 2 ph, 2 npl, 3 h, 3 posta, 0 + 9 mspl, 1 + 3 stpl.

Von den Beinen die Femura metallisch grün, die unteren Glieder schwarzbraun; F_2 stark behaart; auf F_3 eine Reihe ad und eine Reihe av Borsten, in der Mitte 1 v Borste; T_3 mit einer Reihe kurzer ad Borsten, die mit 1 kräftigen ad Borste endet, in der apikalen Hälfte 2 av und 1 pd Borste.

Flügel hyalin, Membran einheitlich mit feinen Borsten besetzt; Adern dunkelbraun, r_{4+5} dorsal und ventral nicht über r-m hinaus mit Borsten besetzt; Thorakalschüppchen überwiegend weißlich, wenn auch ein bräunlicher oder gelblicher Schimmer vorhanden sein kann.

Abdomen von grüner Grundfarbe.

♀♀: Stirn etwas breiter als ein Viertel der Kopfbreite. Kopfbeborstung wie üblich. Thoraxfarbe variiert von grün ohne Reflexion bis blauviolett mit grüner Reflexion, die unteren Thorakalschüppchen können ziemlich stark braun gefärbt sein. Im übrigen ähneln die Weibchen den Männchen.

Länge um 9 mm.

Orthellia hirticeps (STEIN) (Abb. 20 F, 22 E)

Cryptolucilia hirticeps STEIN (1918) p. 188;
Orthellia hirticeps MALLOCH (1923) p. 516; PATERSON (1960) p. 399; CURRAN (1935) p. 5.

Synonym: *Orthellia speculanda* VILLENEUVE (1926) p. 66 nov. syn.

Diese Art ist bisher nur aus Südafrika bekannt. SNYDER (1951) und PERIS (1967) führen diese Art nicht in ihren Bestimmungstabellen auf. In SNYDERS Tabelle führt sie zu *Orthellia bequaerti* (VILLENEUVE), unterscheidet sich aber von dieser durch eine weniger hervorspringende untere Gesichtshälfte. PERIS (1967) führt in seiner Bestimmungstabelle *Orthellia speculanda* VILLENEUVE an, die Merkmale passen genau zu *Orthellia hirticeps* (STEIN). Da die Type von *Orthellia speculanda* VILLENEUVE offensichtlich verlorengegangen ist, setze ich diese beiden Arten auf Grund von VILLENEUVES Beschreibung synonym.

♂♂: Gesicht dunkelbraun bis schwarz; Stirn an der engsten Stelle etwa doppelt so breit wie der vordere Ocellus; zahlreiche Parafrontalborsten, 1 Paar Vertikalborsten; Augen dicht und lang behaart.

Thorax dunkel-blauviolett, auf dem vorderen Teil des Mesonotums ein kurzer medianer weißer Längsstreifen; das vordere Spirakulum dunkel; Chätotaxis: 2 + 3 dc, 3 h, 2 ph, 2 npl, 3 posta, 0 + 7mspl, 1 + 2 stpl.

Beine dunkelbraun; F_2 dicht aber unregelmäßig mit borstenähnlichen Haaren esetzt, in der apikalen Hälfte einige p und basal einige a Borsten; F_3 mit einer Reihe ad und einer Reihe av Borsten, die basalen haarähnlich, in der Mitte 1 pv Borste; auf T_3 eine Reihe kurzer ad Borsten, die mit 1 kräftigen Borste endet, 2 av Borsten in der apikalen Hälfte und im apikalen Drittel 1 pd Borste.

Flügel in dem basalen Viertel dunkelbraun bis schwarz, Membran einheitlich beborstet; Adern dunkelbraun bis schwarz, r_{4+5} ventral über r-m hinaus, dorsal nur im basalen Bereich mit Borsten besetzt; das obere Thorakalschüppchen innen transparent, außen weiß, das untere dunkelbraun.

Abdomen dunkel-blauviolett.

♀♀: Das Weibchen unterscheidet sich wie üblich durch die breitere Stirn, die etwa ein Drittel der Kopfbreite beträgt, die untere Gesichtshälfte weiß bestäubt; die Stirnstrieme matt schwarz, die Parafrontalia glänzend schwarz gefärbt. Die Augen sind nicht so dicht behaart. Die Beine sind nicht so intensiv beborstet, und auf r_{4+5} gehen die Borstenreihen dorsal und ventral über r-m hinaus. Thorakalschüppchen weiß.

Länge um 7 bis 8 mm.

Orthellia rhingiaeformis (VILLENEUVE) (Abb. 17 E, 22 A)

Pyrellia rhingiaeformis VILLENEUVE (1914) p. 204;
Orthellia rhingiaeformis MALLOCH (1923) p. 507; SÉGUY (1933) p. 62; CURRAN (1935) p. 16; VAN EMDEN (1939) p. 73; SNYDER (1951) p. 13; PERIS (1967) p. 49.

Orthellia rhingiaeformis (VILLENEUVE) weist ein ungewöhnlich weit vorgezogenes Epistom auf und ist so von allen bekannten *Orthellia*-Arten leicht zu unterscheiden. VILLENEUVE beschreibt sie von Kenya, weitere Fundorte liegen in Südafrika und im Kongo.

♂♂: Untere Gesichtshälfte bis zur halben Stirnhöhe weißlich bestäubt, die Stirnstrieme gut entwickelt und schwarz, die Parafrontalia metallisch glänzend blaugrün; Stirnbreite an der engsten Stelle breiter als das Ocellardreieck; etwa 20 Paar Parafrontalborsten, 1 Paar Vertikalborsten; Augen ohne auffallende Behaarung.

Thorax metallisch blaugrün glänzend mit gelegentlicher goldgelber Reflexion, auf dem präsuturalen Teil des Mesonotums ein weiß bestäubter, medianer Fleck; das vordere Spirakulum dunkel;
Chätotaxis: 2+4 dc, die erste post dc und die zweite prst dc sehr schwach entwickelt und mitunter nicht von der langen Thoraxbehaarung zu unterscheiden, 3 h, 2 npl, 3 posta, 0+6-8 mspl, 1+2 stpl.

Beine schwarz, die Femura metallisch blau oder blaugrün glänzend; auf F_2 2 av und 1 pv Borste im basalen Drittel, etwa 2 ad Borsten in der Mitte und die üblichen apikalen p Borsten; F_3 mit einer Reihe ad, und einer Reihe av Borsten, in der basalen Hälfte 1 lange pv Borste; auf T_3 eine Reihe kurzer ad Borsten, mit 1 kräftigeren ad Borste in der Mitte, 2 av Borsten in der apikalen Hälfte und 1 pd Borste im apikalen Drittel. Flügel hyalin, Membran einheitlich mit Borsten besetzt; Adern braun, r_{4+5} dorsal und ventral über r-m hinaus beborstet; Thorakalschüppchen weiß bis gelblichweiß.

Abdomen grün mit blauer und goldener Reflexion.

♀♀: Ähnelt dem Männchen, unterscheidet sich aber durch die breitere Stirn, die etwa ein Drittel der Kopfbreite beträgt.

Länge 8 bis 9 mm.

Orthellia chrysopyga VAN EMDEN (Abb. 20 A, 21 C)

Orthellia chrysopyga VAN EMDEN (1939) p. 68; SNYDER (1951) p. 68; PERIS (1967) p. 47.

VAN EMDEN (1939) beschreibt diese Art von Kenya, ich habe Exemplare von Rhodesien und Tanzania gesehen.

♂♂: Untere Gesichtshälfte schwarz mit schwacher grauer Bestäubung, die obere Gesichtshälfte dunkel; Stirn an der engsten Stelle etwa so breit wie das Ocellardreieck; etwa 17 Paar Parafrontalborsten und zahlreiche lange Haare auf den Parafrontalia, 1 Paar Vertikalborsten; Augen nackt.

Thorax blau, blaugrün und blauviolett, auf dem vorderen Teil des Mesonotums ein dorsaler, weiß bestäubter Fleck; das vordere Spirakulum dunkel;
Chätotaxis: 2+2-3 dc, 4 h, 2 ph, 2 npl, 3 posta, 1+9 mspl, 1+2 stpl. Die vorderen dc Borsten sind sehr fein und haarähnlich entwickelt und darum z.T. schwer von der übrigen Thoraxbehaarung zu unterscheiden.

Beine braun; F_2 dicht behaart; auf F_3 eine Reihe ad und eine Reihe av Borsten, die basalen av Borsten haarähnlich, in der basalen Hälfte einige pv Borsten, von denen 2 auffallend kräftiger entwickelt sind; T_3 mit einer Reihe kurzer ad, 2-3 av Borsten in der apikalen Hälfte sowie 1-2 pd Borsten.

Flügel an der Basis bräunlich, Membran einheitlich mit feinen Borsten besetzt; Adern braun, r_{4+5} dorsal und ventral mit einer Reihe Borsten, die ventral stets, dorsal mitunter über r-m hinausgeht; das obere Thorakalschüppchen innen bräunlich transparent, außen weiß; das untere dunkelbraun.

Abdomen von blauer bis zu violetter Färbung mit grüner, blauer oder violetter Reflexion. Das letzte Tergit stets grün mit goldener Reflexion.

♀♀: Stirn nicht ganz ein Drittel so breit wie der Kopf, die Strieme matt dunkel, die Parafrontalia glänzend dunkel mit violetter Reflexion. Körperfarbe überwiegend violett.

Länge zwischen 7 und 8,5 mm.

Orthellia analis CURRAN (Abb. 19 L, 21 D)

Orthellia analis CURRAN (1935) p. 21; VAN EMDEN (1939) p. 68; SNYDER (1951) p. 36.

Orthellia analis CURRAN wurde 1939 von VAN EMDEN synonym zu *Orthellia aureopyga* MALLOCH gesetzt. PERIS (1967) schließt sich dem an. SNYDER (1951) äußert dagegen Bedenken: „I hesitate to follow VAN EMDEN (1939, p. 68) in placing this species in synonym with *aureopyga* MALLOCH (1923, p. 510), since MALLOCH specifically mentions the brassy color of the fourth abdominal tergite in the male of his species, ...". Ich habe die Typen von *Orthellia analis* CURRAN gesehen, die mir freundlicherweise vom Museum of Natural History, New York, zum Vergleich überlassen wurden, und Exemplare von *Orthellia aureopyga* MALL., die zu seiner Beschreibung sehr gut paßten. Es handelt sich tatsächlich um 2 verschiedene Arten. *Orthellia analis* wurde von CURRAN vom Kongo beschrieben, ich habe Exemplare von Uganda, Zambia und vom Kongo gesehen.

♂♂: Gesicht dunkel, bei bestimmtem Lichteinfall die untere Hälfte schwach grau bestäubt; Stirn an der engsten Stelle etwa so breit wie das Ocellardreieck; etwa 15 Paar Parafrontalborsten, 1 Paar Vertikalborsten; Augen nackt, die Facetten der oberen Augenhälfte schwach vergrößert.

Thorax metallisch glänzend blau bis violett, der vordere Bereich des Mesonotums intensiv grau bestäubt, 2 schmale dunkle Längsstreifen unbestäubt; das vordere Spirakulum dunkel;
Chätotaxis: 0+1 acr, 2+3 dc, 3 h, 2 ph, 2 npl, 3 posta, 1+7 mspl, 1+3 stpl.

Beine braunviolett; F_2 mit einigen kurzen, aber kräftigen a Borsten in der Mitte, in der basalen Hälfte 1 lange, haarähnliche av Borste und 1-2 lange pv Borsten, apikal ein paar p Borsten; F_3 mit einer Reihe ad und 5-6 av Borsten in der apikalen Hälfte, in der basalen Hälfte einige haarähnliche pv und ein paar kurze av Borsten; auf T_3 1-3 av Borsten in der apikalen Hälfte und 1 kräftige ad Borste neben einigen kleinen, im apikalen Drittel 1 pd Borste.

Flügel bräunlich, Membran einheitlich mit Borsten besetzt; Adern braun, r_{4+5} dorsal und ventral über r-m hinaus beborstet; das obere Thorakalschüppchen weißlich, das untere bräunlich mit dunklem Rand.

Abdomen blaugrün bis violett, das letzte Tergit dorsal dicht grauweiß bestäubt und kann einen violetten Schimmer aufweisen, die Grundfarbe gleicht aber der des übrigen Abdomens.

♀♀: Das Weibchen ähnelt dem Männchen, wenn die Bestäubung auch intensiver erscheint. Die Thorakalschüppchen weiß, r_{4+5} dichter und länger beborstet. Kopf mit breiterer Stirn, die etwa ein Drittel so breit wie der Kopf ist und die übliche Bestäubung aufweist.

Länge zwischen 7 und 8 mm.

Orthellia gorii PERIS

Orthellia gorii PERIS (1967) p. 50.

Leider konnte ich keine Exemplare dieser Art erhalten. So sind die Bestimmungsmerkmale in der Tabelle der Beschreibung von PERIS entnommen. Diese Art scheint *Orthellia albigena* (STEIN) sehr zu ähneln.

Orthellia thoracica n.sp. (Abb. 23 C)

Diese Art liegt mir in mehreren weiblichen und männlichen Exemplaren vom Kongo vor. Über ihre Biologie kann ich keine Angaben machen.

♂♂: Gesicht dunkel; Stirn an der engsten Stelle bedeutend schmaler als der vordere Ocellus; Rüssel, Antennen und Palpen dunkel; das 2. Antennensegment auffallend rotbraun gefärbt; Parafrontalborsten schwach entwickelt und nur über der Antennengrube und unter dem Ocellardreieck vorhanden, 1 Paar Vertikalborsten; Augen nackt, die Facetten der oberen Augenhälfte stark vergrößert.

Thorax metallisch grün, blaugrün oder blauviolett glänzend, der vordere Teil des Mesonotums breit weiß bestäubt, Pleuren unbestäubt; das vordere Spirakulum dunkel;
Chätotaxis: 0+1 acr, 2+3 dc, 2 h, 2 npl, 3 posta, 1+5 mspl, 1+3 stpl.

Beine braun; F_2 mit einigen pv und av Borsten in der basalen Hälfte und 2-3 kräftigen p Borsten; auf F_3 eine Reihe ad und in der apikalen Hälfte eine Reihe av Borsten, in der basalen Hälfte 1 lange pv Borste; T_3 mit einer Reihe ad Borsten, die Borsten kurz, aber deutlich mit 1 längeren in der Mitte, 1 av Borste im mittleren Drittel und 1 pd Borste im apikalen Drittel.

Flügel hyalin, Membran einheitlich beborstet; Adern braun, die Media verläuft in einer Kurve, r_{4+5} dorsal und ventral über r-m hinaus mit Borsten besetzt; das obere Thorakalschüppchen innen bräunlich transparent, außen weiß, das untere dunkelbraun oder braun und mit schmalem hellen Rand.

Abdomen metallisch grünblau mit violetter Reflexion, das letzte Tergit wie alle dorsal unbestäubt.

♀♀: Das Weibchen ähnelt dem Männchen, die Stirn ist aber nicht ganz ein Drittel so breit wie der Kopf, zahlreiche kräftige Parafrontalborsten und 2 Paar proclinate Orbitalborsten vorhanden, das vordere Paar kräftiger, 2 Paar Vertikalborsten und 1 Paar Ocellarborsten vorhanden. Die dorsale

Bestäubung der vorderen Thoraxhälfte erscheint schwächer. Das untere Thorakalschüppchen weiß.

Länge zwischen 6 und 8,5 mm.

Fundorte: männl. Holotypus und 1 männl. Paratype, Kongo P.N.A. SL Eduard, II.-IV. 1936 leg. LIPPENS, 3 männl. und 2 weibl. Paratypen ebenfalls Kongo, P.N.A. Ondo, VII. 1935 leg. DAMAS, 1 männl. Paratype, Kongo Kivu, VII. 1935 leg. DE WITTE, 2 männl. Paratypen, Kongo P.N.A. Rwindi, XI. 1934 leg. DE WITTE und Kimboho XI. 1935 leg. DAMAS, 2 weibl. Paratypen, Kongo P.N.A. Kihuhuma, IV. 1945 und Nyarusambo VII. 1934 leg. DE WITTE. Alle Typen im S.A. Institute for Medical Research, Johannesburg.

Orthellia aureopyga MALLOCH

Orthellia aureopyga MALLOCH (1923) p. 510; CURRAN (1935) p. 7; VAN EMDEN (1939) p. 68; SNYDER (1951) p. 36; PATERSON (1956) p. 163; PERIS (1967) p. 48.

Wie bereits bei *Orthellia analis* CURRAN erwähnt, wollte VAN EMDEN (1939) diese beiden Arten synonym setzen. SNYDER (1951) vergleicht diese Art mit *Orthellia maculisquama* (VILLENEUVE), und glaubt, daß u.U. MALLOCH und VILLENEUVE die Geschlechter der beiden Arten verwechselt haben. Ich habe mehrere Exemplare beider Arten gesehen und bin ebenfalls der Meinung. Männchen und Weibchen von *Orthellia aureopyga* zeichnen sich durch ein messingfarbenes letztes Tergit aus, das im Kontrast zur übrigen Abdomenfärbung steht, und die unteren Thorakalschüppchen sind in beiden Geschlechtern weiß gefärbt. *Orthellia maculisquama* besitzt ebenfalls ein anders gefärbtes letztes Tergit, die unteren Thorakalschüppchen sind aber in beiden Geschlechtern bräunlich, wenn nicht sogar braun gefärbt. Auf diese Weise lassen sich die drei Arten *Orthellia analis* CURRAN, *Orthellia aureopyga* MALLOCH und *Orthellia maculisquama* (VILLENEUVE) eindeutig voneinander trennen. *Orthellia aureopyga* ist bisher von Kenya, Uganda, Kongo und Tanzania bekannt.

♀♀: Gesicht von schwarzer Grundfarbe, bei bestimmten Lichteinfall aber einheitlich schwach grau bestäubt; die Stirn etwa ein Viertel so breit wie der Kopf; etwa 12 Paar kräftige Parafrontalborsten, 2 Paar Orbitalborsten, das vordere sehr kräftig und lang, das hintere schwächer, beide proclinat, die Parafrontalia mit einigen weiteren kleinen proclinaten Borsten, 1 Paar Ocellarborsten, 2 Paar Vertikalborsten.

Thorax glänzend violett, der vordere Bereich des Mesonotums intensiv grauweiß bestäubt mit 2 schmalen unbestäubten Längsstreifen; das vordere Spirakulum dunkel;
Chätotaxis: 0+1 acr, 2+3 dc, 3 h, 2 ph, 2 npl, 3 posta, 1+8 mspl, 1+3 stpl.

Beine glänzend dunkelbraun; auf F_2 in der basalen Hälfte relativ feine a Borsten sowie a, 1 av und 1 pv Borste, apikal ein paar kräftige p Borsten; F_3 mit einer Reihe ad und etwa 4 av Borsten in der apikalen Hälfte, basal 1 kleinere av und 1 pv Borste; T_3 mit einer Reihe kurzer ad Borsten, davon 1 längere in der Mitte, im mittleren Drittel 1 av und im apikalen Drittel 1 pd Borste.

Flügel mit einem dunkelbraunen Schimmer, die Membran einheitlich beborstet; Adern dunkelbraun bis schwarz, r_{4+5} dorsal und ventral bis über r-m hinaus mit Borsten besetzt, die Media verläuft in einer voll ausgerundeten Kurve; die Thorakalschüppchen weiß.

Abdomen blaugrünlich oder blauviolett, das letzte Tergit dorsal dicht grauweiß bestäubt; es hebt sich durch eine grüngoldene Färbung von den übrigen Abdomensegmenten ab.

♂♂: Ähnelt dem Weibchen, die Stirn an der engsten Stelle aber nicht breiter als der vordere Ocellus, außer zahlreichen, langen, feinen Parafrontalborsten findet sich nur 1 Paar kräftiger Vertikalborsten.

Länge um 7,5 mm.

Orthellia maculisquama (VILLENEUVE) (Abb. 19 I)

Pyrellia maculisquama VILLENEUVE (1916) p. 147;
Orthellia maculisquama MALLOCH (1923) p. 518; VILLENEUVE (1926) p. 67; CURRAN (1935) p. 3; SNYDER (1951) p. 67; PERIS (1967) p. 48.

Über das Problem der Synonymsetzung wurde bereits zuvor gesprochen. Bekannt ist mir diese Art von Uganda, Kenya und Urundi.

♂♂: Gesicht von dunkler Grundfarbe bei leichter grauer Bestäubung; Stirn an der engsten Stelle kaum breiter als ein Ommatidium; die Parafrontalborsten lang und fein, 1 Paar Vertikalborsten; Augen nackt, die Facetten der Stirnseite leicht vergrößert.

Thorax glänzend blaugrün mit violetter Reflexion; das vordere Mesonotum weiß bestäubt mit 2 schmalen unbestäubten Streifen. Wie bei *Orthellia analis* und *Orthellia aureopyga* sind auch hier die Pleuren nicht bestäubt; das vordere Spirakulum dunkel;

Chätotaxis: 0+1 acr, 2+3 dc, 3 h, 2 ph, 2 npl, 3 posta, 1+6 mspl, 1+3 stpl.

Beine dunkelbraun mit violetter Reflexion; die Beborstung wie bei den beiden anderen verwandten Arten.

Flügel mit bräunlichem Schimmer, Membran einheitlich beborstet, Adern braun, r_{4+5} dorsal und ventral über r-m hinaus beborstet; das obere Thorakalschüppchen innen transparent, außen weiß, das untere einschließlich Rand dunkelbraun.

Vom Abdomen sind die Tergite I bis III metallisch glänzend blau gefärbt und zeigen violette Reflexionen. Tergit IV ist grün-messingfarben und leicht grau bestäubt, hebt sich also gegen das übrige Abdomen auffallend ab.

♀♀: Die Stirn ist nicht ganz ein Drittel so breit wie der Kopf. Die Beborstung gleicht der der anderen Weibchen. Im übrigen gleicht das Weibchen dem Männchen, wenn auch die Thorakalschüppchen etwas heller als bei den Männchen erscheinen, so ist die Grundfarbe doch stets braun.

Länge um 8 mm.

Orthellia racilia (WALKER) (Abb. 20 D, 21 E)

Musca racilia WALKER (1849) p. 83;
Orthellia racilia AUBERTIN (1933) p. 143; SNYDER (1951) p. 27; PERIS (1967).

PONT (1969) p. 4; LINDNER (1969) p. 230.
Synonyme: *Somomyia caffra* BIGOT (1877) p. 37; *Somomyia boersiana* BIGOT (1877) p. 37; *Pyrellia nigrohalterata* STEIN (1913) p. 474; *Orthellia nigrohalterata* MALLOCH (1923) p. 508; *Orthellia boersiana* CURRAN (1935) p. 143.

Es handelt sich bei *Orthellia racilia* um eine weit verbreitete Art, die mir von Südafrika, Nigeria, Kongo, Tanzania, Kamerun, Liberia, Sudan und Mozambique bekannt ist.

♂♂: Gesicht von dunkler Grundfarbe, die untere Hälfte grauweiß bestäubt; Stirn an der engsten Stelle nicht schmaler als der vordere Ocellus und nicht breiter als der dreifache Durchmesser, also sehr variabel; Parafrontalborsten zahlreich und relativ lang, 1 Paar kräftige Vertikalborsten; Augen nackt, die Facetten der oberen Augenhälfte schwach vergrößert.

Thoraxfärbung variabel, von blauviolett bis grün mit messingfarbener Reflexion; das vordere Spirakulum dunkel;
Chätotaxis: 2+3 dc, 0+1 acr, 3 h, bei einigen Exemplaren auch 4 h, 3 posta, 1+5-8 mspl, 1+2 stpl.

Beine dunkelbraun; auf F_2 in der basalen Hälfte eine Reihe kräftiger a Borsten so wie einige pv Borsten, im apikalen Drittel einige kräftige p Borsten; F_3 mit einer Reihe ad, einer Reihe av Borsten und etwa in der Mitte mit 1 kräftigen pv Borste; T_3 in der apikalen Hälfte mit 2 av und 1 pd Borste, in der Mitte 1 längere ad als Ende einer Reihe sehr kurzer ad Borsten.

Flügel schwach bräunlich, Membran einheitlich mit Borsten besetzt; Adern braun bis schwarzbraun, r_{4+5} dorsal und ventral an der Basis beborstet, ventral mitunter bis über r-m hinaus, Media knickartig verlaufend, nach dem Knick eine Eindellung; das obere Thorakalschüppchen innen transparent, außen weiß, das untere bräunlich.

Abdomen in der Färbung variabel wie der Thorax.

♀♀: Stirn nicht ganz ein Drittel so breit wie der Kopf, die untere Gesichtshälfte grauweiß bestäubt, die Stirnstrieme matt schwarz, die Parafrontalia glänzend schwarz; die Kopfbeborstung wie üblich kräftiger und vollständiger bei den Weibchen als bei den Männchen. Auf F_2 fehlen die kräftigen v Borsten, und auf F_3 finden sich nur in der apikalen Hälfte av Borsten. Im übrigen ähneln die Weibchen den Männchen.

Länge zwischen 6 und 9 mm.

Orthellia orbitalis (STEIN) (Abb. 19 B, C)

Pyrellia orbitalis STEIN (1913) p. 470; MALLOCH (1923) p. 519;
Orthellia orbitalis CURRAN (1928) p. 358, (1935) p. 14; SNYDER (1951) p. 10; PERIS (1967) p. 48.

Synonym: *Orthellia vera* CURRAN (1928) p. 359, (1935) p. 14; nov. syn. SNYDER (1951) p. 35; PERIS (1967) p. 48.

CURRAN (1928) weist bereits auf die große Ähnlichkeit zwischen *Orthellia orbitalis* (STEIN) und *Orthellia vera* hin, nennt aber als Unterschied die behaarte Ader r_{4+5} und das Fehlen der Orbitalborsten, ohne die Typen von *Orthellia orbitalis* gesehen zu haben. SNYDER (1951) legte die von CURRAN gesehenen Exemplare von *Orthellia orbitalis* seiner Bestimmungstabelle zu Grunde, und PERIS (1967) scheint sich dem wiederum angeschlossen zu haben. So heißt es bei SNYDER (1951): „Male: With a proclinate orbital bristle. Female: With two strong proclinate orbitals; setulae on third wing vein not extending one-half the distance to the anterior cross vein .... orbitalis (STEIN)“ und für *Orthellia vera*: „Male: Without a proclinate bristle. Female: With one strong and with or without an additional weak proclinate, orbital bristle; setulae on third wing vein extending to or beyond the anterior cross vein .... vera CURRAN".

Ich habe die Typen von *Orthellia orbitalis* (STEIN) vom Zoologischen Museum, Berlin, gesehen. Sie führen in SNYDERS Bestimmungstabelle direkt zu *Orthellia vera* CURRAN. Beide Geschlechter weisen eine bis oder sogar über r-m hinaus beborstete r_{4+5} auf. Die Orbitalborsten beim Weibchen sind keinesfalls gleich stark entwickelt und das Männchen besitzt keine proclinaten Orbitalborsten, sondern nur 2 kräftigere proclinate Parafrontalborsten, die etwa in der Mitte stehen. Ein weiterer Fehler, der in der neueren Literatur zu finden ist, ist das angebliche Fehlen jeglicher prst dc Borsten. STEIN hat offensichtlich ein Paar relativ kleiner Borsten auf dem vorderen Teil des Mesonotums übersehen. Weiterhin ähnelt *Orthellia orbitalis* (STEIN) stark *Orthellia laxifrons* (VILLENEUVE). Der einzige äußere Unterschied zeigt sich in der Länge der prst dc Borsten. Diese sind bei *Orthellia orbitalis* (STEIN) höchstens ein halb so lang wie die Posthumeralborste auf gleicher Höhe, bei *Orthellia laxifrons* (VILLENEUVE) ist sie ebenso kräftig und lang wie die Posthumeralborste. Dieses Merkmal erscheint mir recht konstant, so daß ich die beiden Formen als getrennte Arten behandele, wenn ich auch die Möglichkeit einer Synonymie nicht ausschließen will. Vielleicht handeltes sich auch um Unterarten. Ich habe Exemplare von *Orthellia orbitalis* (STEIN) von Südafrika, vom Kongo, von Spanisch Guinea, Tanzania und Uganda so wie Rhodesien gesehen.

♂♂: Gesicht dunkel mit leichter grauer Bestäubung; Stirn etwa $1\frac{1}{2}$ mal so breit wie das Ocellardreieck, Strieme gut entwickelt; Parafrontalborsten zahlreich und kräftig, besonders 2 lange proclinate Paare, 1 Paar kräftige Vertikalborsten und 1 Paar lange vordere Ocellarborsten; Augen nackt, die Facetten der Stirnseite schwach vergrößert.

Thorax glänzend blau mit violetter Reflexion und ohne weiße Zeichnung; das vordere Spirakulum dunkel;
Chätotaxis: 0+1 acr, 1+2-3 dc, die vorderen dc Borsten ziemlich kurz und leicht zu übersehen, 3 h, 2 ph, 2 npl, 3 posta, 1+6 mspl, 1+3 stpl.

Beine violettbraun; F_2 mit 2 a und 1-2 kleinen v Borsten in der Mitte, einige kräftige p Borsten im apikalen Bereich; F_3 mit einer Reihe ad und 3-4 av Borsten in der apikalen Hälfte, basal haarähnliche av und pv Borsten; auf T_3 2 av Borsten in der apikalen Hälfte und eine Reihe von ad Borsten so wie 1 lange pd Borste im apikalen Drittel.

Flügel mit dunkelbrauner Färbung, Membran einheitlich beborstet; r_{4+5} dorsal bis r-m oder darüber hinaus, ventral etwa bis r-m mit Borsten besetzt; das obere Thorakalschüppchen innen transparent bräunlich, außen weiß, das untere einschließlich Rand dunkelbraun.

Abdomen blauviolett.

♀♀: Das Weibchen ähnelt dem Männchen, besitzt aber eine breitere Stirn, die nicht ganz ein Drittel der Kopfbreite ausmacht, die Ocellarborsten kräftiger und es finden sich 2 Paar Vertikalborsten und 2 Paar Orbitalborsten, das vordere Paar auffallend länger. Die prst dc Borste noch schwächer als beim Männchen, die Ader r_{4+5} dichter und länger beborstet. Das untere Thorakalschüppchen weiß. Auf F_3 fehlen die langen, haarähnlichen Borsten der basalen Hälfte.

Länge etwa 8 mm.

Orthellia laxifrons (VILLENEUVE) (Abb. 19 A, 21 F)

Pyrellia laxifrons VILLENEUVE (1916) p. 148; MALLOCH (1923) p. 518; *Orthellia laxifrons* CURRAN (1935) p. 13.

Synonym: *Orthellia abnormis* MALLOCH (1923) p. 512; nov. syn. MALLOCH (1925) p. 366; SÉGUY (1933) p. 62, (1941) p. 122; CURRAN (1935) p. 11; SNYDER (1951) p. 33; PERIS (1967) p. 48.

Ich habe ein Pärchen von *Orthellia laxifrons* (VILLENEUVE) gesehen, das von VILLENEUVE selbst bestimmt worden ist. Ob es sich beim Männchen um die Type handelt, kann ich nicht entscheiden. Da VILLENEUVES (1916) Beschreibung dieser Art unzureichend ist und MALLOCH (1923) wie auch CURRAN (1935) diese Art nicht gesehen haben, führen sie *Orthellia laxifrons* (VILLENEUVE) in ihren Bestimmungstabellen als eine Art mit 2 prst dc Borsten. Es ist aber nur eine kräftige präsuturale dorsocentrale Borste vorhanden, so daß diese Art *Orthellia abnormis* gleicht und diese ihr synonym gesetzt werden muß. *Orthellia laxifrons* (VILLENEUVE) ist bisher von Südafrika, Liberia, Togo, vom Kongo, Kamerun und Spanisch Guinea bekannt.

♂♂: Gesicht dunkel, die untere Hälfte kann bestäubt sein; Stirn an der engsten Stelle etwas breiter als das Ocellardreieck; etwa 12 Paar kräftige Parafrontalborsten vorhanden, 1 Paar lange Vertikalborsten; Augen nackt.

Thorax blaugrün mit violetter Reflexion und ohne dorsale weiße Bestäubung; das vordere Spirakulum dunkel;
Chätotaxis: 0+1 acr, 1+3-4 dc, 1 kleine 2. prst dc kann vorhanden sein, ist aber schwer von der Körperbeborstung zu unterscheiden, 3h, 2 ph, 2 npl, 3 posta, 1+8 mspl, 1+3 stpl.

Beine dunkel; F_2 in der basalen Hälfte mit einigen a und pv Borsten, apikal ein paar kräftigere p Borsten; F_3 mit einer Reihe ad und einer Reihe av Borsten, in der basalen Hälfte einige lange pv Borsten; auf T_3 in der apikalen Hälfte 2 av und 1 längere ad Borste eine Reihe kürzerer ad Borsten beendend, im apikalen Drittel 1 kräftige pd Borste.

Flügel bräunlich, Membran einheitlich mit feinen Borsten besetzt; Adern braun bis dunkelbraun, r_{4+5} dorsal und ventral bis r-m oder darüberhinaus beborstet; das obere Thorakalschüppchen innen transparent, außen weiß; das untere braun.

Abdomen wie der Thorax metallisch blaugrün gefärbt.

♀♀: Die Weibchen ähneln den Männchen, unterscheiden sich aber in folgenden Punkten: Stirn nicht ganz ein Drittel so breit wie der Kopf, Parafrontalia glänzend dunkel gefärbt; 2 Paar Vertikalborsten, 2 Paar Orbitalborsten, etwa 7-8 Paar kräftige Parafrontalborsten, 1 Paar Ocellarborsten. Das untere Thorakalschüppchen weißlichgrau. Ich schließe mich SNYDERS (1951) Beobachtungen an, daß die Weibchen ebenfalls 2 av Borsten auf der T_3 besitzen und nicht, wie MALLOCH (1923) meint, nur eine.

Länge 6 bis 8 mm.

Orthellia viola (BIGOT) (Abb. 19 G)

Pyrellia viola BIGOT (1878) p. 34;
Orthellia viola SNYDER (1951) p. 37.

Synonym: *Orthellia spinthera* MALLOCH (1923) p. 513; CURRAN (1928) p. 358, (1935) p. 13.

Orthellia viola (BIGOT) ähnelt ebenfalls etwas *Orthellia orbitalis* (STEIN), unterscheidet sich aber eindeutig durch die 2 Paar prst dc Borsten so wie durch die Form der Cerci. Fundorte dieser Art liegen in Südafrika, Liberia, Rhodesien, Kenya, Sudan, Tanzania, Kamerun und im Kongo. Nach SNYDER (1951) sind die Tiere auf menschlichem Faeces zu finden.

♂♂: Gesicht überwiegend dunkel; Stirn an der engsten Stelle nicht breiter als der vordere Ocellus; etwa 18 Paar Parafrontalborsten, relativ schwach entwickelt, 1 Paar Vertikalborsten; Augen nackt.

Thorax blau bis blaugrün mit violetter Reflexion und ohne dorsale weiße Zeichnung; das vordere Spirakulum dunkel;
Chätotaxis: 0+1 acr, 2+3 dc, 3 h, 2 ph, 2 npl, 1+7 mspl, 1+3 stpl.

Beine dunkelbraun; auf F_2 in der basalen Hälfte einige a und pv Borsten, apikal ein paar kräftigere p Borsten; F_3 mit einer Reihe ad und einer Reihe av Borsten, die basalen av Borsten wie üblich etwas schwächer als die apikalen, in der basalen Hälfte außerdem einige pv Borsten; auf T_3 eine Reihe kurzer ad Borsten mit 1 kräftigeren im mittleren Drittel; in der apikalen Hälfte 2-3 av und 1 lange pd Borste.

Flügel überwiegend hyalin, Membran einheitlich beborstet; Adern braun, r_{4+5} dorsal gewöhnlich nur vor r-m mit Borsten besetzt, ventral über r-m hinaus beborstet; das obere Thorakalschüppchen innen transparent, außen weiß, das untere dunkelbraun.

Abdomen metallisch grün mit blauer Reflexion.

♀♀: Stirn etwa ein Viertel so breit wie der Kopf, die Beborstung wie üblich. Die Ader r_{4+5} auch dorsal über r-m hinaus mit Borsten besetzt.

Länge zwischen 5,5 und 7 mm.

Orthellia macroviola SNYDER (Abb. 19 D)

Orthellia macroviola SNYDER (1951) p. 11; PERIS (1967) p. 48.

Von dieser Art ist bisher nur das Weibchen beschrieben worden. Ich habe Exemplare, darunter 1 weibl. Paratype, von Liberia und Togo gesehen. Es scheint, als ob diese Art auf Westafrika beschränkt ist.

♀♀: Untere Gesichtshälfte silbrig weiß, Stirnstrieme gräulich, Parafrontalia glänzend schwarz; Stirn nicht ganz ein Drittel so breit wie der Kopf; etwa 7 Paar kräftige Parafrontalborsten, 1 Paar Ocellarborsten, 2 Paar Orbitalborsten, 2 Paar Vertikalborsten; Augen nackt.

Thorax glänzend blauviolett ohne dorsale weiße Zeichnung; das vordere Spirakulum dunkel;
Chätotaxis: 0+1 acr, 2+4 dc, vor oder neben der vorderen prst dc Borste kann sich eine bedeutend kleinere Borste befinden, 3 h, 2 ph, 2 npl, 3 posta, 1+7 mspl, 1+3 stpl.

Beine braun; F_2 mit 1 v Borste im basalen Drittel und 1 av Borste in der Mitte; F_3 mit einer Reihe ad und einer Reihe av Borsten, in der basalen Hälfte einige pv Borsten; T_3 mit einer Reihe kurzer ad Borsten, die beiden letzten in der Mitte kräftiger, in der apikalen Hälfte 1-2 av und 1 kräftige pd Borste.

Flügel schwach hellbraun, Membran einheitlich beborstet; Adern braun, r_{4+5} ventral und dorsal über r-m hinaus beborstet; das untere Thorakalschüppchen gräulich transparent, das obere wie üblich.

Abdomen blauviolett mit grünlicher Reflexion.

♂♂: Stirn etwa so breit wie das Ocellardreieck, etwa 13 Paar Parafrontalborsten, haarähnlich, 1 Paar Vertikalborsten; Facetten an der Stirnseite vergrößert. Auf T_3 finden sich über fast die ganze Länge verteilt ad Borsten. Das untere Thorakalschüppchen bräunlich. Sonst ähnlich dem Weibchen.

Länge zwischen 8 und 9 mm.

Orthellia pura CURRAN (Abb. 19 E)

Orthellia pura CURRAN (1928) p. 358, (1935) p. 11; SNYDER (1951) p. 11; PERIS (1967) p. 49.

Orthellia pura CURRAN ist bisher aus Liberia, Spanisch Guinea, Kamerun und vom Kongo bekannt. Auch hier scheint es sich um eine westafrikanische Art zu handeln.

♂♂: Gesicht schwarz, die untere Hälfte grau bestäubt; Stirn an der engsten Stelle etwa so breit wie das Ocellardreieck; etwa 14 Paar Parafrontalborsten, 1 Paar Vertikalborsten; Augen nackt, die Facetten der Stirnseite vergrößert.

Thorax grün mit sehr schwacher blauer Reflexion; Sternopleuren grau bestäubt; das vordere Spirakulum dunkel;
Chätotaxis: 0+1 acr, 1+4 dc, die vorderen post dc sehr klein, 3 h, 2 ph, 2 npl, 3 posta, 1+6-7 mspl, 1+3 stpl.

Beine braun; auf F_2 in der Mitte 1 a, basal 1 pv Borste, apikal einige p Borsten; F_3 mit einer Reihe av und einer Reihe ad Borsten, basal ein paar pv Borsten; T_3 mit 2 av Borsten in der apikalen Hälfte und einer Reihe kurzer ad Borsten, von denen eine auffallend länger als die übrigen ist, im apikalen Drittel 1 lange pd Borste.

Flügel schwach bräunlich, Membran einheitlich beborstet; Adern braun, r_{4+5} dorsal und ventral nur im basalen Bereich beborstet; das obere Thorakalschüppchen wie üblich innen transparent, außen weiß, das untere bräunlich.

Abdomen glänzend grün.

♀♀: Das Weibchen von gleicher Färbung wie das Männchen. Stirn etwa ein Viertel so breit wie der Kopf, die Strieme matt schwarz, die Parafrontalia glänzend schwarz, etwa 7 Paar kräftige Parafrontalborsten, 2 Paar Orbitalborsten, 2 Paar Vertikalborsten und 1 Paar Ocellarborsten. Ader r_{4+5} dorsal und ventral etwa bis r-m beborstet, aber nicht darüber hinaus.

Länge zwischen 8 und 9 mm.

Orthellia annia n.sp. (Abb. 19 F)

Orthellia annia ähnelt den beiden zuvor beschriebenen Arten und ist sicher nur durch das Hypopygium zu unterscheiden (Abb. 19 F).

♂♂: Gesicht von dunkler Grundfarbe mit schwachem Grauschimmer; Stirn etwa so breit wie das Ocellardreieck; etwa 10 Paar Parafrontalborsten, relativ kräftig; 1 Paar Vertikalborsten; Rüssel, Palpen und Antennen dunkelbraun; Augen nackt, die Facetten der oberen Augenhälfte schwach vergrößert. Thorax glänzend violett mit blauer Reflexion, dorsal ohne weiße Zeichnung, lateral die Sternopleuren und die unteren Partien der Mesopleuren grauweiß bestäubt; das vordere Spirakulum dunkel;
Chätotaxis: 0+1 acr, 1+4 dc, die post dc auffallend weit nach hinten versetzt, 3 h, 2 ph, 2 npl, 3 posta, 1+6-7 mspl, 1+3 stpl.

Beine dunkelbraun; T_1 ohne p Borste; F_2 mit 1 v Borste in der basalen Hälfte, 2-3 a Borsten in der Mitte und 4 kräftige p Borsten im apikalen Bereich; auf T_2 etwa 3 p und 1 lange pv-v Borste in der apikalen Hälfte; F_3 mit einer Reihe ad Borsten, apikal eine Reihe av Borsten, in der basalen Hälfte haarähnliche av und pv Borsten; T_3 mit einer Reihe kurzer ad Borsten, eine in der Mitte bedeutend kräftiger, 2 av Borsten in der apikalen Hälfte und 1 pd Borste im apikalen Drittel.

Flügel leicht bräunlich gefärbt, Membran einheitlich beborstet; r_{4+5} dorsal und ventral über r-m hinaus mit Borsten besetzt, die Media verläuft in einer Rundung und ohne Knick; das obere Thorakalschüppchen transparent bräunlich, außen weiß, das untere einschließlich Rand braun.

Vom Abdomen die ersten zwei Tergite überwiegend violett mit blaugrüner Reflexion, die beiden letzten fast rein grün.

Länge etwa 9 mm.

♀♀: Unbekannt.

Fundort: Männl. Holotypus von Westafrika, Uelleburg VIII. 1908 leg. TESSMANN. Die Type befindet sich im S.A. Institute for Medical Research.

Orthellia cyanea (FABRICIUS) (Abb. 17 C, D; 22 B)

Musca cyanea FABRICIUS (1781) p. 39;
Lasiopyrellia cyanea TOWNSEND (1931) p. 369;
Pyrellia cyanea STEIN (1913) p. 474;
Orthellia cyanea MALLOCH (1923) p. 510; SÉGUY (1933) p. 62; SNYDER (1951) p. 12; PATERSON (1960) p. 400; PERIS (1967) p. 49; PONT (1969) p. 3.

Synonyme: *Lucilia peronii* ROBINEAU-DESVOIDY (1830) p. 460; *Orthellia peronii* CURRAN (1935) p. 7; VAN EMDEN (1939) p. 73; *Orthellia nigrocincta* AUTHORS (nec BIGOT) VAN EMDEN (1939) p. 71; *Orthellia prenes* CURRAN (1935) p. 15; nov. syn; SNYDER (1951) p. 13; PERIS (1967) p. 48.

Ich habe von *Orthellia prenes* ein Paratypen-Pärchen aus dem Museum of Natural History, New York, gesehen sowie ein weiteres Paratypen-Paar aus dem Department for Agriculture in Pretoria. Diese Exemplare gleichen bereits rein äußerlich *Orthellia cyanea* (FABRICIUS). Von den älteren Autoren PERIS (1967) und SNYDER (1951) wird die geringere Behaarung der Augen als Unterscheidungsmerkmal herangezogen. *Orthellia cyanea* (FABRICIUS) weist aber nicht nur hinsichtlich der Augenbehaarung, sondern z.B. auch bei der Stirnbreite Variationen auf. Freundlicherweise wurde mir vom Department of Agriculture, Pretoria, die Genehmigung gegeben, das Hypopygium des Männchens herauszupräparieren. Auch dieses erwies sich mit dem von *Orthellia cyanea* (FABRICIUS) identisch (Abb. 17 C, D). *Orthellia cyanea* (FABRICIUS) ist weit in der äthiopischen Region verbreitet. So ist sie von Südafrika, Kenya, Uganda, Tanzania und Mozambique bekannt. Es handelt sich hier vorwiegend um ostafrikanische Länder.

♂♂: Gesicht nur auf den Parafacialia leicht grau bestäubt, die Backen glänzend grün, ebenso die Parafrontalia, die Stirnbreite sehr variabel. So habe ich Exemplare gesehen, deren Stirn etwa doppelt so breit wie der vordere Ocellus waren, bei anderen ist die Stirn sogar so breit wie das Ocellardreieck; Parafrontalborsten zahlreich und fein; 1 Paar Vertikalborsten; die Augen mehr oder weniger intensiv und lang behaart.

Thorax blau mit violettem Schimmer, auf dem vorderen Teil des Mesonotums ein medianer weißer Fleck; das vordere Spirakulum dunkel; Chätotaxis: 0+1 acr, 0+2 dc, 2 h, 1 ph, 2 npl, 3 posta, 0+6 mspl, 1+3 stpl.

Beine violettbraun; F_2 unregelmäßig mit borstenähnlichen Haaren besetzt, in der Mitte ein paar a und apikal ein paar p Borsten, außerdem einige v und pv Borsten vorhanden; F_3 mit einer Reihe av und einer Reihe ad Borsten so wie einigen längeren pv-v Borsten in der Mitte; auf T_3 in der apikalen Hälfte 2 av Borsten und im apikalen Drittel 1 pd Borste, in der basalen Hälfte eine Reihe dünner aber deutlicher ad Borsten.

Flügel hyalin, Membran zumindest im basalen Drittel nackt; Adern dunkelbraun bis schwarz, r_{4+5} dorsal und ventral nicht über r-m hinaus beborstet; die Thorakalschüppchen weißlich, das untere kann einen bräunlichen Schimmer aufweisen.

Abdomen blaugrün mit überwiegend blauer oder grüner Reflexion.

♀♀: Die Stirn der Weibchen ist breiter als ein Drittel der Kopfbreite, die Parafrontalia glänzend grün, die Strieme matt schwarz, Parafacialia grau bestäubt, die Backen dunkel. Die Augen sind nur schwach, z.T. kaum erkenntlich behaart. Der Thorax kann blauviolett gefärbt sein, das Scutellum erscheint stets blau. Die Chätotaxis ähnelt der des Männchens.

Länge um 7 bis 9 mm.

Orthellia albigena (STEIN) (Abb. 17 B, 22 D)

Pyrellia albigena STEIN (1913) p. 469;
Orthellia albigena MALLOCH (1923) p. 508; SÉGUY (1933) p. 63, (1941) p. 122; CUTHBERTSON (1934) p. 37; VAN EMDEN (1939) p. 71; SNYDER (1951) p. 13; PATERSON (1960) p. 400; PERIS (1967) p. 49.

Orthellia albigena (STEIN) ist weit in der äthiopischen Region verbreitet, so ist sie bisher in Südafrika, Tanzania, im Kongo, in Ruanda, Nigeria, Rhodesien, Mozambique, Uganda, Angola, Kamerun, Sudan, Mauritius und in Äthiopien gefunden worden. Ich konnte die Art mehrfach auf Kuhdung beobachten.

♂♂: Gesicht dunkel, die untere Hälfte silbergrau bestäubt; Stirn an der engsten Stelle etwa so breit wie das Ocellardreieck; zahlreiche, haarähnliche Parafrontalborsten, 1 Paar Vertikalborsten; Augen schwach oder gar nicht behaart, nie auffallend behaart.

Thorax blauviolett, auf dem präsuturalen Teil des Mesonotums ein weiß bestäubter, medianer Längsstreifen; Sternopleuren ventral schwach grau bestäubt; das vordere Spirakulum dunkel;
Chätotaxis: 0 + 1 acr, 2 + 3 dc, 3 h, 2 ph, 2 npl, 3 posta, 0 + 6 mspl, 1 + 3 stpl.

Von den Beinen die Femura blaugrün glänzend, die übrigen Glieder dunkel; F_2 unregelmäßig behaart, im apikalen Drittel einige p Borsten, in der basalen Hälfte ein paar a und 1-2 v Borsten; auf F_3 eine Reihe ad und eine Reihe av, in der Mitte etwa 1-2 pv Borsten; T_3 mit einer Reihe kurzer ad Borsten, davon 1 in der Mitte bedeutend stärker als die übrigen, in der apikalen Hälfte 2 av Borsten und im apikalen Drittel 1 pd Borste.

Flügel hyalin, der basale Bereich der Diskalzelle und Umgebung nackt, restliche Membran beborstet; Adern hellbraun, r_{4+5} dorsal nur im basalen Bereich, ventral auch nach r-m beborstet; die Thorakalschüppchen weißlich, das untere kann einen bräunlichen Schimmer aufweisen.

Abdomen blauviolett bis leuchtend grün, das letzte Tergit leicht grau bestäubt.

♀♀: Stirn nicht ganz ein Drittel so breit wie der Kopf, Beborstung des Kopfes wie üblich bei den Weibchen intensiver und vollständiger. Die Chätotaxis des Thorax ähnelt der des Männchens, ebenso die Färbung. Die Thorakalschüppchen sind beide weiß, r_{4+5} erscheint etwas dichter beborstet.

Länge 6 bis 8 mm.

Orthellia viridifrons (MACQUART) (Abb. 20 B)

Lucilia viridifrons MACQUART (1843) p. 295;
Orthellia viridifrons AUBERTIN (1933) p. 144; SÉGUY (1933) p. 63, (1941) p. 122.

Synonyme: *Lucilia caerulifrons* MACQUART (1850) p. 248; *Musca trita* WALKER (1857) p. 24; *Orthellia siamensis* MALLOCH (1923) p. 50; *Paracomsomyia splendida* ADAMS (1903) p. 6; nov. syn. *Orthellia splendida* MALLOCH (1923) p. 513; SÉGUY (1933) p. 63; CURRAN (1935) p. 14; SNYDER (1951) p. 21; PATERSON (1960) p. 399; PERIS (1967) p. 47; *Lucilia barthii* JAENNICKE (1866) p. 374; nov. syn. *Orthellia superba* KARL (1935) p. 35, nov. syn. Mitteilung von Dr. H. E. PATERSON.

Die Type von *Orthellia viridifrons* (MACQUART) ist sehr wahrscheinlich verloren gegangen. Vom Pariser Museum erhielt ich ein von SÉGUY als *Orthellia viridifrons* (MACQUART) bestimmtes Exemplar, das absolut mit *Orthellia splendida* (ADAMS) übereinstimmt. SÉGUY (1933) gebraucht in seinem Bestimmungsschlüssel als Unterscheidungsmerkmal für diese beiden Arten die vorderen dc Borsten, die Anzahl dieser Borsten ist aber bei *Orthellia splendida* (ADAMS) variabel, da sie sehr dünn und mitunter kaum von der übrigen Behaarung zu unterscheiden sind. Da, wie bereits erwähnt, die Type von *Orthellia viridifrons* (MACQUART) verloren gegangen ist, betrachte ich dieses von SÉGUY bestimmte Exemplar als Vertreter dieser Art, da er am Pariser Museum tätig war und mit Sicherheit die Type von *Orthellia viridifrons* (MACQUART) gesehen hat und mit seiner Bestimmung vergleichen konnte. Vom Zoologischen Museum Berlin erhielt ich u.a. die Type von *Orthellia barthii* (JAENNICKE). Auch diese ist konspezifisch mit *Orthellia splendida* (ADAMS) bzw. *Orthellia viridifrons* (MACQUART). Herr. Dr. H. E. PATERSON hatte Gelegenheit, die Karlschen Typen zu studieren. Er teilte mir mit, daß *Orthellia superba* KARL ein Synonym von *Orthellia splendida* (ADAMS) und damit auch ein Synonym von *Orthellia viridifrons* (MACQUART) ist. *Orthellia viridifrons* (MACQUART) ist von folgenden Gegenden bekannt: Südafrika, Lesotho, Mozambique, Rhodesien, Zambia, Angola, vom Kongo, von Äthiopien und Ruanda.

♂♂: Gesicht dunkel, die untere Hälfte mitunter schwach bestäubt; die Stirn nicht breiter als der vordere Ocellus, meist bedeutend schmaler; Parafrontalborsten schwach und haarähnlich, 1 Paar kräftige Vertikalborsten; Augen nackt, die Facetten der oberen Augenhälfte stark und auffallend vergrößert.

Thorax glänzend grün bis violett gefärbt, auf dem vorderen Teil des Mesonotums ein weißer medianer Fleck; das vordere Spirakulum dunkel; Chätotaxis: 0 + 1 acr, 2 + 2-3 dc, die vorderen post dc und die prst dc mitunter schwer von der übrigen langen Beborstung zu unterscheiden, 3 h, 2 ph, 2 npl, 3 posta, 1 + etwa 9 mspl, 1 + 2 stpl.

Beine violettbraun; F_2 apikal mit einigen p Borsten, in der basalen Hälfte einige pv und v Borsten; auf F_3 eine Reihe ad und eine Reihe av, in der basalen Hälfte etwa 3 pv Borsten; T_3 mit einer Reihe ad Borsten, 1 längere ad Borste etwa in der Mitte, 2 av Borsten in der apikalen Hälfte und 1 pd Borste im apikalen Drittel.

Flügel hyalin, Membran nur im apikalen Drittel beborstet; Adern braun, r_{4+5} über r-m hinaus beborstet; die Thorakalschüppchen weißlich.

Abdomen violett bis grün gefärbt.

♀♀: Das Weibchen ähnelt dem Männchen, allerdings erscheint die Körperfarbe überwiegend grünlich; die Stirn ist breiter als ein Drittel der Kopfweite, die untere Gesichtshälfte ist silbergrau oder weiß bestäubt, die obere erscheint dunkel, die Parafrontalia glänzend. F_2 zeigt nicht die auffallende Behaarung der Männchen, und F_3 besitzt nur in der apikalen Hälfte av Borsten.

Länge zwischen 6 und 7 mm.

Orthellia dubia MALLOCH (Abb. 20 E)

Orthellia dubia MALLOCH (1923) p. 511; SÉGUY (1933) p. 63; CURRAN (1935) p. 14; VAN EMDEN (1939) p. 70; SNYDER (1951) p. 14; PERIS (1967) p. 47.

Orthellia dubia ist von Uganda, Ruanda und Belgisch Kongo bekannt.

♀♀: Untere Gesichtshälfte silbrigweiß bestäubt, die Stirnstrieme rötlich, Parafrontalia glänzend blau mit violetter Reflexion; etwa 14 Paar Parafrontalborsten, 1 Paar Ocellarborsten, 2 Paar Orbitalborsten und 2 Paar Vertikalborsten; Augen nackt.

Thorax glänzend blauviolett, das vordere Spirakulum braun; Chätotaxis: 0 + 1 acr, 1 + 2 dc, 3 h, 2 ph, 2 npl, 3 posta, 1 + 2 stpl, 1 + etwa 6 mspl.

Beinbeborstung wie üblich.

Flügel hyalin und zum größten Teil unbeborstet; Adern braun, r_{4+5} dorsal und ventral im basalen Bereich beborstet; die Thorakalschüppchen weißlich.

Vom Abdomen erscheinen die beiden vorderen Tergite überwiegend purpurblau, die beiden hinteren glänzend grün.

♂♂: Gleicht dem Weibchen, die Färbung variiert zwischen grün und blauviolett. Stirn etwa so breit wie das Ocellardreieck und das Gesicht in der unteren Hälfte grauweiß bestäubt. Die Beborstung schwächer und unvollständiger, die Facetten der Stirnseite vergrößert. Auf T_3 können sich in der apikalen Hälfte 2 pd Borsten finden. Das untere Thorakalschüppchen bräunlich bis braun.

Länge um 7 mm.

Orthellia macrops CURRAN (1935) (Abb. 20 G, 21 H)

Orthellia macrops CURRAN (1935) p. 12; SNYDER (1951) p. 22; PERIS (1967) p. 48.

Orthellia macrops wird von CURRAN (1935) u.a. mit braunen Thorakalschüppchen und 1+2 stpl Borsten beschrieben. Mein Material zeigt dagegen nur 1+3 stpl Borsten und überwiegend weiße Thorakalschüppchen. Da es in SNYDERS (1951) Bestimmungstabelle zu *Orthellia macrops* CURRAN führt und ebenfalls die auffallend großen Augenfacetten in der oberen Augenhälfte so wie eine nicht eingedellte Media besitzt, betrachte ich diese Fliegen als *Orthellia macrops* CURRAN, wenn ich auch nicht die Möglichkeit einer Unterart oder sogar einer eigenen Art ausschließen will. Bekannt ist mir diese Art von Uganda, Rhodesien, Südafrika und Togo.

♂♂: Gesicht dunkel; Stirn nicht breiter als ein Ommatidium mit etwa 15 Paar Parafrontalborsten, 1 Paar Vertikalborsten; Augen nackt, die Facetten der oberen Hälfte auffallend stark vergrößert.

Thorax glänzend blaugrün mit violetter Reflexion; eine leichte grauweiße Bestäubung ist vorhanden, die Sternopleuren in der ventralen Hälfte grau bestäubt; das vordere Spirakulum dunkel;
Chätotaxis: 0+1 acr, 2+3 dc, 3 h, 2 ph, 2 npl, 3 posta, 1+7 mspl.

Beine dunkelbraun; auf F_2 2-3 av Borsten im basalen Drittel und 2-3 pv Borsten in der Mitte, apikal einige p Borsten; F_3 mit einer Reihe ad und einer Reihe av Borsten, die basalen av Borsten schächer als die apikalen, basal etwa 4-5 lange pv Borsten; T_3 mit einer Reihe ad Borsten, die in der

Mitte stehende Borste auffallend länger, in der apikalen Hälfte 1 av und im apikalen Drittel 1 lange pd Borste.

Flügel hyalin und in der basalen Hälfte nackt; Adern basal hell- und apikal dunkelbraun, r_{4+5} dorsal und ventral über r-m hinaus mit Borsten besetzt; Thorakalschüppchen weiß.

Vom Abdomen die ersten drei Tergite grün mit gelegentlicher blauer Reflexion, das letzte Tergit grün, dorsal aber schwach grau bestäubt.

♀♀: Die Stirn breiter als ein Drittel der Kopfweite, die untere Gesichtshälfte intensiv grau bestäubt, die Parafrontalia glänzend dunkel. Beborstung wie üblich. Bei den Beinen zeigt F_2 keine so lange allgemeine Behaarung wie sie bei den Männchen zu finden ist, T_3 besitzt 1-2 av Borsten in der apikalen Hälfte. Das Abdomen ist blau oder grün gefärbt mit grüner bzw. blauer Reflexion.

Länge zwischen 8 und 9 mm.

Orthellia boersiana (BIGOT) (Abb. 20 H, 21 G)

Somomyia boersiana BIGOT (1877) p. 37;
Orthellia boersiana AUBERTIN (1933) p. 140; CURRAN (1935) p. 6; PERIS (1967) p. 53.

Synonyme: *Orthellia indica* AUBERTIN (1933) p. 141; *Orthellia latifrons* MALLOCH (1923) p. 508; SNYDER (1951) p. 22; PERIS (1967) p. 53.

PERIS (1967) setzte in Zusammenarbeit mit Dr. OLDROYD, British Museum, London, *Orthellia boersiana* (BIGOT) und *Orthellia latifrons* MALLOCH synonym. *Orthellia boersiana* (BIGOT) unterscheidet sich von der zuvor beschriebenen Art durch eine scharf geknickte Media, die nach dem Knick eine deutliche Eindellung aufweist. Verbreitet ist diese Art in Südafrika, Uganda, Liberia, Zambia, der Elfenbeinküste und auch auf Mauritius und Madagaskar. Ich konnte diese Art häufiger auf frischem Kuhdung antreffen. Larven fand ich allerdings nie in diesem Substrat.

♂♂: Gesicht dunkel, die untere Hälfte kann grauweiß bestäubt sein; die Stirnbreite ist sehr variabel, sie kann schmaler als der vordere Ocellus sein oder dessen doppelten Durchmesser erreichen; Parafrontalborsten zahlreich, aber relativ schwach, 1 Paar Vertikalborsten; Augen nackt, die Facetten der oberen Augenhälfte deutlich vergrößert, aber nicht so auffallend wie bei *Orthellia macrops* CURRAN.

Thorax glänzend grün bis blau gefärbt; das vordere Spirakulum dunkel; Chätotaxis: 0+1 acr, 2+3 dc, zwischen den acr und dem letzten Paar post dc Borsten ein zusätzliches Paar kräftiger Borsten, 3-4 h, 2 ph, 2 npl, 3 posta, 1 + etwa 10 mspl, 1+3 stpl.

Beine schwarz; F_2 in der basalen Hälfte mit einigen a so wie einigen langen av und pv Borsten, apikal ein paar kräftige p Borsten; F_3 mit einer Reihe ad und einer Reihe av Borsten, in der basalen Hälfte eine Reihe dünner, langer pv Borsten; auf T_3 eine Reihe kurzer ad Borsten, in der apikalen Hälfte 2 av Borsten und im apikalen Drittel 1 pd Borste.

Flügel hyalin, nur der äußere Teil der Membran beborstet; r_{4+5} dorsal nur an der Basis, ventral über r-m hinaus beborstet; das obere Thorakalschüppchen innen transparent, außen weiß, das untere braun, Halteren braun.

Abdomen glänzend grün, blaugrün oder blau gefärbt.

♀♀: Das Weibchen ähnelt dem Männchen, die Stirn ist aber etwa ein Drittel so breit wie der Kopf, die Parafrontalia sind glänzend blau. Die Parafrontalborsten kräftiger, die übrige Kopfbeborstung vollständiger. Das untere Thorakalschüppchen weißlich. Die Zahl der stpl Borsten schwankt bei den Weibchen zwischen 1+2 und 1+4, der Durchschnitt beträgt 1+3 stpl Borsten.

Länge zwischen 6 und 9 mm.

Orthellia scatophaga MALLOCH (Abb. 20 C)

Orthellia scatophaga MALLOCH (1924) p. 519; CURRAN (1935) p. 11; SNYDER (1951) p. 22; PERIS (1967) p. 47.

Diese Art ähnelt *Orthellia boersiana* (BIGOT), unterscheidet sich aber durch die Körper- und Thorakalschüppchenfarbe sowie die Anzahl der stpl Borsten. Bekannt ist *Orthellia scatophaga* bisher nur von Südafrika.

♂♂: Gesicht dunkel; Stirn an der engsten Stelle nicht breiter als der vordere Ocellus; etwa 21 Paar feine Parafrontalborsten, 1 Paar kräftige Vertikalborsten; Augen nackt, die Facetten der oberen Augenhälfte schwach vergrößert.

Thorax braunviolett ohne weiße Bestäubung; das vordere Spirakulum dunkel;

Chätotaxis: 0+1 acr, 2+3-4 dc, 3 h, 2 ph, 2 npl, 3 posta, 1+4-5 mspl, 1+2 stpl.

Beine braun, die Femura mit bläulicher Reflexion; die Beborstung wie bei *Orthellia boersiana* (BIGOT).

Flügel hyalin und in den basalen zwei Dritteln nackt; Adern hellbraun, r_{4+5} dorsal bis r-m beborstet, ventral keine Borsten; Media verläuft knickartig mit Eindellung; das obere Thorakalschüppchen innen transparent, außen weiß, das untere schwach bräunlich mit hellem Rand.

Vom Abdomen die ersten 3 Tergite metallisch violett, das letzte grünlich.

♀♀: Stirn etwa ein Drittel so breit wie der Kopf, die untere Gesichtshälfte teilweise silbergrau bestäubt. Beborstung kräftiger. Die Thorakalschüppchen überwiegend weiß. Im übrigen ähnelt das Weibchen dem Männchen.

Länge etwa 6 bis 7 mm.

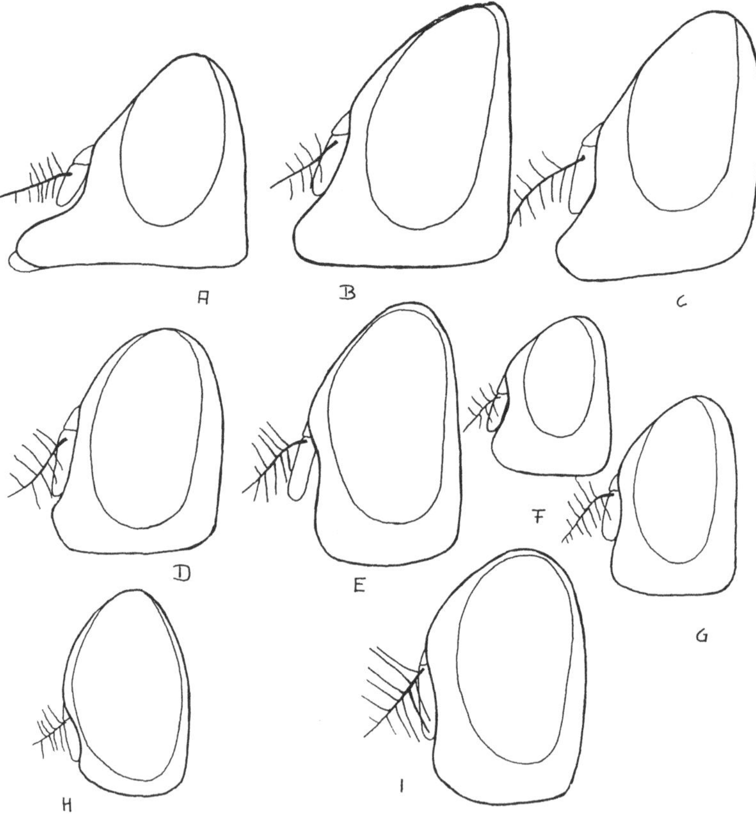

Abb. 22. Kopfprofil von:
A *Orthellia rhingiaeformis* (VILL.), B *Orthellia cyanea* (FABR.), C *Orthellia bequaerti* (VILL.), D *Orthellia albigena* (STEIN), E *Orthellia hirticeps* (STEIN), F *Pyrellia stuckenbergi* PATERSON, G *Pyrellia kuhlowi* n.sp., H *Musca afra* PATERSON, I *Musca setulosa* ZIELKE.

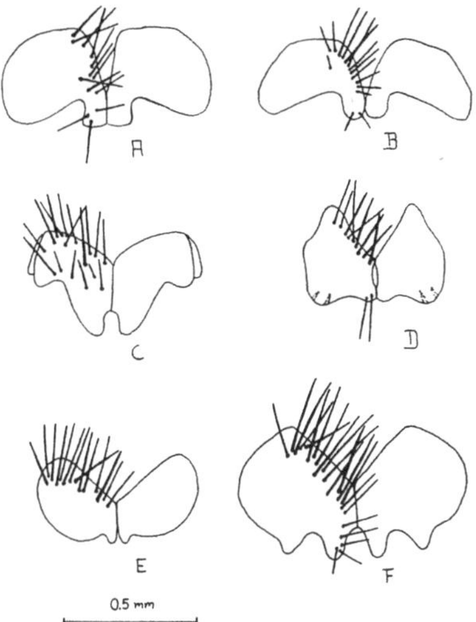

Abb. 23. Dorsalansicht der Cerci von:
A *Pyrellia schumanni* n.sp., B *Pyrellia wittei* n.sp., C *Orthellia thoracica* n.sp., D *Morellia setosa* n.sp., E *Musca patersoni* n.sp., F *Curranosia cerciformis* n.sp.

LISTE DER SYNONYME, NEUEN KOMBINATIONEN UND NEUEN ARTEN

Bei der Untersuchung des zahlreichen Materials der äthiopischen Muscinae erwiesen sich folgende Arten als Synonyme:

Orthellia abnormis MALLOCH = *Orthellia laxifrons* (VILL.)
Orthellia vera CURRAN = *Orthellia orbitalis* (STEIN)
Orthellia prenes CURRAN = *Orthellia cyanea* (FABRICIUS)
Orthellia speculanda VILLENEUVE = *Orthellia hirticeps* (STEIN)
Orthellia splendida (ADAMS) = *Orthellia viridifrons* (MACQUART)
Orthellia barthii (JAENICKE) = *Orthellia viridifrons* (MACQUART)
Orthellia superba KARL = *Orthellia viridifrons* (MACQUART) nach mündl. Mitteilungen von Herrn Dr. H. E. PATERSON.
Pyrellia torpida WALKER = *Orthellia nudissima* (LOEW)
Commosia parva ENDERLEIN = *Curranosia gemma* (BIGOT)
Morellia bootes SÉGUY = *Pyrellina distincta* (WALKER)
Pyrellia obscura WALKER = *Pyrellina distincta* (WALKER) nach schriftl. Mitteilungen von Mr. A. PONT.
Pyrellia bonnarius CURRAN = *Weyerellia purpureoalba* (VILL.)
Morellia africana PERIS = *Weyerellia pyrellioides* (CURRAN).

Orthellia analis CURRAN, *Orthellia aureopyga* MALLOCH und *Orthellia maculisquama* (VILLENEUVE) sind dagegen als getrennte Arten anzusehen.

Bisher als für verloren oder unauffindbar angesehene Typen der folgenden Arten wurden neu entdeckt:

Stenomitra gracilis ENDERLEIN, *Commosia parva* ENDERLEIN, *Commosia camerunensis* ENDERLEIN, *Lucilia barthii* JAENNICKE, *Pyrellia obscura* WALKER, *Orthellia superba* KARL.

Weiterhin ergaben sich durch die Neubeschreibung der Gattung *Weyerellia* n.gen. u.a. folgende neue Kombinationen:

Weyerellia purpureoalba (VILLENEUVE), *Weyerellia pyrellioides* (CURRAN), *Weyerellia smaragdina* (SÉGUY), *Weyerellia camerunensis* (ENDERLEIN), *Curranosia pilarara spekei* (JAENNICKE).

Als neue Arten und Unterarten wurden beschrieben:

Pyrellina congensis n.sp., *Pyrellina garmsi* n.sp., *Pyrellina weyeri* n.sp., *Pyrellina abdominalis* n.sp.,

Pyrellia schumanni n.sp., *Pyrellia difficilis* n.sp., *Pyrellia wittei* n.sp., *Pyrellia kuhlowi* n.sp., *Pyrellia neuhausi* n.sp.,

Morellia tibialis n.sp., *Morellia setosa* n.sp.,

Weyerellia ponti n.sp., *Weyerellia mouschi* n.sp., *Weyerellia palpalis* n.sp., *Weyerellia weidneri* n.sp.,

Musca stuckenbergi n.sp., *Musca transvaalensis* n.sp., *Musca patersoni* n.sp., *Musca lusoria kihuris* n.sp.,

Curranosia cerciformis n.sp.,

Orthellia zumpti n.sp., *Orthellia thoracica* n.sp., *Orthellia annia* n.sp.

LITERATUR

AUBERTIN, D. 1933. Notes on Certain Species of the Genus *Orthellia* with a description of one new species. *Ann. Mag. nat. Hist.*, (10) *11*: 139-144.

ADAMS, C. F. 1905. Diptera Africana I. *Kansas Univ. Sc. Bull.*, *3*: 149-209.

AUSTEN, E. E. 1909. Illustration of African blood-sucking flies other than Mosquitoes and Tsetse-flies. London 221 pp.

AUSTEN, E. E. 1921. A contribution to knowledge of the blood-sucking Diptera of Palestine, other than Tabanidae. *Bull. Ent. Res.*, *12*: 107-124.

AWATI, P. R. 1917. Studies in flies. 3. Classification of the genus Musca and description of the indians species. *Indian J. Med. Res. Calcutta*, *5*: 160-191.

BEZZI, M. 1892. Die antenni Ditteri raccolti nel paese dei somali dall'ing. L. Brichetti-Robecchi. *Ann. Mus. Civ. St. Nat. Genova*, (2) *12*, 190 pp.

BEZZI, M. 1908. Ditteri Eritrei raccolti dal Dott. Andreini et al Prof. Tellini. *Bull. della Soc. Ent. Ital.*, *39*: 1-199.

BEZZI, M. 1911a) Miodarii superiori raccolti dal Signor C. W. Howard nell'Africa australe orientale. *Boll. Lab. Zool. Gen. Agrar. Portici*, *6*: 45-104.

BEZZI, M. 1911b. Etudes systematiques sur les Muscides hematophages du genre Lyperosia. *Arch. Parasitol.*, *15*: 1-38 et 110-143.

BEZZI, M. 1923. Les males du Musca albina Wied. et de Musca lucidula Loew. *Bull. Soc. Roy. Ent. Egypte*, 108-118.

BEZZI, M. & STEIN, P. 1907. Katalog der Paläarktischen Dipteren Cyclorrhapha Schizophora: Schizometopa. Budapest 593 pp.

BIGOT, J. M. E. 1877. Dipteres nouveaux ou peu connus. *Ann. Soc. Ent. France*, (5) *7*: 35-37.

BIGOT, J. M. E. 1878. Dipteres nouveaux ou peu connus. *Ann. Soc. Ent. France*, (5) *7*: 260-262.

BIGOT, J. M. E. 1887. Dipteres nouveaux ou peux connus. *Bull. Soc. Zool. France*, *12*: 581-613.

BRUNETTI, E. 1910. Revision of the Oriental blood-sucking Muscidae (Stomoxynae, Philaematomyia and Pristirhynchomyia). *Rec. Ind. Mus.*, *4*: 59-93.

CURRAN, C. H. 1927. New species of Calyptrate Muscidae from Africa. *Ann. Mag. nat. Hist.*, (9) *19*: 527-533.

CURRAN, C. H. 1928. Diptera of the American Museum Congo Expedition. Scientific results of the American Museum Congo Expedition Entomology, n. 18., *Bull. Amer. Mus. nat. Hist.*, *57*: 327-399.

CURRAN, C. H. 1935. African Muscidae II. *Amer. Mus. Nov.*, *776*: 1-27.

CORTI, E. 1895. Explorazione des Guiba, 8, *Ditteri Ann. Mus. St. Nat. Genova*, (2) *15*: 144.

CUTHBERTSON, A. 1934. Biological Notes on Some Diptera in Southern Rhodesia. *Proc. Rhod. Sci. Ass.*, *33*: 32–50.

DE GEER, C. 1776. Memoires pour servir a l'histoire des Insectes (*M. domestica*), *6*: 71–78, Stockholm.

ENDERLEIN, G. 1934. Dipterologica I. *Sb. Ges. Naturf. Fr. Berlin*: 416–429.

ENDERLEIN, G. 1935. Dipterologica III. *Sb. Ges. Naturf. Fr. Berlin*: 235–246.

GIRSCHNER, E. 1893. Beitrag zur Systematik der Musciden. *Berl. Ent. Z.*, *38*: 297–312.

HENNIG, W. 1952. Die Larvenformen der Dipteren 3. Teil, Berlin.

HENNIG, W. 1955. Muscidae im Lindner: Die Fliegen der paläarktischen Region, *63b*, pp. 1–48.

HENNIG, W. 1962. Muscidae im Lindner: Die Fliegen der paläarktischen Region, *63b*, pp. 721–768.

HENNIG, W. 1963a. Muscidae im Lindner: Die Fliegen der paläarktischen Region, *63b*, pp. 865–912.

HENNIG, W. 1963b. Muscidae im Lindner: Die Fliegen der paläarktischen Region, *63b*, pp. 913–960.

HENNIG, W. 1964. Muscidae im Lindner: Die Fliegen der paläarktischen Region, *63b*, pp. 961–1008.

HENNIG, W. 1965a. Vorarbeiten zu einem phylogenetischen System der Muscidae (Diptera: Cyclorrhapha). *Stuttg. Beitr. Naturk.*: 1–100.

HENNIG, W. 1965b. Phylogenetic Systematics. *Ann. Rev. Ent.*, *10*: 97–116.

HERTING, D. 1957. Das weibliche Postabdomen der calyptraten Fliegen und sein Merkmalswert für die Systematik der Gruppe. *Z. Morphol. Ökol. Tiere*, *45*: 429–641.

HO CH'I. 1938. The Significance of the Female Terminalia of House-flies as a Grouping Character. *Ann. trop. Med. Parasitol.*, *32*: 287–312.

HOLDHAUS, K. 1929. Die geographische Verbreitung der Insekten. Schroeder's Handb. Ent., II, pp. 592–1056.

HOUGH, G. DE N. 1898. The Muscidae collected by Dr. A. Donaldson Smith in Somaliland. *Nat. Sci. Phil.*, *50*: 165–187.

JAENNICKE, F. 1867. Neue exotische Dipteren. *Abh. Senckenberg. Ges.*, *6*: 311–407.

KARL, O. 1935. Außereuropäische Musciden (Anthomyiden) aus dem Deutschen Entomologischen Institut. *Arb. morphol. taxon. Ent.*, *2*: 29–49.

KARSCH, F. 1887. Bericht über die durch Herrn Lieutenant Dr. Carl Wilhelm Schmidt in Ost-Afrika gesammelten und von der zoologischen Abteilung des königlichen Museums für Naturkunde in Berlin erworbenen Dipteren. *Berlin. Ent. Z.*, *31*: 367–382.

KIRCHBERG, E. 1959. Vergleichende Untersuchungen über den Dipterenbesuch an verschiedenen keimhaltigen Medien. *Z. ang. Zool. 46*: 363–368.

LINDNER, E. 1969. Die Dipteren einer an einer Gartenrose durch eine Aleuridide in Ostafrika verursachten Biocoenose. *Estr. Mem. Soc. Ent. Ital.* 48: 221–232.

LOEW, H. 1852. Dr. Peters legte Diagnosen und Abbildungen der von ihm in Mossambique neu entdeckten Dipteren vor. *Monatsber. A. v. Wiss. Berlin*: 658–661.

LOEW, H. 1857. Neue Beiträge zur Kenntnis der Dipteren. Fünfter Beitrag. Berlin, pp. XXI + 566.

MACQUART, J. 1835. Histoire naturelle des insectes Dipteres II. Paris, pp. 703.

MACQUART, J. 1843. Dipteres exotiques nouveaux on peu connus. Paris, pp. 1-304.

MACQUART, J. 1850. Dipteres exotiques, *4*, pp. 250-255.

MACQUART, J. 1855. Dipteres exotiques, *5*, pp. 134-135.

MALLOCH, J. R. 1923. Exotic Muscaridae (Diptara) X. *Ann. Mag. nat. Hist.*, (9) *12*: 177-194.

MALLOCH, J. R. 1923. Exotic Muscaridae (Diptera) XI. *Ann. Mag. nat. Hist.*, (9) *12*: 505-528.

MALLOCH, J. R. 1924. Exotic Muscaridae (Diptera) XIII. *Ann. Mag. nat. Hist.*, (9) *14*: 257-274.

MALLOCH, J. R. 1924. Exotic Muscaridae (Diptera) XIV. *Ann. Mag. nat. Hist.*, (9) *14*: 513-522.

MALLOCH, J. R. 1925. Exotic Muscaridae (Diptera) XV. *Ann. Mag. nat. Hist.*, (9) *15*: 131-142.

MALLOCH, J. R. 1925. Exotic Muscaridae (Diptera) XVI. *Ann. Mag. nat. Hist.*, (9) *16*: 81-100.

MALLOCH, J. R. 1925. Exotic Muscaridae (Diptera) XVII. *Ann. Mag. nat. Hist.*, (9) *16*: 361-377.

MALLOCH, J. R. 1928. Exotic Muscaridae (Diptera) XXI. *Ann. Mag. nat. Hist.*, (10) *1*: 465-494.

MALLOCH, J. R. 1929. Exotic Muscaridae (Diptera) XXIV. *Ann. Mag. nat. Hist.*, (10) *3*: 249-280.

MALLOCH, J. R. 1929. Exotic Muscaridae (Diptera) XXV. *Ann. Mag. nat. Hist.*, (10) *3*: 545-564.

MALLOCH, J. R. 1929. Exotic Muscaridae (Diptera) XXVI. *Ann. Mag. nat. Hist.*, (10) *4*: 96-120.

MALLOCH, J. R. 1929. Exotic Muscaridae (Diptera) XXVII. *Ann. Mag. nat. Hist.*, (10) *4*: 322-341.

MALLOCH, J. R. 1931. Exotic Muscaridae (Diptera) XXXIV. *Ann. Mag. nat. Hist.*, (10) *8*: 425-446.

MALLOCH, J. R. 1935. Exotic Muscaridae (Diptera) XXXIX. *Ann. Mag. nat. Hist.*, (10) *16*: 217-240.

MALLOCH, J. R. 1935. Exotic Muscaridae (Diptera) XL. *Ann. Mag. nat. Hist.*, (10) *16*: 562-592.

MARTINI, E. 1952. Lehrbuch der medizinischen Entomologie. 4. Aufl. Jena 1952.

MAYR, E. 1969. Principles of systematic zoology, McGraw-Hill Book Company, 428 pp. New York.

MEIGEN, J. W. 1826. Systematische Beschreibungen der europäischen zweiflügeligen Insekten. Aachen et Hamm.

NAUCK, E. G. 1962. Lehrbuch der Tropenkrankheiten. 2. Aufl., Stuttgart.

NIESCHULZ, O. 1933. Über die Bestimmung der Vorzugstemperatur von Insekten (besonders von Fliegen und Mücken). *Zool. Anz.*, *103*: 21-28.

ONORATO, R. 1922. Le miasi in Tripolitana. *Arch. Ital. Sci. Med. Col.*, *3*: 69-88.

PATERSON, H. E. 1956. East-African Muscidae. *Beitr. Entomol.*, *6*: 154-179.

PATERSON, H. E. 1957a. Three new species of Musca from Southern Africa (Dipt., Muscidae). *J. Ent. Soc. S. Afr.*, *20*: 106-113.

PATERSON, H. E. 1957b. A new genus and two new species of Muscini from South Africa (Diptera: Muscidae). *J. Ent. Soc. S. Afr., 20*: 445-449.

PATERSON, H. E. 1958. A new Pyrellia species from Natal, together with miscellaneous notes on other Muscidae. *J. Ent. Soc. S. Afr., 21*: 300-305.

PATERSON, H. E. 1959. Motes on the genus Aluaudinella G.-T. with the description of a new species and a key to the known species of the genus (Diptera: Muscidae). *Mem. Inst. Sci. Madagascar* (E), *11*: 355-367.

PATERSON, H. E. 1960. Diptera (Bracycera, Muscidae) Muscinae & Lispinae. *S. Afr. Animal Life*, *7*: 397-401.

PATERSON, H. E. 1963. On the naming of the indigenous houseflies of the Etiopian region (Diptera: Muscidae). *J. Ent. Soc. S. Afr., 26*: 226-227.

PATTON, W. S. 1923. A new oriental species of the genus Musca with a note on Musca dasyops Stein in China and a revised list of the oriental species of the genus Musca Linnaeus. *Phil. J. Sci., 23*: 323-335.

PATTON, W. S. 1932. Studies on the Higher Diptera of Medical and Veterinary Importance. *Ann. trop. Med. Parasitol., 26*: 347-405.

PATTON, W. S. 1933a. Studies on the Higher Diptera of Medical and Veterinary Importance. *Ann. trop. Med. Parasitol., 27*: 397-430.

PATTON, W. S. 1933b. Studies on the Higher Diptera of Medical and Veterinary Importance. *Ann. trop. Med. Parasitol., 27*: 135-156.

PATTON, W. S. 1936. Studies on the Higher Diptera of Medical and Veterinary Importance. *Ann. trop. Med. Parasitol., 30*: 469-490.

PATTON, W. S. & MACGILL, E. 1925. Comparative studies of the antennae of some higher Diptera. *Ind. J. Med. Res., 13*: 275.

PATTON, W. S. & SENIOR WHITE, R. 1924. The oriental species of the genus Musca Linnaeus. *Rec. Indian Mus. Calcutta, 26*: 553-577.

PERIS, S. V. 1961. Una Nueve Especie de Morellia de Camerones y Sinopsis de las Especies Etiopicas. *EOS, Rev. Espan. Ent., 37*: 349-359.

PERIS, S. V. 1967. Los Muscini de la Guinea Española. *Bol. R. Soc. Española Hist. Nat.* (Biol.), *65*: 21-64.

PIEKARSKI, G. 1954. Lehrbuch der Parasitologie. Berlin, Göttingen, Heidelberg.

PONT, A. C. 1969. Afrikanische Musciden (Dipt.) *Stuttg. Beitr. Naturk.* no. 201: 1-27.

ROBINEAU-DESVOIDY, L. 1830. Essay sur les Myodaires. *Mem. Acad. Roy. Sci. Inst. France, 2*: 1-813.

ROBINEAU-DESVOIDY, L. 1863. Histoire naturelle des Dipteres des cuviron de Paris. Œuvre posthume publié par les soins de sa famille sous la direction de M. M. Monccoux. Paris (Massou) I, pp. 1-1143 et II, pp. 1-928.

SACCHA, G. 1951. Esperienze di incrolio fra Musca domestica L., Musca Vicina Mq., Musca nebulo F. *Estr. Rendic. Istit. Super. Sanita, 14*: 937-943.

SACCHA, G. 1953. Contributo alla conoscenza tassonomica des „gruppo" domestica (Diptera, Muscidae). *Estr. Rendic. Istit. Super. Sanita, 16*: 442-464.

SACCHA, G. & RIVOSECCHI, L. 1955. Una nuova sottospecies di „Musca domestica" L. della regiona etiopica. *R. Acc. Lincei.*, (8) *19*: 497-498.

SÉGUY, E. 1933. Contribution a l'étude de la Faune de Mozambique Voyage de M. P. Lesne (1928-9) Dipteras (2e partie). *Mem. Mus. Zool. Univ. Coimbra* (1), no. 67: 1-78.

SÉGUY, E. 1935. Etudes sur les Anthomyiides. *Encycl. Entom. Diptera, 8*: 97-116.

SÉGUY, E. 1937. Diptera, Fam. Muscidae. *Gen. Insect., 205*, 604 pp.

SÉGUY, E. 1941. Dipteres recueillis par M. L. Chopard d'Alger à la Côte d'Ivoire. *Ann. Soc. ent. France, Paris, 109*: 109-130.

SÉGUY, E. 1950. Contribution à l'étude de l'Air. Dipteres. *Mem. Inst. franç. Afr. noire, 10*: 272-282.

SÉGUY, E. 1952. La reserve naturelle integrale du Mt. Nimba X. – Dipteres. *Mem. Inst. franç. Afr. noire, 19*: 515-564.

SNYDER, F. 1951. Some old and new species of Muscinae from the Ethiopian region (Diptera, Muscidae). *Amer. Mus. Nov., 1533*: 1-42.

STEIN, P. 1903. In Becker: Agyptische Dipteren. *Mitt. Zool. Mus. Berlin, 2*: 121-173.

STEIN, P. 1909. Neue Javanische Anthomyiden. *Tijdschr. Entom., 52*: 205-271.

STEIN, P. 1910a. Dipteren aus Südarabien und von der Insel Sokrota. *Denkschr. Math. Naturw. Cl. K. Akad. Wiss. Wien, 71*: 148-152.

STEIN, P. 1910b. Diptera, Anthomyidae, mit den Gattungen Rhinia und Idiella. *Trans. Linn. Soc. Lond. (Zool.)*, (2) *14*: 143-163.

STEIN, P. 1913. Neue Afrikanische Anthomyiden. *Ann. Hist. Nat. Mus. Nat. Hung. Budapest, 11*: 457-583.

STEIN, P. 1917. Einige Verbesserungen zu meiner Arbeit „Die Anthomyiden Europas" in Archiv für Naturgeschichte, 1915, A., H. 10. *Arch. Naturg. Berlin, 82* A: 121.

STEIN, P. 1918. Zur weiteren Kenntnis außereuropäischer Anthomyiden. *Ann. Mus. Nat. Hung., 16*: 147-244.

TESCHNER, D. 1959. Hausfliegen als Fäkalienbesucher im Stadtgebiet. *Z. ang. Zool., 46*: 358-363.

THOMSON, C. G. 1868. Kongliga Svenska Fregatten Eugenias Resa Omking Jorden. Diptera Stockholm.

THOMSON, R. C. M. 1947. Notes on the breeding habits and early stages of some Muscids associated with cattle in Assam. *Proc. R. Ent. Soc. London (A), 22*: 89-100.

TOWNSEND, C. H. T. 1918. New Muscoid genera, species and synonymy. *Ins. Ins. Mens., 6*: 151-182.

TOWNSEND, C. H. T. 1931. Notes on Old-world Œstromuscoid types, I. *Ann. Mag. nat. Hist. London*, (10) *8*: 369-391.

TOWNSEND, C. H. T. 1937. Manual of Myiology V (Sao Paulo), pp. 232.

VAN EMDEN, F. 1939. Muscidae (Muscinae: Stomoydinae) Ruwenzori Expedition V *2* No. 3, pp. 49-89.

VAN EMDEN, F. 1941. Keys to the Muscidae of the Ethiopian region: Scatophaginae, Anthomgiinae, Lispinae, Fanniinae. *Bull. ent. Res.*, 32: 251-275.

VAN EMDEN, F. 1942. Keys to the Muscidae of the Ethiopian region: Dichaetomyia-group. *Ann. Mag. nat. Hist.*, (11) *9*: 721-736.

VAN EMDEN, F. 1951. Muscidae: C – Scatophaginae, Anthomyiinae, Lispinae, Fanniinae and Phaoniinae. Ruwenzori Expedition V *2* No. 6, pp. 325-710.

VAN EMDEN, F. 1956. Contribution à l'étude de la faune entomologique du Ruanda-Urundi. *Ann. Mus. Congo, Tervuren 8 Zool., 51*: 506-531.

VILLENEUVE, J. 1913. Révision de Quelques Myodaires Supérieurs Africaines typar de Bigot. *Rev. Zool. Afric.*, *3*: 146-156.

VILLENEUVE, J. 1914a. Deux especies nouvelles du genre Pyrellia Rou-Desv. *Bull. Soc. Ent. France*: 204-206.

VILLENEUVE, J. 1914b. Etude sur quelques types de Myodaires supérieurs. *Rev. Zool. Afric. Bruxelles*, *3*: 191-209.

VILLENEUVE, J. 1916. A contribution to the study of the South African higher Myodairii (Diptera Calyptrata) based mostly on the material in the South African Museum. *Ann. S. Afr. Mus. Cape Town*, *15*: 469-515.

VILLENEUVE, J. 1918. De quelques Myodaires d'Afrique. *Ann. Soc. Ent. France*, *86*: 503-508.

VILLENEUVE, J. 1926. Myodaires supérieurs de l'Afrique, nouveaux et peu connus. *Rev. Zool. Afric.*, *14*: 64-69.

VILLENEUVE, J. 1936. Description d'une nouvelle espèce africaine du genre Musca. *Bull. Ann. Soc. Ent. Belg.*, *76*: 414.

VILLENEUVE, J. 0000. Myodaires supérieurs africain inedito (Espèces et Variétés). *Bull. Mus. Roy. Hist. nat. Belg.*, *13*: 1-4.

WALKER, F. 1849. List of the specimens of dipterous insects in the British Museum, *4*, pp. 688-1172.

WALKER, F. 1856. Insecta Saundersiana: or characters of undescribed insects in the collection of William Wilson Saunders, *1*, pp. 350-370.

WALKER, F. 1857. Characters of undescribed Diptera in the collection of W. W. Saunders, Esq. F.R.S. &c. *Trans. Ent. Soc. Lond.*, (5): 158-235.

WALKER, F. 1860. Characters of undescribed Diptera in the collection of W. W. Saunders. *Trans. Ent. Soc. Lond.*, (5) N.S.: 1-315.

WALKER, F. 1861. Characters of undescribed Diptera in the collection of W. W. Saunders, Esq. F.R.S. &c. *Trans. ent. Soc. Lond.*, (2) *5*: 268-334.

WEYER, F. & ZUMPT, F. 1966. Grundriß der medizinischen Entomologie. 4. Aufl. Leipzig.

WIEDEMANN, C. R. W. 1824. Analecta Entomologica, ex Museo regio Hafniae maxime congesta. Kiliae, Reg. Typogr. Schol., *4*, 60 pp.

WIEDEMANN, C. R. W. 1830. Außereuropäische zweiflügelige Insekten, als Fortsetzung des Meigenschen Werkes. Hamm, Schulz *2* I., pp. 32-608, II., pp. 12-684.

ZETTERSTEDT, J. W. 1845. (1842-1860) Diptera Scandinaviae disposita et descripta, Lund, *8*, t. 1-14.

ZIELKE, E. 1970. Beobachtungen über die Zusammensetzung der Stechmückenfauna von Hamburg und Umgebung. *Ent. Mitt. Zool. Staatsinst. Zool. Mus.*, 4: 97-120.

ZIELKE, E. 1970b. Fundorte afrikanischer Muscinae (Diptera, Muscidae). *Z. ang. Zool.*, 57: 499-510.

ZIELKE, E. 1971. Beitrag zur Kenntnis der Verbreitung afrikanischer Musciden (Muscidae; Diptera). *Ent. Mitt. Zool. Staatsinst. Zool. Mus.*, 4: 173-181.

ZIELKE, E. 1971b. Description of six new species of Muscidae (Diptera) from the Ethiopian region. *Proc. Biol. Soc. Washington*, 84: 103-112.

ZUMPT, F. 1956a. Calliphorinae im Lindner: Fliegen der paläarktischen Region, *641*,

140 pp.

ZUMPT, F. 1956b. Calliphoridae (Diptera Cyclorrhapha) Part I: Calliphorini and Chrysomyiini. Expl. Parc. nat. Albert, Mission G. F. de Witte (1933-1935), fasc. 87, 200 pp.

ZUMPT, F. 1962. Rektale Myasis bei gekäfigten Wildratten. *Z. Parasitenk.*, *22*: 109.

ZUMPT, F. 1965. Myasis in man and animals in the Old World. Butterworths, London. XV + 267 pp.

ZUMPT, F. 1966. The arthropod parasites of vertebrates in Africa south of the Sahara (Ethiopian region), Vol. III (Insecta excl. Phtiraptera). *Publ. S. Afr. Inst. Med. Res.*, *13* no. 52, 283 pp.

ZUMPT, F. 1968. Human- und veterinärmedizinische Entomologie. Handbuch der Zoologie, IV. Band 2. Hälfte, Insecta (2. Aufl.) 1. Teil: Allgemeines, 49 pp.

ZUMPT, F. & HEINZ, H. J. 1950. Studies on the sexual armature of Diptera. II. A contribution to the study of the morphology and homology of the male terminalia of Calliphora and Sarcophaga (Dipt., Calliphoridae). *Ent. monthly Mag. 86*: 207-216.